U0252547

21世纪高等院校计算机网络工程专业规划教材

Linux网络服务与管理

赵　凯　著

清华大学出版社

北京

内 容 简 介

本书采用理论与实践相结合的案例教学方式，结合完整清晰的操作步骤，全面介绍了 RedHLinux 操作系统的相关知识及常用服务的配置、维护方法。本书主要内容包括 Linux 系统的安装及桌面使用、文件系统及常用命令的使用、用户及组的管理、定时任务的管理、磁盘的管理、DNS 服务的配方法、Apache 服务的配置方法、FTP 服务的配置方法等。全书结构编排合理，实例丰富，可以作为高职高院校相关专业的计算机操作系统课程教材，也可以作为 Linux 爱好者的培训或学习材料，还可以作从事 Linux 系统管理的工程人员的参考书。

图书在版编目（CIP）数据

Linux 网络服务与管理/赵凯著.—北京：清华大学出版社，2013.1（2024.1重印）

21 世纪高等院校计算机网络工程专业规划教材

ISBN 978-7-302-30980-2

Ⅰ．①L… Ⅱ．①赵… Ⅲ．①Linux 操作系统 Ⅳ．①TP316.89

中国版本图书馆 CIP 数据核字（2012）第 301680 号

责任编辑：魏江江　王冰飞
封面设计：常雪影
责任校对：白　蕾
责任印制：丛怀宇

出版发行：清华大学出版社
　　　　网　　　址：https://www.tup.com.cn，https://www.wqxuetang.com
　　　　地　　　址：北京清华大学学研大厦 A 座　　　　邮　　编：100084
　　　　社 总 机：010-83470000　　　　　　　　　　　邮　　购：010-62786544
　　　　投稿与读者服务：010-62776969，c-service@tup.tsinghua.edu.cn
　　　　质量反馈：010-62772015，zhiliang@tup.tsinghua.edu.cn
　　　　课件下载：https://www.tup.com.cn，010-83470236

印 装 者：天津鑫丰华印务有限公司
经　　销：全国新华书店
开　　本：185mm×260mm　　　印　张：22.25　　　字　数：540 千字
版　　次：2013 年 1 月第 1 版　　　　　　　　　　　印　次：2024 年 1 月第 8 次印
定　　价：36.00 元

产品编号：045010-01

前　言

　　Linux 是一种开放源码的类 UNIX 操作系统,它继承了 UNIX 操作系统的强大功能和极高的稳定性。目前,存在许多不同的 Linux 版本,RedHat Linux 是当前流行最广泛的版本之一,可以安装在如手机、平板计算机、路由器、台式计算机或超级计算机等设备中。RedHat Linux 作为一款优秀的网络操作系统软件,支持多用户、多线程、多进程,具有实时性好、功能强大、性能稳定等特点,同时又具有良好的兼容性和可移植性,在操作系统领域占据了大部分的市场份额。

　　学会使用 Linux 操作系统,实现对 Linux 系统的有效管理,已经成为计算机相关专业学生及从业人员的必备知识及专业技能。为了帮助对 Linux 系统感兴趣的人员更好地学习,作者结合多年 Linux 相关课程的教学经验及带领学生参加全国职业技能大赛的经验体会,编写了此书。

1. 本书的主要内容

　　本书以 RedHat Enterprise Linux 6.1(RHEL 6.1,即 RedHat 6.1 企业版)为载体进行编写,从易用性和实用性角度出发主要介绍 RedHat Enterprise Linux 6.1 的安装使用方法,共分为 10 章,分别为 Linux 系统安装及桌面应用、Linux 文件系统、用户及权限管理、磁盘管理、网络环境配置及远程接入、共享服务的配置与管理、DNS 服务的配置与管理、WWW 服务的配置与管理、邮件服务的配置与管理及网络安全管理。本书内容丰富、全面,涵盖了 Linux 中的绝大多数服务和应用,可以满足从事 Linux 日常管理工作的知识和技能需要。

2. 本书的适用对象

　　本书介绍了 RedHat Linux 操作系统的相关理论知识及常用服务的安装配置方法,真正做到了理论与实践相结合。全书结构编排合理,图文并茂,实例丰富,每章都安排了操作任务,读者可通过模仿任务实例完成对相关内容的学习,并掌握相关的知识技能。本书可以作为 Linux 操作系统相关课程的学习教材,也可以作为学习 Linux 操作系统的参考资料,适用于 Linux 系统的初学者及有一定实践经验的专业从业人员。

3. 本书特色

（1）按照教学改革思路编写

　　本书按照高职高专教学改革思路进行编写,由浅入深,详细地介绍了 RedHat Linux 的相关知识、系统的安装及使用方法、磁盘的管理方法、常用服务的配置管理方法及 Linux 安全维护等内容,以安装系统、使用系统、管理系统为主线,以工作过程为导向,以工程实践为基础,注重实践操作,强化实际应用能力。

（2）紧密结合认证体系

本书涵盖了 RedHat Enterprise Linux 的中低级认证中所要求的知识点,重点突出,可操作性强,通过学习,有利于读者掌握红帽认证考试中所要求的知识技能,对读者通过认证有很大帮助。

（3）结构合理

本书结构合理、内容新颖、实践性强,既注重基础理论又突出实用性,力求体现教材的系统性、先进性和实用性,调整理论与操作任务的比例,以理论够用为标准,重点讲解网络服务的搭建、配置、管理及安全维护的方法。

（4）信息量大

本书涉及的内容全面、详尽,与实际结合紧密,对常用的服务进行了深入的分析和讲解,符合实际应用,这些服务包括 DNS 服务、NFS 服务、Samba 服务、Apache 服务、邮件服务等,读者可以有针对性地进行学习,从而掌握相关服务的详细配置管理方法。

本书由北京电子科技职业学院的网络技术专业教师赵凯著,杨洪雪、陈涵、郑长亮及朱庆华几位老师也参与了部分章节的编写工作。由于作者水平和经验有限,书中难免存在一些疏漏,希望大家不吝赐教。读者对书中内容有何疑问,或者在实际工作中遇到了什么问题,都可以发 E-mail 至 jackzhao114@sohu.com 获得技术支持与帮助。

作 者

2012 年 10 月

目　录

第 1 章　Linux 系统安装及桌面应用 ……………………………………………… 1

　　1.1　Linux 简介 ……………………………………………………………… 1

　　　　1.1.1　UNIX 的发展史 ……………………………………………… 1

　　　　1.1.2　Linux 的发展史 ……………………………………………… 2

　　　　1.1.3　Linux 的版本 ………………………………………………… 3

　　　　1.1.4　RedHat 的家族产品 ………………………………………… 5

　　1.2　RHEL 6.1 系统的安装方法及硬件要求 ……………………………… 6

　　　　1.2.1　安装操作介绍 ………………………………………………… 6

　　　　1.2.2　任务 1-1：安装 RHEL 6.1 系统 …………………………… 6

　　1.3　系统设置 ………………………………………………………………… 12

　　　　1.3.1　引导方式 ……………………………………………………… 12

　　　　1.3.2　登录系统 ……………………………………………………… 13

　　　　1.3.3　任务 1-2：初始化管理员密码 ……………………………… 18

　　1.4　桌面系统的使用 ………………………………………………………… 20

　　　　1.4.1　认识 X Window 系统 ………………………………………… 20

　　　　1.4.2　认识 GNOME 环境 …………………………………………… 21

　　　　1.4.3　使用 GNOME 桌面 …………………………………………… 21

　　1.5　小结 ……………………………………………………………………… 30

　　1.6　习题与操作 ……………………………………………………………… 30

第 2 章　Linux 文件系统 …………………………………………………………… 32

　　2.1　文件结构 ………………………………………………………………… 32

　　　　2.1.1　目录结构 ……………………………………………………… 32

　　　　2.1.2　文件系统 ……………………………………………………… 35

　　2.2　常用命令 ………………………………………………………………… 37

　　　　2.2.1　目录操作命令 ………………………………………………… 38

　　　　2.2.2　文件操作命令 ………………………………………………… 39

　　　　2.2.3　系统操作命令 ………………………………………………… 45

　　2.3　定时任务 ………………………………………………………………… 48

　　2.4　编辑器的使用 …………………………………………………………… 50

　　　　2.4.1　常用 vi 命令介绍 ……………………………………………… 51

　　2.4.2　vi 应用举例 ……………………………………………………… 54

2.5　软件包管理 …………………………………………………………… 55

　　2.5.1　rpm 简介 …………………………………………………………… 55

　　2.5.2　tar 简介 …………………………………………………………… 57

　　2.5.3　gzip 及 bzip2 介绍 ………………………………………………… 58

　　2.5.4　yum 包管理器 ……………………………………………………… 60

2.6　小结 …………………………………………………………………… 63

2.7　习题与操作 …………………………………………………………… 64

第 3 章　用户及权限管理………………………………………………………… 66

3.1　用户及组的管理 ……………………………………………………… 66

　　3.1.1　与用户及组有关的文件 …………………………………………… 66

　　3.1.2　用户账户管理 ……………………………………………………… 69

　　3.1.3　用户组管理 ………………………………………………………… 74

　　3.1.4　任务 3-1：在图形模式下进行用户、组的管理 …………………… 76

3.2　权限管理 ……………………………………………………………… 78

　　3.2.1　文件权限设置 ……………………………………………………… 79

　　3.2.2　访问控制列表 ……………………………………………………… 83

　　3.2.3　任务 3-2：用户及权限应用 ……………………………………… 88

3.3　小结 …………………………………………………………………… 90

3.4　习题 …………………………………………………………………… 90

第 4 章　磁盘管理………………………………………………………………… 92

4.1　磁盘及分区操作 ……………………………………………………… 92

　　4.1.1　磁盘及分区命名 …………………………………………………… 92

　　4.1.2　分区及格式化操作命令 …………………………………………… 93

　　4.1.3　磁盘空间管理命令 ………………………………………………… 96

　　4.1.4　挂载及卸载命令 …………………………………………………… 99

　　4.1.5　任务 4-1：创建新分区并备份文件 ……………………………… 104

4.2　管理 RAID …………………………………………………………… 106

　　4.2.1　RAID 介绍及操作 ………………………………………………… 107

　　4.2.2　任务 4-2：RAID5 实验 …………………………………………… 108

4.3　管理 LVM …………………………………………………………… 113

　　4.3.1　LVM 简介及管理 ………………………………………………… 113

　　4.3.2　任务 4-3：创建 LVM 卷 ………………………………………… 115

　　4.3.3　任务 4-4：扩展 LVM 卷空间 …………………………………… 119

　　4.3.4　任务 4-5：减少 LVM 卷空间 …………………………………… 122

4.4　磁盘配额 ……………………………………………………………… 124

　　4.4.1　磁盘配额的介绍 …………………………………………………… 124

　　　4.4.2　任务 4-6：磁盘配额的应用 ……………………………………… 128

　4.5　小结 ……………………………………………………………………… 132

　4.6　习题与操作 ……………………………………………………………… 132

第 5 章　网络环境配置及远程接入 …………………………………………… 134

　5.1　常见的网络配置文件 …………………………………………………… 134

　5.2　常用的网络配置命令 …………………………………………………… 136

　5.3　远程登录 ………………………………………………………………… 143

　　　5.3.1　Telnet 配置 ……………………………………………………… 143

　　　5.3.2　SSH 配置 ………………………………………………………… 146

　　　5.3.3　远程桌面 ………………………………………………………… 148

　5.4　FTP 配置 ………………………………………………………………… 152

　　　5.4.1　FTP 介绍 ………………………………………………………… 152

　　　5.4.2　FTP 的登录方式及常用命令 …………………………………… 155

　　　5.4.3　任务 5-1：匿名账户和实体账户登录 FTP 实验 ……………… 157

　　　5.4.4　任务 5-2：虚拟账户登录 FTP 实验 …………………………… 160

　5.5　小结 ……………………………………………………………………… 165

　5.6　习题 ……………………………………………………………………… 165

第 6 章　共享服务的配置与管理 …………………………………………… 168

　6.1　NFS 介绍 ………………………………………………………………… 168

　6.2　NFS 服务配置 …………………………………………………………… 171

　　　6.2.1　NFS 服务的安装与配置 ………………………………………… 171

　　　6.2.2　NFS 服务相关的命令 …………………………………………… 173

　　　6.2.3　NFS 客户端操作 ………………………………………………… 176

　　　6.2.4　任务 6-1：NFS 实验 …………………………………………… 178

　6.3　Samba 服务介绍 ………………………………………………………… 181

　　　6.3.1　Samba 服务简介 ………………………………………………… 181

　　　6.3.2　Samba 的工作原理 ……………………………………………… 182

　6.4　Samba 服务的安装与配置方法 ………………………………………… 183

　　　6.4.1　Samba 服务的安装与常用命令 ………………………………… 183

　　　6.4.2　配置文件简介 …………………………………………………… 189

　6.5　Samba 实验 ……………………………………………………………… 193

　　　6.5.1　任务 6-2：在 Linux 中访问 Windows 共享资源 ……………… 193

　　　6.5.2　任务 6-3：在 Windows 中匿名访问 Linux 资源 ……………… 195

　　　6.5.3　任务 6-4：在 Windows 中实名访问 Linux 资源 ……………… 196

　6.6　小结 ……………………………………………………………………… 200

　6.7　习题 ……………………………………………………………………… 200

V

第 7 章　DNS 服务的配置与管理 ·· 202

　　7.1　DNS 简介 ··· 202

　　　　7.1.1　DNS 与 hosts 文件的区别 ································· 202

　　　　7.1.2　DNS 的结构 ··· 203

　　　　7.1.3　DNS 的分类 ··· 204

　　　　7.1.4　DNS 中的术语 ··· 205

　　　　7.1.5　DNS 的工作原理 ··· 205

　　7.2　DNS 服务的配置文件 ··· 207

　　　　7.2.1　/etc/named.conf 文件介绍 ······························· 208

　　　　7.2.2　/etc/named.rfc1912.zones 文件介绍 ··············· 212

　　　　7.2.3　区域文件介绍 ··· 212

　　7.3　配置 DNS 服务 ··· 215

　　　　7.3.1　DNS 守护进程操作 ··· 215

　　　　7.3.2　主 DNS 服务器的配置 ······································ 216

　　　　7.3.3　从 DNS 服务器的配置 ······································ 219

　　7.4　测试 DNS ··· 220

　　　　7.4.1　named-checkconf 命令 ····································· 220

　　　　7.4.2　nslookup 工具的使用 ·· 220

　　　　7.4.3　dig 工具的使用 ··· 221

　　7.5　DNS 客户端的配置 ··· 225

　　　　7.5.1　Linux 客户端的配置 ··· 225

　　　　7.5.2　Windows 客户端的配置 ···································· 225

　　7.6　任务：DNS 服务配置实例 ··· 226

　　　　7.6.1　主 DNS 配置 ·· 226

　　　　7.6.2　从 DNS 服务器实现 ··· 229

　　7.7　小结 ·· 230

　　7.8　习题 ·· 230

第 8 章　WWW 服务的配置与管理 ·· 232

　　8.1　WWW 服务介绍 ··· 232

　　　　8.1.1　HTTP ··· 232

　　　　8.1.2　HTML ··· 233

　　　　8.1.3　URL ··· 233

　　8.2　Apache 的体系结构 ·· 234

　　　　8.2.1　Apache 介绍 ··· 234

　　　　8.2.2　Apache 的功能模块 ··· 235

　　8.3　Apache 的配置 ·· 236

　　　　8.3.1　Apache 的配置文件 ··· 236

8.3.2 整体环境配置说明 ·················· 242

8.3.3 主要服务配置说明 ·················· 245

8.3.4 虚拟主机配置 ·················· 253

8.4 控制 httpd 进程 ·················· 253

8.5 操作任务：配置 Web 服务器 ·················· 255

8.5.1 任务 8-1：配置基于 Httpd 的 Web 服务 ·················· 256

8.5.2 任务 8-2：基于 IP 地址的虚拟主机 ·················· 256

8.5.3 任务 8-3：基于端口的虚拟主机 ·················· 258

8.5.4 任务 8-4：基于域名的虚拟主机 ·················· 259

8.5.5 任务 8-5：配置基于用户/密码的 Web 服务器 ·················· 261

8.5.6 任务 8-6：配置基于 HTTPS 的 Web 服务 ·················· 263

8.6 小结 ·················· 269

8.7 习题 ·················· 269

第 9 章 邮件服务的配置与管理 ·················· 271

9.1 电子邮件服务概述 ·················· 271

9.1.1 邮件服务的工作原理 ·················· 271

9.1.2 邮件协议 ·················· 272

9.1.3 邮件的格式 ·················· 275

9.1.4 邮件服务与 DNS 的关系 ·················· 275

9.2 Linux 下的邮件服务 ·················· 276

9.2.1 Postfix 对不同邮件的处理 ·················· 278

9.2.2 Postfix 环境下接收/发送邮件的过程 ·················· 279

9.2.3 Postfix 配置文件及命令介绍 ·················· 280

9.2.4 main.cf 文件介绍 ·················· 282

9.2.5 常用应用举例 ·················· 287

9.2.6 发送/接收邮件 ·················· 290

9.2.7 任务：邮件服务器的搭建 ·················· 294

9.3 小结 ·················· 302

9.4 习题 ·················· 302

第 10 章 网络安全管理 ·················· 304

10.1 网络安全综述 ·················· 304

10.2 TCP_wrappers 的使用方法 ·················· 306

10.3 SELinux 的使用方法 ·················· 308

10.3.1 SELinux 简介 ·················· 308

10.3.2 SELinux 中的概念 ·················· 309

10.3.3 安全上下文格式 ·················· 311

10.3.4 SELinux 的配置文件 ·················· 312

　　　10.3.5　管理 SELinux ……………………………………………………… 313

　　　10.3.6　任务 10-1：SELinux 应用 ………………………………………… 316

　10.4　Linux 下的防火墙 …………………………………………………………… 319

　　　10.4.1　防火墙的任务 ………………………………………………………… 319

　　　10.4.2　防火墙的分类 ………………………………………………………… 320

　　　10.4.3　Iptables 的工作原理和基础结构 ………………………………… 321

　　　10.4.4　Iptables 的状态机制 ……………………………………………… 322

　　　10.4.5　Iptables 的语法规则 ……………………………………………… 323

　　　10.4.6　任务 10-2：Iptables 应用 ……………………………………… 327

　　　10.4.7　任务 10-3：内部 Web 站点的安全发布 ……………………… 330

　　　10.4.8　任务 10-4：内部 FTP 站点的安全应用 ……………………… 332

　　　10.4.9　任务 10-5：内部 Samba 服务器的安全应用 ………………… 333

　10.5　小结 ………………………………………………………………………… 333

　10.6　习题 ………………………………………………………………………… 334

附录 A　习题参考答案与提示 ……………………………………………………… 336

参考文献 ……………………………………………………………………………… 343

第1章　Linux 系统安装及桌面应用

学习目标

- 了解 Linux 的发展史
- 了解 Linux 的特点
- 了解 Linux 的分区原则
- 学会 Linux 的安装方法
- 学会 Linux 的简单使用方法
- 学会密码的恢复方法
- 学会配置网络并接入局域网的方法

1.1　Linux　简　介

　　Linux 起源于古老的 UNIX,简单地说,Linux 是一套免费使用和自由传播的类 UNIX 操作系统,主要用于基于 Intel x86 系列 CPU 的计算机上,其目的是建立不受任何商品化软件版权制约的、全世界都能自由使用的 UNIX 兼容产品。

1.1.1　UNIX 的发展史

　　1969 年,AT&T Bell 实验室的 Ken Thompson 开始利用一台闲置的 PDP-7 计算机设计了一种多用户、多任务的操作系统。不久,Dennis Richie 加入了这个项目,在他们共同努力下开发了最早的 UNIX。早期的 UNIX 由汇编语言编写,在其第 3 个版本用 C 语言进行了重写。之后,UNIX 得以移植到更为强大的 DEC PDP-11/45 与 11/70 计算机上运行。Bell 实验室以分发许可证的方法,仅收取很少的费用,大学和研究机构很容易就能获得 UNIX 的源代码,培养了大批精通 UNIX 使用和编程的技术人员,这使得 UNIX 逐渐得到广泛的应用。在众多研究机构中,加州大学伯克利分校计算机系统研究小组(CSRG)是其中的佼佼者,他们对 UNIX 操作系统进行了深入研究,进行了大幅度的改进,并且增加了很多当时非常先进的特性,包括更有效的内存管理、高效的文件系统等,形成了一个完整的 UNIX 系统(Berkeley Software Distribution,BSD)向外发行。同期 AT&T 的 UNIX 系统实验室推出了 UNIX System V 版本。UNIX System V 和 BSD UNIX 形成了当今 UNIX 的两大主流,现代的 UNIX 版本大部分都是这两个版本的衍生产品,例如 IBM 的 AIX4.0、HP/UX11、SCO 的 UNIXWare 等属于 System V 流派,而 Minix、freeBSD、NetBSD、OpenBSD 等属于 BSD UNIX 流派,从而形成一个庞大的 UNIX 产品家族。

UNIX 具有如下特点：

（1）支持多用户、多任务。

UNIX 是一个多用户、多任务的操作系统，可以允许多个用户同时登录到系统中进行不同的操作（系统中可以同时运行多个进程），不受地域的限制。终端计算机通过远程网络和主机进行通信，用户在本地计算机上输入数据，在远程主机上执行，执行结果再回显到本地计算机上，本地的计算机实际上只起到数据的输入及输出作用，相当于拉长了显示器、键盘等外设与计算机主机之间的连线。

（2）支持多平台。

最早的 UNIX 是用汇编语言编写的，由于汇编语言和 CPU 的结构密切相关，所以可移植性差。在 C 语言出现以后，UNIX 的两位开发者用 C 语言重写了整个系统，只在核心部分保留了汇编代码。由于 C 语言优良的跨平台特性，对于不同的硬件平台，只要该平台下有 C 语言编译器，就可以很容易地将 UNIX 移植到该平台上。

（3）出色的安全性与稳定性。

UNIX 操作系统开放源代码，使得各科研机构可以持续不断地研究和改进，造就了其强大的稳定性及安全性，极少出现因为系统的瑕疵而导致的系统崩溃，抗病毒性能极强，在电信、银行、保险等关键的业务部门，该系统得到了广泛的应用。

1.1.2 Linux 的发展史

Linux 是一种类 UNIX(UNIX-like)操作系统，是一个支持多用户、多进程、多线程、实时性较好的功能强大而稳定的操作系统。Linux 最大的特点在于它是 GNU 项目（GNU 项目于 1984 年发起，目标是开发一个完整的 UNIX 类的操作系统——GNU 系统），是遵循公共版权许可证(GPL)的自由软件。Linux 最早由一位名叫 Linus Torvalds 的计算机爱好者开发。Linus Torvalds 是芬兰赫尔辛基大学技术科学系的学生，他的目的是设计一个代替 Minix(用于示范教学的 Mini UNIX 系统)的操作系统，这个操作系统可用于 386、486 或奔腾处理器的个人计算机上，并且具有 UNIX 操作系统的全部功能。1991 年 Linus 在 Minix 的基础上开发了 Linux，并将 0.02 版放到 Internet 上，该版本可以运行 bash(一种用户与操作系统内核通信的软件，即 Shell)和 gcc(GNU C 编译器)，使其成为自由和开放源代码的自由软件。到 1993 年底，Linux 1.0 终于诞生，此时的 Linux 已是一个功能完备的操作系统了，其内核紧凑高效，可以充分发挥硬件的性能，在 4MB 内存的 80386 机器上已有非常出色的表现。

目前 Linux 可以运行在 x86 PC、Intel IA-64、AMD x86-64、Sun Sparc、Ultra Sparc、Digital Alpha、PowerPC、MIPS、Motorola 68000、ARM、AXIS CRIS、Xtensa、AVR32 and Renesas M32R、Hitachi SuperH、IBM S/390、HP PA-RISC 等多种平台上，可以说 Linux 是目前兼容硬件平台最多的操作系统。

Linux 的吉祥物是企鹅，创始人选用它代表所创立的 Linux 操作系统。Linux 图标如图 1-1 所示。

Linux 系统主要有以下特点。

图 1-1　Linux 图标

（1）开放性：指系统遵循世界标准规范，特别是遵循开放系统互连（OSI）国际标准。

（2）多用户：是指系统资源可以被不同用户使用，每个用户对自己的资源（例如文件、设备等）有特定的权限，互不影响。

（3）多任务：是指计算机同时执行多个程序，而且各个程序的运行互相独立。

（4）良好的用户界面：Linux 向用户提供了两种界面，即用户界面和系统调用界面；Linux 还为用户提供了图形用户界面，它利用鼠标、菜单、窗口、滚动条等设施，给用户呈现一个直观、易操作、交互性强的友好的图形化界面。

（5）设备独立性：是指操作系统把所有外部设备统一当作文件来看待，只要安装它们的驱动程序，任何用户都可以像使用文件一样操纵、使用这些设备，而不必知道它们的具体存在形式。Linux 是具有设备独立性的操作系统，它的内核具有高度适应能力。

（6）提供了丰富的网络功能：完善的内置网络是 Linux 的一大特点。

（7）可靠的安全系统：Linux 采取了许多安全技术措施，包括对读/写控制、带保护的子系统、审计跟踪、核心授权等，这为网络多用户环境中的用户提供了必要的安全保障。

（8）良好的可移植性：是指将操作系统从一个平台转移到另一个平台使它仍然能按其自身的方式运行的能力。Linux 是一种可移植的操作系统，能够在从微型计算机到大型计算机的任何环境中和任何平台上运行。

1.1.3 Linux 的版本

Linux 操作系统由内核、Shell、文件系统和 Linux 应用程序所组成。Linux 操作系统的版本分为内核版本和发行版本。

1. 内核版本

内核是 Linux 操作系统的核心，这个版本号由 Linux 领导的核心开发小组控制，是唯一的。只有内核还不能构成一个完整的操作系统，于是一些组织或公司将内核与一些应用程序包装起来就构成了一个完整的操作系统，即发行套件。可见不同的公司或组织的发行套件各不相同，但可能具有同一内核版本号。

内核版本号的格式是：主版本号.次版本号.修正号。例如，Linux 2.4.6，主版本号是 2，次版本号是 4，第 6 次修正。

内核版本号还有一个规则，就是次版本号为偶数的是稳定版本，为奇数的是测试版本。所谓稳定版本是指内核的特性已经固定，代码运行稳定可靠，不再增加新的特性，要改进也只是修改代码中的错误。而测试版本是指相对于上一个稳定版本增加了新的特性，还处于发展之中，代码运行可能不可靠。一般来说发行套件使用稳定版本，测试版本供用户测试用。Linux 领导开发小组每隔一段时间就会发布新的内核版本，目前最新的内核版本号为 2.6.x。

2. 发行版本

由公司或社团将内核、Shell、文件系统及相关的应用程序打包，形成一个相对完整的软件包，公开发行或发售，以便于用户安装和使用。发行版本号可以由发行者自己定义，常见的 Linux 发行版本有 RedHat Linux、Debian GNU/Linux、Slackware Linux、SuSE Linux、Ubuntu、Mandriva 和红旗 Linux 等，如表 1-1 所示。

表 1-1　常见的 Linux 发行版本

名称与图标	说　　明
RedHat redhat	RedHat 是 Linux 世界的主流厂商，该公司最早由 Bob Young 和 Marc Ewing 在 1995 年创建，而公司在近几年才开始真正步入盈利时代，这要归功于收费的 RedHat Enterprise Linux(RHEL,RedHat 企业版)。而原来的 RedHat 版本已停止技术支持，最后的版本是 RedHat 9.0。目前 RedHat 分为两个系列：由 RedHat 公司提供收费技术支持和更新的 RedHat Enterprise Linux；以及由社区开发的免费的 Fedora Core,此版本生命周期太短，多媒体支持不佳。不论哪个版本都使用相同的软件包管理系统 up2date(rpm) 和 yum(rpm)。RedHat 是当前使用最为广泛的 Linux 发行版本，是美国和加拿大地区使用最多的 Linux 套件，在中国台湾地区也吸引了众多使用者，是最热门的 Linux 套件。 网址：http://www.redhat.com
Debian debian	Debian GNU/Linux 被誉为是最严谨、最开放和最自由的 GNU/Linux 发行套件，秉承 Linux 网络协作开发的完全黑客精神，是目前知名的 Linux 发行套件中唯一的非商业性版本。Debian 最早由 Ian Murdock 于 1993 年创建。目前分为 3 个版本分支(branch)：stable、testing 和 unstable。Debian 拥有完善的包管理工具 apt-get/dpkg,这是 Debian 系列特有的软件包管理工具，被誉为是所有 Linux 软件包管理工具中功能最强大的，配合 apt-get,在 Debian 上安装、升级、删除和管理软件变得异常容易。 Debian 中代号为 Sarge 的发行版已获得开放源码发展实验室(OSDL)的电信运营商等级 Linux(CGL)规格认证。Debian GNU/Linux 不单是个操作系统，也包含超过 15 000 个软件包，它们是一些已经编译的软件，并打包成一个容易安装的格式。此系统遵循 GNU 规范，100% 免费，拥有优秀的网络和社区资源，强大的 apt-get 管理工具。缺点是安装相对困难，stable 分支的软件过时(为了保证其稳定性，经过了很久的测试)。 网址：http://www.debian.org
Slackware slackware linux	Slackware 由 Patrick Volkerding 创建于 1992 年，是历史最悠久的 Linux 发行版。Slackware 具有出色的稳定性、安全性，所以仍然有大批忠实的用户。由于它尽量采用原版的软件包而不进行任何修改，所以出现新 bug 的几率便低了很多。它的版本更新周期较长(大约 1 年),但是新版本的软件仍然不间断地提供给用户下载。特点是非常稳定、安全，高度坚持 UNIX 的规范；所有的配置均通过编辑配置文件来进行，硬件自动检测能力较差。 网址：http://www.slackware.com
openSUSE openSUSE	SUSE 是德国最著名的 Linux 发行版本，在全世界范围中也享有较高的声誉。SUSE 自主开发的软件包管理系统 YaST 也大受好评，是一个非常专业、优秀的发行版本。 SUSE 于 2003 年末被 Novell 收购。openSUSE 项目是由 Novell 公司资助的全球性社区计划，旨在推进 Linux 的广泛使用。该计划提供免费的 openSUSE 操作系统，也是 Novell 公司发行的企业级 Linux 产品的系统基础。 openSUSE 项目的目标是：使 SUSE Linux 成为所有人都能够得到的最易于使用的 Linux 发行版，同时努力使其成为使用最广泛的开放源代码平台。为开放源代码合作者提供一个环境来把 SUSE Linux 建设成世界上最好的 Linux 发行版，不论是为新用户还是有经验的 Linux 用户。大幅度简化并开放开发和打包流程，以使 openSUSE 成为 Linux 黑客和应用软件开发者的首选平台。 网址：http://www.opensuse.org

名称与图标	说　明
Ubuntu ubuntu	Ubuntu 是一个南非的民族观念,主要着眼于人们之间的忠诚和联系。该词来自于祖鲁语和科萨语。Ubuntu(发音为乌班图)被视为非洲人的传统理念,Ubuntu 精神的大意是"天下共享的信念,连接起每个人",作为一个基于 GNU/Linux 的平台,Ubuntu 操作系统将 Ubuntu 精神带到了软件世界,旨在创建一个可以为桌面和服务器提供最新且一贯的 Linux 系统,囊括了大量精挑细选的软件包,有着强大的包管理功能。与大多数发行版附带数量巨大的可用可不用的软件不同,Ubuntu 的软件包清单只含那些高质量的重要应用程序。提供了一个健壮、功能丰富的计算环境,既适合家用又适用于商业环境。 Ubuntu 的所有版本至少会提供 18 个月的安全和其他升级支持。 网址：http://www.ubuntu.com.cn
Mandriva Mandriva	Mandriva 原名 Mandrake,最早由 Gael Duval 创建并在 1998 年 7 月发布。Mandrake Linux 早期方便的字体安装工具和默认的中文支持,为 Linux 普及做出了很大贡献。最早 Mandrake 的开发者是基于 RedHat 进行开发的,采用 KDE 桌面环境,简化了安装系统。Mandrake 的开发完全透明化,包括 cooker,当系统有了新的测试版本后,便可以在 cooker 上找到。友好的操作界面,图形配置工具,庞大的社区技术支持;部分版本 bug 较多,最新版本只优先发布给 Mandrake 俱乐部的成员;软件包管理系统 urpmi(rpm)。 网址：http://www.mandriva.com
红旗 Linux 红旗® Linux	北京中科红旗是亚洲最大、发展最迅速的 Linux 产品发行商。红旗软件提供的产品涵盖了高端 Linux 服务器操作系统、集群系统、桌面版操作系统、嵌入式系统以及技术支持服务和培训等领域,用户广泛分布在政府、邮政、教育、电信、金融等各个行业。 网址：http://www.redflag-linux.com

1.1.4　RedHat 的家族产品

在众多 Linux 的发行版本中,RedHat Linux 是业内最负盛名,也是做得最出色的,在服务器市场占有绝大多数的份额。

目前 RedHat Linux 的发行版分为 Fedora Core 和 Enterprise 版两种。Fedora 由 RedHat 公司赞助,以社群主导、支持的方式来开发 Linux 的新发行版。

RedHat 公司的研发重心主要放在 Linux 的商用企业服务器——RedHat Enterprise Linux,该种发行版又细分为 AS、ES 和 WS 3 种版本。

AS(Advanced Server)版：是 RedHat Linux 家族最强大的版本,是专为企业关键业务提供服务的 Linux 解决方案,它内置 HA/Cluster 功能,适合运行数据库、中间件、ERP/CRM 和集群/负载均衡系统等关键业务,支持各种平台的服务器,提供了最全面的支持服务,适合大型企业部门及数据中心使用。

ES(Entry Server)版：提供广泛的网络服务应用,适合中型企业部门应用。

WS(Workstation Server)版：是 AS 和 ES 版的桌面/客户端伙伴,提供了一个理想的开发平台,支持众多的开发工具,让用户高效快捷地开发自己的应用程序。

1.2 RHEL 6.1 系统的安装方法及硬件要求

1.2.1 安装操作介绍

1. 安装方法

RedHat Linux 支持多种安装方式,根据安装软件的来源不同,其安装方式有光盘安装、硬盘安装、网络安装。

(1) 光盘安装:直接用安装光盘的方式进行安装。

(2) 硬盘安装:将 ISO 安装光盘文件复制到硬盘上进行安装。

(3) 网络安装:可以将系统安装文件放在 Web、FTP 或 NFS 服务器上,通过网络安装。其中,光盘安装及硬盘安装比较常见。

2. RedHat 服务器的硬件要求

(1) CPU:Pentium 以上处理器。

(2) 内存:至少 256MB,推荐使用 512MB 以上的内存(当内存小于 512MB 时,引导系统会自动安装文本模式,内存大于 512MB 时,引导系统会自动安装图形模式)。

(3) 硬盘:至少需要 5GB 以上的硬盘空间,推荐使用大于 10GB 的硬盘空间。

(4) 显卡:VGA 兼容显卡。

(5) 光驱:CD-ROM 或 DVD-ROM。

(6) 其他设备:例如声卡、网卡和 Modem 等。

3. 分区原则:

在安装 Linux 时,必须建立根分区和交换分区,其他分区可以根据实际需要进行创建。在实际应用中,建议创建 4 个分区,分别为根分区、交换分区、/var 分区、/home 分区。对于初学者建议使用默认分区。

(1) /swap:交换分区,一般是内存的 1.5~2 倍。

(2) /home:如果用户多,且各有各的应用,建议把它单独挂在一个分区上,且做大一些。

(3) /:根分区,剩下的所有空间。

(4) /var:一般来说,用户的邮件及网页会放在/var 文件夹下,建议把/var 单挂在一个分区上,便于对用户空间的管理。

注意:/分区(根分区)空间不要太小,在使用时,尽量不要随意在/分区放东西,一旦/分区爆掉,会导致整个系统的瘫痪。

1.2.2 任务 1-1:安装 RHEL 6.1 系统

主要安装步骤如下:

(1) 将光盘放入光驱或加载镜像文件,启动机器后出现如图 1-2 所示的引导界面。

按回车键,安装程序会进入检测安装光盘界面,如图 1-3 所示。光盘检测主要是测试 RedHat Enterprise Linux 光盘的完整性。建议没有使用过的光盘在安装时最好测试一次,若安装到一半时因光盘文件损坏而退出则损失更大。如果不需要检测安装光盘,选择 Skip 按钮,跳过光盘的完整性检测,进入图形安装界面,如图 1-4 所示。

(2) 图 1-4 为进入系统安装的欢迎界面,单击 Next 按钮进行下一步安装。

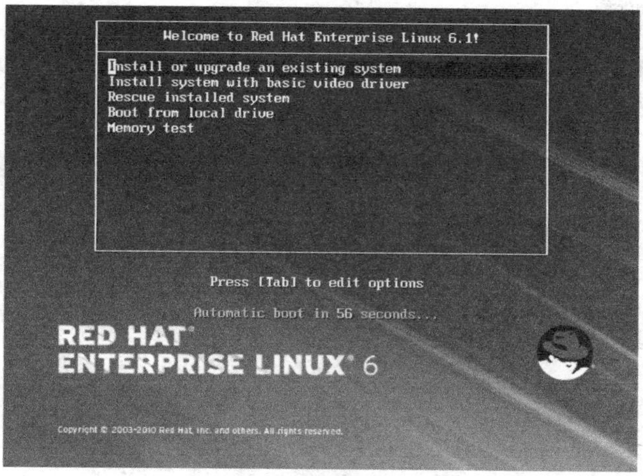

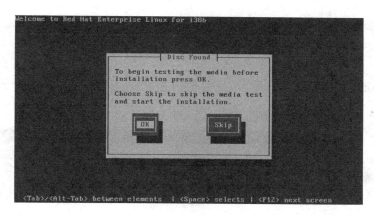

图 1-2　引导界面

图 1-3　光盘测试界面

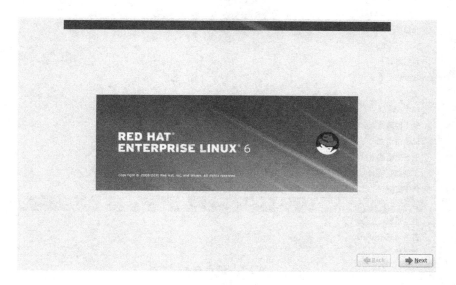

图 1-4　图形安装界面

Linux 系统安装及桌面应用

（3）图 1-5 所示为安装过程中语言的选择界面。系统的整个安装过程都会采用此处所选的语言，建议选择简体中文，如图 1-5 所示。选择此项后，安装过程将变为中文界面，便于理解及安装任务的完成，单击 Next 按钮。

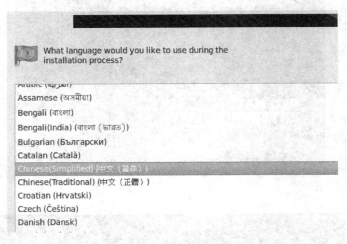

图 1-5　选择安装过程中采用的语言

（4）键盘配置界面如图 1-6 所示，建议使用标准键盘，选择"美国英语式"选项。单击"下一步"按钮。

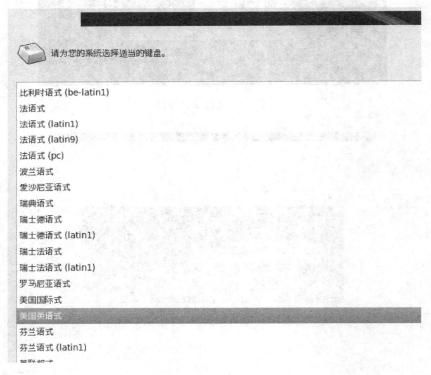

图 1-6　键盘布局

（5）选择存储设备。

有"基本存储设备"和"指定的存储设备"两个单选按钮,对于初学者建议选择第一项,如图 1-7 所示。

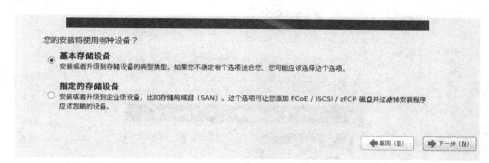

图 1-7　选择存储设备

其中,"基本存储设备"指直接连接到本地系统中的硬盘驱动器或固定驱动器;"指定的存储设备"用于配置 Internet 小型计算机接口(iSCSI)及以太网光纤通道(FCoE),包括网络存储设备(SANs)、直接访问存储设备(DASDs)、硬件 RAID 设备及多路径设备。

单击"下一步"按钮后,系统会提示选择删除设备中原有的数据或保留原有数据,建议删除原有数据,如图 1-8 所示,单击 Yes,discard any data 按钮。

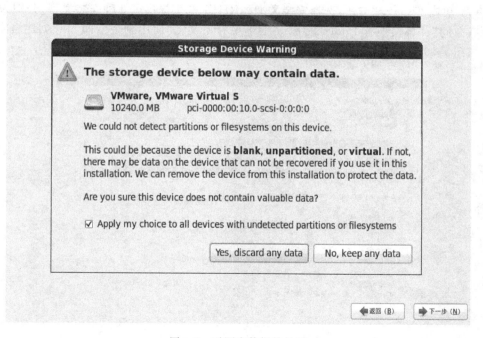

图 1-8　对原有数据的处理

（6）单击"下一步"按钮。输入主机名,默认为 localhost. localdomain;选择时区,默认为"亚洲/上海";为管理员设置密码,管理员名称为 root,默认情况下要求密码长度大于等于 6 位并具有一定的复杂性,若密码设置过于简单,会出现"脆弱密码"的提示,如图 1-9

Linux 系统安装及桌面应用

所示。

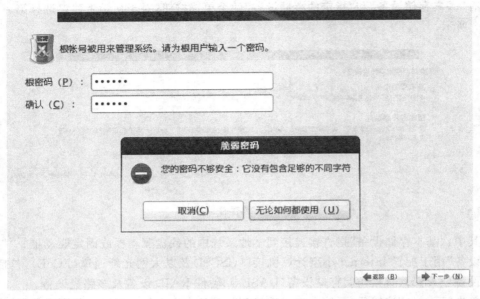

图 1-9 脆弱密码提示

(7) 单击"下一步"按钮,选择安装类型。RHEL 6.1 提供了 5 种安装类型,分别为:"使用所有空间"、"替换现有 Linux 系统"、"缩小现有系统"、"使用剩余空间"和"创建自定义布局",如图 1-10 所示。对于新安装的系统,建议选择"使用所有空间"单选按钮。

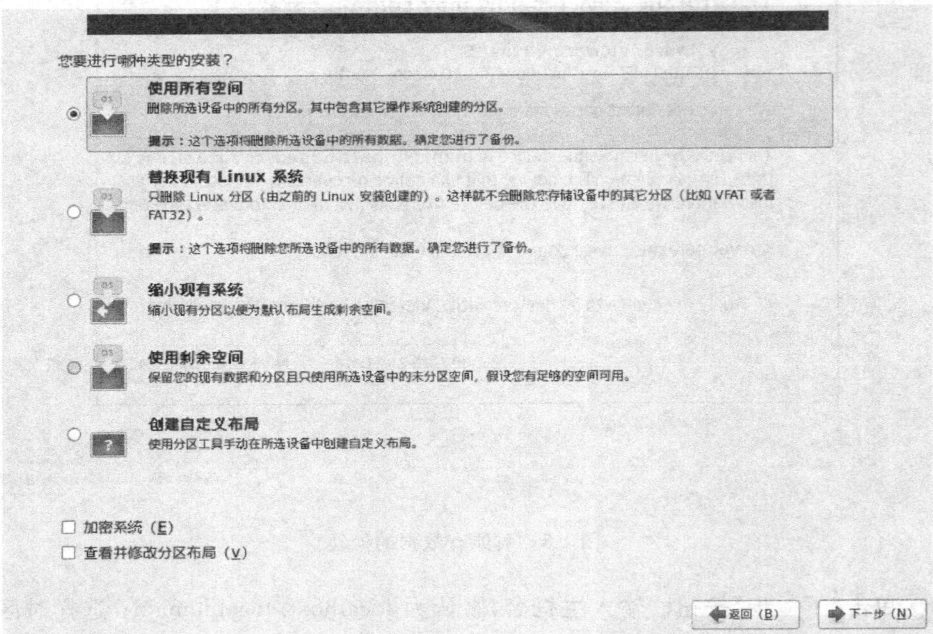

图 1-10 选择安装类型

在安装过程中若需要加密系统或修改分区布局,可将图 1-10 中左下方的复选框选中。单击"下一步"按钮,单击"将修改写入磁盘"按钮。

(8)单击"下一步"按钮,安装服务器组件。RHEL 6.1 提供了 8 种可供安装的软件组,分别为"基本服务器"、"数据库服务器"、"万维网服务器"、"企业级身份识别服务器基础"、"虚拟主机"、"桌面"、"软件开发工作站"和"最小",其中"基本服务器"为默认安装选项,此选项中不包括桌面系统,若希望安装带有图形界面的服务器,建议选择"桌面"单选按钮,如图 1-11 所示。

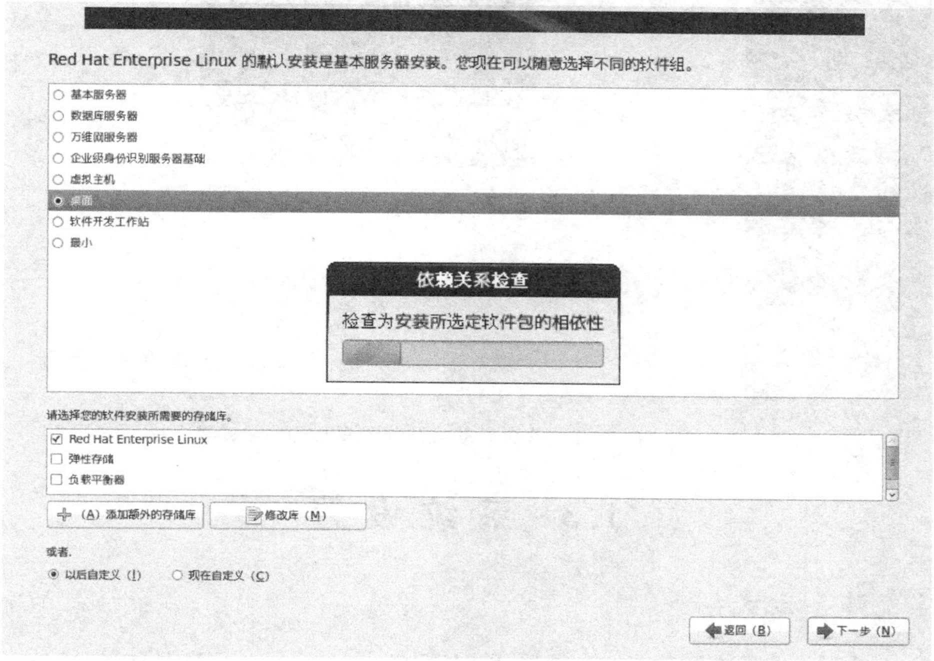

图 1-11 选择软件组

在安装过程中可以根据需要选择软件安装的存储库,对于初学者建议使用默认选项。

(9)安装完成,单击"重新引导"按钮,进入首次启动 RHEL 6.1 的设置界面,如图 1-12 所示。在首次登录时需要设置以下内容。

①"许可证信息":使用 REHL 系统时所需要遵守的内容,此处必须选择"是的,我同意许可证协议"单选按钮,才能进一步安装。

②"设置软件更新":用于从 RedHat(红帽)官方网站接收软件更新及安全更新,此项目需要支付一定的服务费用,对于非商业用户可不使用此项服务。

③"创建用户":用于为系统创建一个常规(非管理)用户。

④"日期和时间":用于设置系统的日期及时间,若网络中存在 NTP 服务器,此处也可将"在网络上同步日期和时间"复选框选中。

⑤ Kdump:主要用来做灾难恢复。Kdump 是一个内核崩溃转储机制,在系统崩溃的时候,Kdump 将捕获系统信息,这对于诊断崩溃的原因非常有用,Kdump 需要预留一部分系统内存,这部分内存对于其他用户是不可用的。

Linux 系统安装及桌面应用

图 1-12　首次启动系统的设置界面

1.3　系 统 设 置

1.3.1　引导方式

　　Linux 的引导方式有两种：一个是采用 LILO(Linux Loader)，这是传统 Linux 引导程序；另一个是 GRUB(GRand Unified Bootloader)，这是图形方式的引导程序，是个专用的多操作系统引导器，新的版本多采用这种引导方式。

　　LILO(Linux Loader)是位于硬盘引导扇区的一个小程序，是引导 Linux 系统内核最常见的方法，可以支持引导多个操作系统，可以同时支持 16 个不同的 Linux 系统内核映像并且为每个系统内核映像提供密码保护，支持位于不同磁盘和分区中的引导扇区、映像文件和启动映像。

　　注意：每个硬盘的逻辑第 1 扇区中存放着 MBR(主引导记录)，这里就包括了主分区和扩展分区信息，当机器启动后，将引导权交给硬盘时，就首先执行 MBR 上的程序，然后找到活动分区，启动操作系统。像 LILO、OS Loader 等多引导工具都是通过改写 MBR 来实现的。因此，安装完 Linux 后，将 LILO 写在 MBR 上，再安装 Windows 9x，那么 MBR 就改写成了 Windows 9x 的！若希望 Linux 与其他系统并存，建议最后再安装 Linux 系统。

　　GRUB 是一个多重启动管理器，可以在多个操作系统共存时选择引导哪个系统。它可以引导的操作系统包括 Linux、FreeBSD、Solaris、NetBSD、Windows 95/98、Windows 2000 等。它可以载入操作系统的内核和初始化操作系统(例如 Linux、FreeBSD)，或者把引导权交给操作系统(例如 Windows 2000)来完成引导。GRUB 可以代替 LILO 来完成对 Linux

的引导,特别适用于 Linux 与其他操作系统共存的情况。GRUB 支持 640×480、800×600、1024×768 等多种模式的开机画面,而且可以自动侦测选择最佳模式。GRUB 使用一个菜单来选择不同的系统进行引导,可以自己配置各种参数,例如延迟时间、默认操作系统等,GRUB 的引导界面如图 1-13 所示。

图 1-13　RHEL 6.1 的 GRUB 引导界面

在图 1-13 所示的界面下,执行如下命令可对菜单进行编辑。

(1) 回车:引导操作系统。

(2) e:引导系统前编辑菜单项。

(3) a:引导系统前修改内核参数。

(4) c:添加一个命令行。

GRUB 的配置文件为/boot/grub/grub.conf,为了便于操作,系统提供了与其对应的链接文件,存于/etc 目录下。grub.conf 文件的内容如下:

```
# grub.conf generated by anaconda
# Note that you do not have to rerun grub after making changes to this file
# NOTICE: You have a /boot partition. This means that
#         all kernel and initrd paths are relative to /boot/, eg.
#         root (hd0,0)
#         kernel /vmlinuz - version ro root = /dev/mapper/VolGroup - lv_root
#         initrd /initrd - [generic - ]version.img
#boot = /dev/sda
default = 0
timeout = 5
splashimage = (hd0,0)/grub/splash.xpm.gz
hiddenmenu
title RedHat Enterprise Linux (2.6.32 - 131.0.15.el6.i686)
    root (hd0,0)
    kernel /vmlinuz - 2.6.32 - 131.0.15.el6.i686 ro root = /dev/mapper/VolGroup - lv_root rd_
LVM_LV = VolGroup/lv_root rd_LVM_LV = VolGroup/lv_swap rd_NO_LUKS rd_NO_MD rd_NO_DM LANG = zh_
CN.UTF - 8 KEYBOARDTYPE = pc KEYTABLE = us crashkernel = auto rhgb quiet
    initrd /initramfs - 2.6.32 - 131.0.15.el6.i686.img
```

注意:# 开头的内容为注释,系统的默认启动时间为 5 秒。

1.3.2　登录系统

1. 启动过程

在刚开机时,由于 80×86 的特性 CS(Code Segment)寄存器中全部都放着 1,而 IP(Instruction Pointer)寄存器中全部都放着 0,换句话说,CS = FFFF,而 IP = 0000。此时 CPU 就依据 CS 及 IP 的值到 FFFF0H 去执行该处所放的指令。这时候,由于 FFFF0H 已

Linux 系统安装及桌面应用

14

经到了高位址的顶端,所以 FFFF0H 处总是会放一个 JMP 指令,跳到比较低的位置。接着,ROM BIOS 检查内存、键盘等设备,并在 UMB(Upper Memory Block)之中扫描,看看是否有合法的 ROM 存在(例如 SCSI 卡上的 ROM)。如果有,就转到 ROM 中执行相关指令,执行完之后再继续刚才的操作,最后读取硬盘上的第一个 sector。就硬盘的构造而言,它的第一个 sector 称为 MBR(Master Boot Record)。一个 sector 是 512B,而 MBR 这 512B 可分为两个部分,第一部分为 Pre-Boot 区,占了 446B;第二部分是 Partition Table,占了 66B。Pre-Boot 区的作用之一是发现被标成 Active 的 Partition,然后去读那个 Partition 的 Boot 区。

在 Linux 的启动方面,常把 LILO 或 GRUB 放在 MBR 或 Superblock,当读取到 MBR 时,LILO 或 GRUB 就被执行,屏幕上会出现启动选项并进行 Load Kernel 的动作。Kernel 被加载到内存后,会对串口、并口、软盘、声卡、硬盘、光驱等硬件进行扫描,扫描完成后挂载 root 分区,并激活 init process,它的 pid 为 1。pid 是进程的 ID 号,pid 1 对应的进程是系统中的第一个进程,其他进程必须在这个进程执行后才能执行。

2. 登录方法

若安装了 Linux 的图形界面,系统会自动进入图形方式,并显示用户登录界面,此时可输入 root 用户名和对应的密码来登录进入 Linux 系统。

若未安装图形界面,则系统会进入文本界面,在显示登录提示符时输入 root 用户名和密码,即可登录进入 Linux 的命令行文本界面。通过使用 Linux 操作命令,即可实现对 Linux 系统的操作。

登录过程如下:

```
login: root
password:
[root@localhost ~]#
```

符号 # 是 Linux 的命令行操作提示符,具体含义如图 1-14 所示。

注意:管理员登录提示符为 #,普通用户登录提示符为 $。

3. 与提示符有关的命令(均在图形模式下的终端中完成)

1)su 命令

作用:变更用户。

用法:

图 1-14 登录的文本界面

```
su [选项]…[-][用户[参数]…]
```

常用选项如下。

(1) -l:变更用户时使用目标用户的环境变量及工作目录,没有指明用户时,默认为 root。

(2) -f:快速启动,不读取启动文件,适用于 csh 或 tcsh。

(3) -c:以新用户执行一条命令后返回原来的使用者。

(4) -m:不改变环境变量。

(5) -p:同-m。

例 1-1 临时切换为管理员执行 ls 命令后返回原来用户。

```
[teacher@localhost ~]#su-c ls-root
```

说明：当由普通用户变为 root 时需要输入 root 的密码,反之则不需要密码。

注意:

(1) su 命令与 su-命令的区别：都是用于改变用户身份,su 命令改变用户但不改变环境变量,而 su-命令在改变用户的同时改变环境变量。

(2) su 命令与 sudo 命令的区别：使用 su 命令切换为 root 后,权限是无限制的;当需要多人参与管理服务器时权限范围不好划分,此时需要使用 sudo 命令;sudo 是需要授权许可的,所以也被称为授权许可的 su 或是受限制的 su。

2) whoami 命令

作用：显示实际用户即登录时的用户 ID。

例 1-2 显示当前用户信息。

```
[teacher@localhost ~]#whoami
```

注意:who am I 命令与 whoami 命令的区别在于：前者显示没有切换身份之前的用户即原始登录的用户,后者显示当前有效的用户。

3) who 命令

作用：输出当前登录系统的用户信息。

用法：

```
who [选项][文件|参数]
```

部分常用选项如下。

(1) -a：显示所用信息。

(2) -b：显示系统最后的引导时间。

(3) -H：显示列标题。

(4) -q：显示所有登录用户并统计总数。

(5) -r：显示当前的运行级别。

(6) -u：显示登录用户。

例 1-3 显示登录系统的用户并汇总。

```
[teacher@localhost ~]#who-q
```

4) w 命令

作用：打印当前系统的活动摘要,摘要内容如表 1-2 所示。

用法：

```
w [选项][User]
```

Linux 系统安装及桌面应用

表 1-2　w 命令中的摘要信息

摘要信息	USER	TTY	FROM	LOGIN@	IDLE	JCPU	PCPU	WHAT
说明	用户名	登录用的终端	显示用户在何处登录系统	登录进入系统的时间	用户空闲时间,从用户上一次任务结束后开始记时	该终端上的所有进程消耗的CPU时间	当前活动进程所使用的CPU时间	当前执行的任务

常用选项如下。

(1) -h:禁用标题。

(2) -l:用长格式打印摘要。这是默认值。

(3) -s:用短格式打印摘要。在短格式中,tty 是缩写,并且登录时间、系统部件时间和命令参数都被省略。

(4) -u:打印日期和时间、自上次系统启动以来的时间总计、登录的用户数和正在运行的进程数。这是默认值。指定-u 标志而不指定-w 或h 标志等效于 uptime 命令。

(5) -w:等效于同时指定-u 和-l 标志,这是默认值。

例 1-4　显示登录用户的完整信息。

```
[teacher@localhost ~]#w
```

5) hostname 命令

用法:

```
hostname [主机名]
```

若不加主机名,则显示当前系统的完整主机名。

例 1-5　将主机名设置为 dky。

```
[teacher@localhost ~]#hostname dky
```

6) pwd 命令

用法:

```
pwd [选项]
```

常用选项如下。

(1) -L:显示当前路径(包括链接)。

(2) -P:显示当前的物理路径(如果当前路径为链接,则显示链接所对应的物理路径)。

例 1-6　显示当前的物理路径。

```
[teacher@localhost init.d]#pwd -P
```

此时显示的路径信息为/etc/rc.d/init.d,若不加-P 则显示/etc/init.d,此处的 init.d 目录就是一个链接。

4. 系统的关闭/重启/休眠或退出

退出当前终端使用 logout 或 exit 命令,若在文本模式下,此命令的作用是注销。

关闭系统有如下几种方式:

1) 立即重启 Linux 系统

```
[root@localhost ~]♯ reboot
[root@localhost ~]♯ shutdown − r now
[root@localhost ~]♯ init 6
```

注意:上述命令中,管理员可以使用全部命令,普通用户只能使用 reboot 命令。

2) 指定系统关闭或重启的时间

若需在 30 分钟后重新启动计算机,并向所有用户发送"Reboot for system test"信息,则:

```
[root@localhost ~]♯ shutdown − r + 30 "Reboot for system test"
```

若需在 10 分钟后关闭计算机,并向所有用户发送"System will halt after 10 minutes"信息,则:

```
[root@localhost ~]♯ shutdown − h + 10 "System will halt after 10 hours"
```

若需在 17:00 点关闭计算机,则:

```
[root@localhost ~]♯ shutdown − h 17:00
```

注意:当 shutdown 命令执行后,系统会向所有终端发送信息,在此命令没有执行前可以通过在执行 shutdown 命令的终端中输入 Ctrl+C 或在终端中输入 shutdown-c 命令来取消还没有执行的 shutdown 命令。

3) 立即关闭计算机

```
[root@localhost ~]♯ init 0
[root@localhost ~]♯ poweroff
[root@localhost ~]♯ shutdown − h now
```

注意:上述命令中,管理员可以使用全部命令,普通用户只能使用 poweroff 命令。

4) 休眠设置

命令格式为:

```
sleep 需要休眠时间
```

默认时间单位为秒,可以指定为分钟或小时。

例 1-7 让系统休眠 1 分钟。

```
[root@localhost ~]#sleep  1m
```

5. Linux 运行级别及切换

RedHat 在启动过程中首先加载 Linux 内核,在内存中执行内核操作,检查硬件,挂载根文件系统,然后启动 init 进程。init 进程就会根据 inittab 文件中的设置来使系统进入预设的运行级别,读取相关的配置文件和脚本程序,最后启用相关服务,完成整个系统的启动。

在 inittab 文件中,参数 initdefault 表明系统初始化之后启动的运行级别,用户可以通过更改此项设置来改变系统的预设运行级别,例如开机默认启动多用户文本模式,可以做如下操作:vi /etc/inittab,将 id:5 改为 id:3。用户也可以在系统运行过程当中来改变系统的运行级别,方法是用 init 命令,后面加上要切换到的运行级别,例如重启进入多用户文本模式可以使用命令 init 3。Linux 运行级别如表 1-3 所示。

表 1-3   Linux 运行级别

代号	说　明
0	所有进程将被终止,机器将有序地停止,关机时系统处于这个运行级别
1	单用户文本模式,用于系统维护,只有少数进程运行,同时所有服务也不启动
2	多用户文本模式,和运行级别 3 一样,只是网络文件系统(NFS)服务没被启动
3	多用户文本模式,允许多用户登录系统
4	留给用户自定义的运行级别
5	多用户模式,并且在系统启动后运行 X-Window,给出一个图形化的登录窗口,是系统默认的启动级别
6	所有进程被终止,系统重新启动

在多用户文本模式下进入图形模式的方法:startx;从图形模式返回文本模式:Ctrl+Alt+F2。

注意:如果在虚拟机中操作,从图形模式返回文本模式改为 Ctrl+Alt+BackSpace。

1.3.3 任务 1-2:初始化管理员密码

如果 Linux 系统超级用户 root 的密码丢失或忘记,可以通过单用户方式进行修改。

1. LILO 引导方式的密码初始化

对于使用 LILO 引导器时,在 Linux 启动会出现"LILO boot:"时,有一个短暂的停留,这时若按回车键则正常进入 Linux 的多用户模式;若按 Ctrl+X,则会出现"boot:"提示符,在"boot:"下输入"linux 1"或"linux single"进入单用户模式。即:

```
boot:linux 1
```

这时进入了单用户模式,单用户模式一般不设密码,用于系统维护。初始化密码的方法如下:

(1)在"#"提示符下输入 passwd 命令,根据提示输入新的密码。

(2)在"#"提示符下输入 reboot 命令,重新启动系统,在登录界面中输入新创建的密码就可以登录系统了。

注意：当 passwd 命令中不加用户名时，代表为当前用户设置密码，在单用户模式下，系统中只有一个用户 root，所以该命令的作用是为 root 用户设置密码。

2. GRUB 引导方式的密码初始化

（1）对于采用 GRUB 图形引导器的情况，引导系统时出现引导菜单如图 1-15 所示，在图中可以看出本系统使用的 Linux 内核是 2.6.32-131，按 e 键可以在引导前编辑菜单项，按 a 键可以在引导前修改内核信息，按 c 键可以在引导前输入一行命令。此处按 e 键进入下一界面。

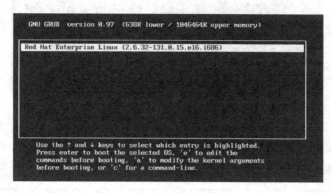

图 1-15　引导界面

（2）菜单的编辑状态如图 1-16 所示，可以通过按 b 键引导系统，按 e 键编辑所选中的命令行，按 c 键添加一个命令行，按 o 键在当前行后加一个新行，按 O 键在当前行前加一个新行，按 d 键删除当前行。此处选中 kernel/vmlinuz-2.6.32-131.0.15.e16.i686 ro root＝/dev/mapper/VolGroup 后，按 e 键，进入此命令行的编辑状态，如图 1-17 所示。

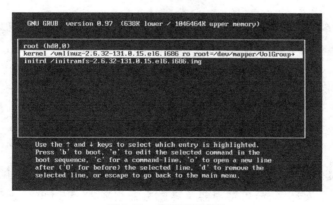

图 1-16　编辑引导菜单

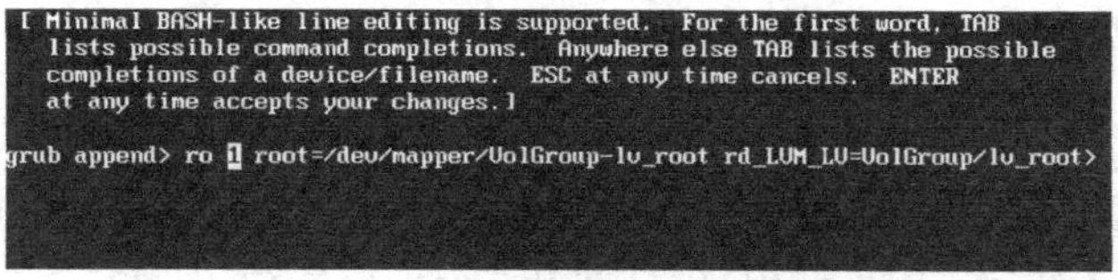

图 1-17　修改后的 GRUB 引导信息

Linux 系统安装及桌面应用

（3）修改 GRUB 的引导信息，在 ro 与 root 之间加入"1"或"single"，如图 1-17 所示，按回车键后，退回到引导界面，如图 1-18 所示。

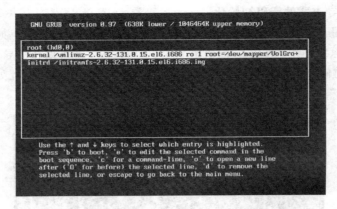

图 1-18　修改后的 GRUB 引导界面

（4）按 b 键引导，进入单用户模式，如图 1-19 所示，在单用户模式下，输入 passwd 命令，就可以重新给管理员设置密码了。

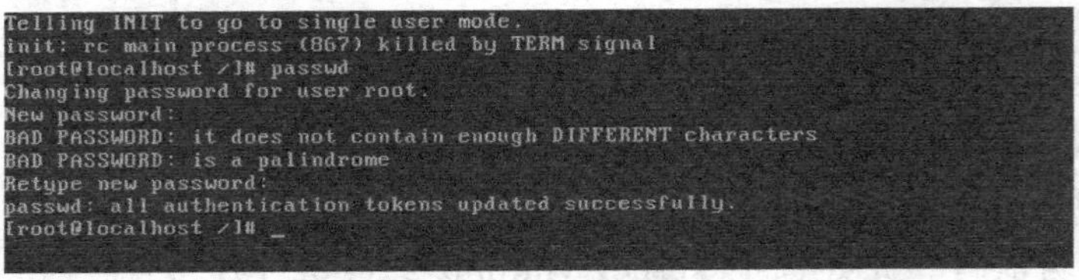

图 1-19　单用户模式

至此，管理员的密码已经被初始化，重新启动系统，输入刚设置的密码便可以登录系统。

注意：若不希望别人在开机时进入单用户模式，可以在/etc/grup. conf 文件中加入"password　××××"，××××可以是任意数字或字母，重新启动系统后，修改引导菜单时需要输入 password 后面的密码，否则将无法进入单用户模式。

1.4　桌面系统的使用

桌面是指屏幕上的窗口、菜单、面板、图标等图形元素的总和，一般由 X Window 系统、KDE 或 GNOME 桌面环境、窗口管理器及桌面主题组成，X Window 是 Linux 下的图形用户界面（GUI），对于初学者而言，GUI 比命令行方式更受欢迎。

1.4.1　认识 X Window 系统

X Window 系统（X Window System，也常称为 X11 或 X）是一种以位图方式显示的软件窗口系统。最初是 1984 年麻省理工学院研究开发的，之后变成 UNIX、类 UNIX，以及 OpenVMS 等操作系统所一致适用的标准化软件工具包及显示结构的运作协议。X Window 系统通过软件工具及结构协议来建立操作系统所用的图形用户界面，现在几乎所有的操作系统都能支持与使用 X,例如知名的桌面环境 GNOME 和 KDE 就是以 X Window 系统为基础构建成的。

X Window 是基于 C/S 结构的软件系统,由 X 服务器(X Server)、X 客户端(X Client)、X 协议(X Protocol)3 部分组成。其中,X 服务器是控制输入/输出设备的软件,必须运行在有图形显示能力的设备上,需要硬件支持;X 客户端是使用视窗功能的应用程序,本身并不能影响视窗的行为或显示结果,其功能可分为两部分,一是向 server 发出需求,二是为用户执行的程序做准备,X 客户端可以与 X 服务器运行在不同的主机上,与硬件无关,容易实现在不同硬件平台间的移植;X 协议是 X 客户端和 X 服务器端进行通信的一套协定,运行在 TCP/IP 协议之上。

注意:X Window 不同于 Microsoft Windows,虽然它们都有图形界面,可以处理多个窗口并允许多个用户通过键盘和简单字符以外的其他方式进行信息交互,但是 X Window 只是操作系统的一部分,即视窗环境,而 Microsoft Windows 是完整的操作系统,具有从内核、Shell 到视窗环境的所有内容。

1.4.2 认识 GNOME 环境

GNOME 是 GNU 网络对象模型环境(The GNU Network Object Model Environment)的缩写,是开放源码运动的一个重要组成部分,是一种基于 X Window 系统的让使用者容易操作和设定计算机环境的非常友好的桌面软件,包括菜单、桌面、面板、工作区、文件管理器等,可以帮助用户更容易地管理计算机并允许用户定制桌面,是 RedHat Enterprise Linux 的默认选择。GNOME 主要提供两项内容:一是 GNOME 桌面环境,二是 GNOME 开发平台。默认的 GNOME 的桌面环境包括一个计算机图标、一个用户主文件夹图标和一个回收站图标,如图 1-20 所示。

(1) 计算机:可以让用户访问光驱、软盘类的可移动介质,以及整个文件系统(根文件系统)。

(2) 用户主文件夹:存放用户的文件,也可以从"位置"菜单中打开自己的主文件夹。

(3) 回收站:是一个特殊文件夹,存放着不再需要的文件。

注意:当插入光盘、U 盘或其他可移动设备时,桌面上会显示相应的设备图标。快捷键 Ctrl+Alt+D 可用于快速最小化/恢复所有窗口。

1.4.3 使用 GNOME 桌面

1. 设置桌面背景、主题及字体

在桌面的空白处右击,在弹出的快捷菜单中选择"更改桌面背景"命令,弹出如图 1-21 所示的对话框,在"背景"选项卡中单击背景图片,桌面的背景随即会被更新;"主题"选项卡中可以设置窗口的样式;"字体"选项卡可以设置显示字体的样式,例如可将窗体的标题设置为粗体。

Linux 系统安装及桌面应用

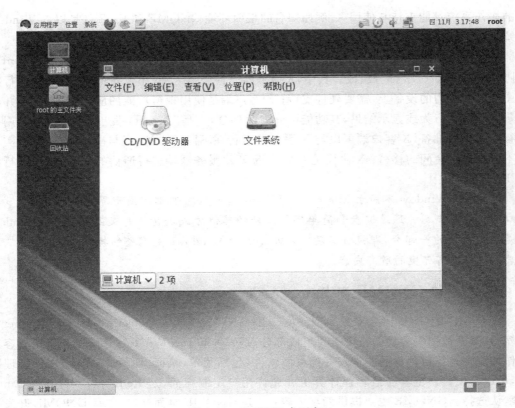

图 1-20　GNOME 桌面窗口

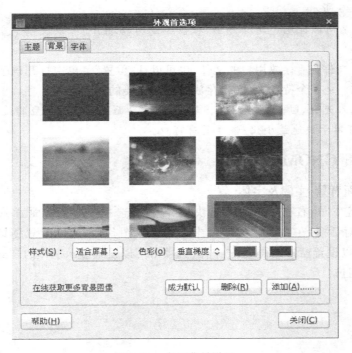

图 1-21　桌面背景设置

2. 打开终端

在桌面空白处右击,在弹出的快捷菜单中选择"在终端中打开"命令或单击"应用程序"→"系统工具"菜单选择"终端"命令,弹出窗口如图 1-22 所示,在终端窗口中可以输入命令对系统进行管理,增加了操作系统的灵活性。

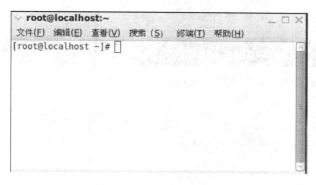

图 1-22　终端窗口

注意:虽然两种方法都可以打开终端窗口,但所在的目录位置是不同的。此命令窗口为 X 模式下提供的命令行输入界面,不同于纯文本模式下的命令行界面(有些命令必须在 X 模式下才能执行),在终端窗口中使用 Ctrl+Shift+N 可以快速打开新的终端窗口,使用 Ctrl+Shift+T 可以在当前终端窗口中快速打开一个标签页。

3. gedit 的使用

gedit 是 GNOME 桌面的小型文本编辑器,提供了较友好的文本编辑环境,可以实现文本的复制、粘贴、查找、替换等操作。可以通过"应用程序"→"附件"→"gedit 文本编辑器"菜单或在终端中输入"gedit"命令打开,其窗口如图 1-23 所示。

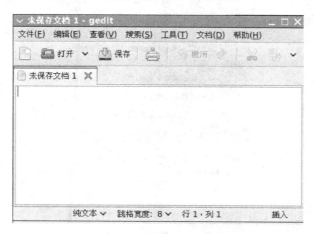

图 1-23　gedit 文本编辑器

4. 上网工具的使用

在 RedHat Enterprise Linux 中默认的网页浏览器为火狐浏览器(Mozilla Firefox),由 Mozilla 开发,采用 Gecko 网页排版引擎,支持多种操作系统,在浏览器市场上占有较高的份额,可通过"应用程序"→Internet→Firefox Web Browser 菜单(或快捷按钮)打开,也可以在终端中输入"firefox"命令打开,其窗口如图 1-24 所示。

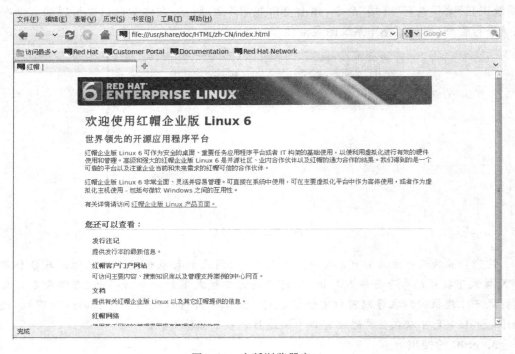

图 1-24　火狐浏览器窗口

5. 抓图工具的使用

抓图工具用于抓取屏幕上的整个或部分区域,文件保存为 .png 格式,可通过"应用程序"→"附件"→"抓图"菜单打开,如图 1-25 所示。

图 1-25　抓图工具对话框

抓图功能也可以在终端中使用 gnome-screenshot 命令抓取整个屏幕,其参数如表 1-4 所示。

表 1-4　gnome-screenshot 命令参数

选　　项	功　　能
--windows	对当前窗口抓图
--delay＝秒	在预先设定的秒数后抓图
--include-border	抓图时包括窗口边框
--remove-border	去除屏幕截图的窗口边框
--border-effect＝效果	抓图时添加边框的特效(例如 shadow、border 等)
--area	抓取一个用鼠标选中的屏幕区域
--help	帮助

注意：抓图时也可以使用快捷键，Print Screen 键用于抓取整个屏幕，Alt＋Print Screen 键用于抓取当前窗口。

6. 光盘刻录工具的使用

RedHat Enterprise Linux 6.1 中提供了光盘的刻录工具，可用于刻录 VCD/DVD 光盘或用于检查光盘及光盘镜像的完整性，可通过"应用程序"→"影音"→"Brasero 光盘刻录器"菜单打开，也可以通过在终端中输入"Brasero"命令打开，如图 1-26 所示。

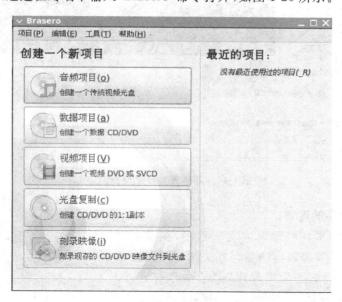

图 1-26　光盘刻录工具

使用 Brasero 工具可以记录多种格式的光盘，此处以记录数据盘为例进行说明，刻录数据 CD 的方法如下：

(1) 将空白的 CD-R/W 或 DVD-R/W 放入光驱。

(2) 在主窗口中单击"数据项目"选项或选择"项目"→"新项目"→"新数据项目"命令。

(3) 使用左侧边栏寻找要添加到项目中的文件，从顶部的下拉菜单中选择"浏览文件系统"，若左侧边栏被隐藏，可选择"查看→显示侧边栏"或按 F7 键显示侧边栏。

(4) 添加数据，可以选中要刻录的文件，单击工具栏左上方的"添加"按钮或双击被选文件实现。

25

（5）在文本框中输入光盘的标签。

（6）当所有数据都被添加以后，单击"刻录"按钮。

注意：当光驱中没有光盘时，系统会自动将所选内容刻录为 ISO 镜像文件。

7. 屏幕保护工具的使用

当计算机不使用时（默认时间为 5 分钟），可启动屏幕保护程序，系统会显示一个移动的图像，单击鼠标或按键盘上的任意键可以停止屏幕保护程序，通过"系统"→"首选项"→"屏幕保护程序"菜单可以打开屏幕保护程序设置窗口，如图 1-27 所示。

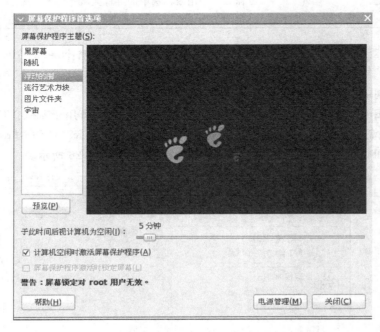

图 1-27 屏幕保护程序设置窗口

8. 自启动程序的设置

自启动程序是指在登录时启动的程序，在系统退出或注销时由会话管理器自动保存并关闭，可通过"系统"→"首选项"→"首选应用程序"菜单命令打开，如图 1-28 所示，在此对话框中可添加、删除、编辑启动项。若不希望某程序在启动时被执行，可取消选择相应程序前面的复选框。

9. 时间/日期的设置

设置系统的时间与日期，可通过"系统"→"管理"→"日期和时间"菜单命令打开，如图 1-29 所示。

10. 添加/删除程序

通过"系统"→"管理"→"添加/删除软件"菜单命令打开，如图 1-30 所示，在"过滤"菜单中可以对系统已安装的软件、开发包、图形界面软件、自由软件进行过滤。

图 1-28 自动启动应用程序

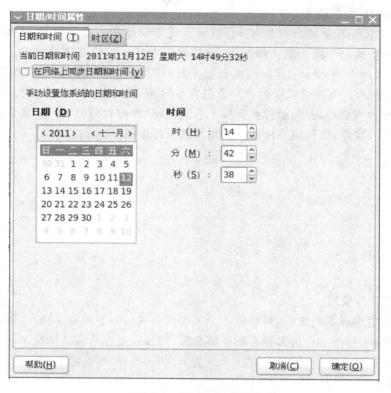

图 1-29   设置时间与日期

图 1-30   添加/删除软件

11. GNOME 面板使用

面板是 GNOME 桌面上一个用户可以管理特定动作和信息的区域,表现为两个长条,分别在屏幕的上边和下边。默认情况下,顶部面板中显示 GNOME 的主菜单、日期和时间及软件包等,如图 1-31 所示;而底部面板显示打开窗口列表、工作区切换按钮及回收站图标,如图 1-32 所示。面板可以通过定制来包含不同的工具,例如一些菜单和启动器,面板上的小工具被称为面板小程序,通过在面板上右击选择"添加到面板"命令,选中需要添加的工具后单击"添加"按钮,即可以将所选工具添加到顶部面板上。

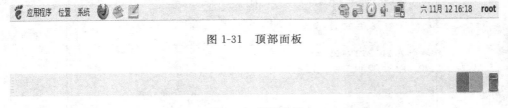

图 1-31 顶部面板

图 1-32 底部面板

12. 工作区的使用

工作区是管理屏幕的窗口,可以将一个工作区想象为一个虚拟屏幕,可以随时在各个工作区间进行切换,每个工作区都拥有相同的桌面、面板及菜单。默认情况下在底部面板的右侧有两个工作区,调整工作数量的方法为右击工作区,选择"首选项"命令,修改"工作区的数量"的值即可。

13. 系统监视工具的使用

系统监视工具用于对系统、进程、资源、文件系统进行监视,可通过"应用程序"→"系统工具"→"系统监视器"菜单命令打开,如图 1-33 所示。

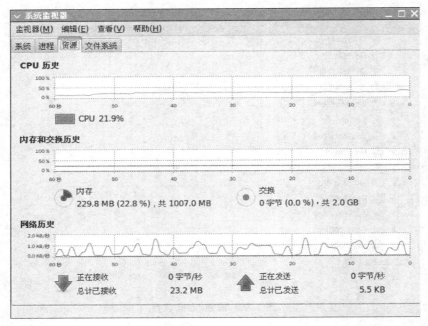

图 1-33 系统监视器

14. 磁盘使用分析器的使用

磁盘使用分析器用于在 GNOME 环境下分析本地或远程的磁盘使用情况,通过"应用程序"→"系统工具"→"磁盘使用分析器"菜单命令打开,如图 1-34 所示。在此窗口中也可以针对某个文件夹进行分析,选择"分析器"→"扫描文件夹"命令,选择希望扫描的文件夹即可。

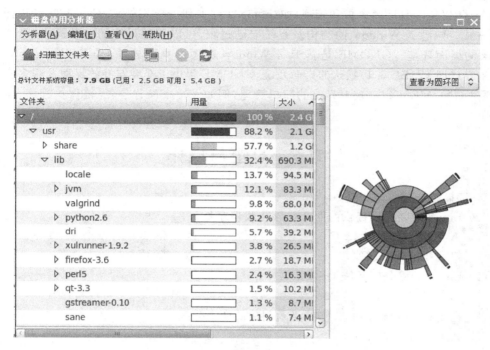

图 1-34　磁盘使用分析器

15. 抽屉工具的使用

抽屉工具是面板的扩展,可用于存放一些常用的工具,添加抽屉工具的方法为右击顶部面板选择"添加到面板"命令,单击"抽屉"按钮,抽屉工具会被添加到顶部面板中。此时可将其他工具拖动到"抽屉"中或右击抽屉图标,选择"添加到抽屉"命令,即可实现将工具放入"抽屉"的操作,单击抽屉图标可将"抽屉"打开,如图 1-35 所示。

图 1-35　抽屉工具

1.5 小   结

本章介绍了 Linux 的发展史、特点、安装方法、分区原则、恢复密码的方法、启动方式、桌面系统的使用方法等内容。安装 Linux 之前要规划好分区,最好将存放用户信息的文件夹单独分区,以便于日后的维护和管理,如/home 文件夹和/var 文件夹,建议初学者选择默认安装方式。熟悉 X Window 的结构及系统启动过程,可以调整系统的启动模式,熟练使用 Linux 的桌面环境。GNOME 是基于 X Window 的图形桌面软件,是 RedHat Enterprise Linux 6.1(即 RHEL 6.1)默认的桌面系统,GNOME 提供了非常友好的界面及很多实用工具,通过 GNOME 可以实现对系统的简单管理,例如设置桌面背景、屏幕保护程序、监视系统等。

1.6 习题与操作

1. 选择题

(1) Linux 安装程序提供的两个引导装载程序是_____。

    A. GROUP 和 LLTO   B. DIR 和 COID

    C. GRUB 和 LILO   D. 以上都不是

(2) Linux 的根分区系统类型是_____。

    A. FAT16   B. FAT32   C. .ext4   D. NTFS

(3) 在安装 Linux 操作系统时,必须创建的两个分区是_____。

    A. /home 和/usr   B. /和/ usr

    C. /和/swap   D. /home 和/swap

(4) 一台 PC 的基本配置为主频 1GB、硬盘存储容量 120GB、内存 512MB。在安装 Linux 系统时,交换分区大小应为_____。

    A. 100MB   B. 512MB   C. 2048MB   D. 300MB

(5) 在 RedHat Linux 中系统管理员的名称是_____。

    A. root   B. user   C. ftpuser   D. administrator

(6) inittab 文件存放在_____目录下面。

    A. /etc   B. /home   C. /var   D. /boot

(7) Linux 的创始人是_____。

    A. Make jane   B. Tangnade   C. Jane lu   D. Linus Torvalds

(8) Linux 的内核版本 2.4.32 是_____的版本。

    A. 不稳定   B. 稳定的   C. 第三次修订   D. 第二次修订

(9) 以下不属于服务器操作系统的是_____。

    A. Windwos 2000 Server   B. Netware

    C. Windows XP   D. Linux

2. 简答题

(1) 比较 Windows 和 Linux 两种服务器操作系统的优缺点。

（2）Linux 系统有哪几个运行级别？分别代表什么含义？

3. 操作题

1) 任务描述

A 公司有新进 3 台计算机用于给员工办公使用，为了节约资金，选择安装 Linux 系统，每台计算机的硬盘为 120GB，内存为 4GB，安装好系统后希望能够在公司内部互相访问，能够访问 Internet，具体描述如下：

（1）3 台计算机需要安装 Linux 系统，根分区为 20GB，交换分区为 8GB，Home 分区为 10GB，Var 分区为 10GB，其余空间预留。

（2）为计算机分配的地址为 192.168.1.10～192.168.1.13。

（3）为计算机设置网关及 DNS(使用公用的 DNS：202.99.8.1)。

2) 操作目的

（1）通过本操作熟悉 Linux 系统的安装方法、分区方法。

（2）掌握配置网络参数的方法，并将主机接入局域网。

（3）掌握网络调试方式，提高网络维护的能力。

3) 任务准备

（1）3 台没有系统的计算机。

（2）网络硬件平台畅通。

（3）一张 Linux 安装光盘(DVD)。

Linux 系统安装及桌面应用

第 2 章 　Linux 文件系统

学习目标

- 了解 Linux 的文件结构
- 了解常用的命令,例如 cp、mv、ls 等的使用方法
- 会配置网络环境
- 会使用文本编辑器
- 会安装软件包并备份文件

2.1　文　件　结　构

文件结构是文件存放在磁盘等存储设备上的组织方法,主要体现在对文件和目录的组织上。目录提供了管理文件的一个方便而有效的途径。

Linux 使用标准的目录结构,在安装的时候,安装程序就已经为用户创建了文件系统和完整而固定的目录组成形式,并指定了每个目录的作用和其中的文件类型。

Linux 采用的是树型结构。最上层是根目录,其他所有目录都是从根目录出发而生成的。微软的 DOS 和 Windows 也是采用树型结构,但是在 DOS 和 Windows 中这样的树型结构的根是磁盘分区的盘符,有几个分区就有几个树型结构,他们之间的关系是并列的。但是在 Linux 中,无论操作系统管理几个磁盘分区,这样的目录树只有一个;从结构上讲,各个磁盘分区上的树型目录不一定是并列的。

因为 Linux 是一个多用户系统,制定一个固定的目录规划有助于对系统文件和不同的用户文件进行统一管理。

Linux 支持长文件名,不论是文件名还是目录名,最长可以达到 256 个字节。

Linux 的文件和命令均要区分大小写。

Linux 的文件类型大致可分为普通文件、可执行文件、链接文件和设备文件。

在 Linux 中,文件是否是可执行文件不由扩展名来决定,而是由文件的属性来决定。

2.1.1　目　录　结　构

Linux 也使用树型目录结构来组织和管理文件,所有文件采取分级、分层的方式组织在一起,从而形成一个树型的层次结构。

在整个树型结构中,只有一个根目录(树根),位于根分区,其他目录、文件以及外部设备(包括硬盘、软驱、光驱、调制解调器等)文件都是以根目录为起点,挂载在根目录下面的。即整个 Linux 的文件系统,都是以根目录为起点的,其他所有分区也都是被挂载到目录树的某

个目录中的,通过访问挂载点目录,即可实现对这些分区的访问。

在 DOS 和 Windows 操作系统中,每一个分区都有一个独立的根目录,各分区采用盘符进行区分和标识。而 Linux 操作系统只有一个根目录,用"/"表示。根目录是整个系统最重要的一个目录,所有的目录都是由根目录衍生出来的。同时根目录也与开机/还原/系统修复等动作有关,建议根分区不要太小,且应用程序所安装的软件最好不要与根目录放在同一分区内。

Linux 根下常见的目录有:bin、sbin、dev、boot、etc、home、lib、lost+found、media、mnt、opt、proc、root、selinux、srv、sys、tmp、var、usr。

以下介绍 Linux 根下常见目录的作用及含义。

1. /bin 和/sbin

/bin 存放普通命令,/sbin 存放系统管理命令。

2. /dev

dev 是 device(设备)的简写,该目录是一个非常重要的目录,用于存放由 Linux 内核创建的用来控制硬件设备的特殊文件,例如硬盘、光驱等。注意:网卡设备并不存放在这个文件夹中。

3. /boot

该目录用于存放与系统启动相关的各种文件,包括系统的引导程序和系统内核程序。不要轻易对该目录进行操作。

4. /etc

该目录也是 Linux 系统中一个非常重要的目录,用于存放系统管理时要用到的各种配置文件,包括网络配置、设备配置、X 系统配置、用户信息等,例如 securetty、passwd、inittab、fstab 等。

5. /home

系统中所有普通用户的宿主目录,系统默认放在/home 目录中(通过在创建用户时使用-d 参数,也可指定放在其他位置)。root 用户的宿主目录为/root。新建用户账户后,系统就会自动在该目录中创建一个与账户同名的子目录,作为该用户的宿主目录。普通用户只能访问自己的宿主目录,无权访问其他用户的宿主目录。

6. /lib

lib 是 library 的简写,用于存放系统启动时需要用到的动态链接库文件,而那些非启动用的库文件会放在/usr/lib 下,例如内核模块被放在/lib/modules 目录下。

7. /lost+found

这个目录是使用标准的 ext2/ext3/ext4 文件系统格式才会产生的一个目录,目的在于当文件系统发生错误时,将一些遗失的片段存放到这个目录下。这个目录通常会在分区的最顶层存在,例如加装一块硬盘,在这个新磁盘下就会自动产生一个这样的目录,这个目录平时是空的。

8. /media

media 是媒体的意思,此目录下存放的是可移动设备,例如光盘、软盘等。

9. /mnt

/mnt 存放临时的映射文件系统,通常把软驱和光驱挂载在这里的 floppy 和 cdrom 子目录下。在早期的版本中,这个目录的用途与/media 相同,只是有了/media 之后,这个目录才用来暂时挂载设备。

10. /opt

/opt 用于存放第三方软件。

11. /proc

/proc 存放存储进程和系统信息。这是一个虚拟文件系统,存放的数据都在内存中,例如系统内核、进程信息(process)、设备的状态及网络状态等,本身不占任何硬盘空间。利用 cat 命令显示输出该目录下的一些特殊文件的内容,可查看到系统的一些特殊信息,例如:

(1) cat /proc/cpuinfo:详细显示当前系统 CPU 的硬件信息。

(2) cat /proc/meminfo:显示内存信息。

(3) cat /proc/version:显示 Linux 的版本号。

12. /root

/root 是系统管理员(root)的家目录,由于在单用户模式下系统仅挂载根目录,管理员仍可拥有自己的家目录,从而对系统进行管理。

13. /selinux

/selinux 是 Secure Enhance Linux(SELinux)的执行目录,它把服务和系统独立地分开,这样即使服务被黑客攻击也不会影响到系统的安全。

14. /srv

/srv 可以认为是 service 的缩写,是一些网络服务启动之后,这些服务所需要取用的数据目录。

15. /sys

/sys 与/proc 类似,也是一个虚拟的文件系统,主要也是记录与内核相关的信息,包括目前已加载的内核模块与内核侦测到的硬件设备信息等。这个目录同样不占硬盘容量。

16. /tmp

/tmp 是让一般用户或者是正在执行的程序暂时存放文件的地方。这个目录是任何人都能够存取的,所以需要定期清理。当然,重要数据不可存放在此目录,因为 FHS 甚至建议在开机时应该要将/tmp 下的数据都删除,RHEL 和 CentOS 就是在开机后自动清空里面内容的。

17. /var

/var 主要针对经常变动的文件,包括缓存(cache)、登录文件(log file)以及某些软件运行所产生的文件,包括程序文件(例如 lock file、run file)等。常见的次目录有:

(1) /var/cache/:应用程序本身运作过程中会产生的一些暂存档。

(2) /var/lib/:程序本身执行的过程中需要使用到的数据文件存放的目录。在此目录下各自的软件应该有各自的目录,例如 MySQL 的数据库存放到/var/lib/mysql,而 rpm 的数据库则存放到/var/lib/rpm。

(3) /var/lock/:某些设备或者是档案资源一次只能被一个应用程序所使用,如果同时有两个程序使用该设备时,就可能产生一些错误的状况,因此就得要将该设备上锁(lock),以确保该设备只会给单一软件所使用。

(4) /var/log/:用于存放日志文件,比较重要的文件如/var/log/messages、/var/log/wtmp(记录登录用户的信息)等。

（5）/var/mail/：存放个人电子邮件信箱的目录，这个目录也被存放到/var/spool/mail/目录中。这两个目录互为链接文件。

（6）/var/run/：某些程序或者是服务启动后，会将它们的 pid 存放在这个目录里。

（7）/var/spool/：这个目录通常存放一些队列数据。所谓的队列数据就是排队等待其他程序使用的数据。这些数据被使用后通常都会被删除。例如，系统收到新信件会存放到/var/spool/mail/中，但使用者收下该信件后该封信原则上就会被删除；信件如果暂时寄不出去会被放到/var/spool/mqueue/中，等到被送出后就被删除。如果是计划任务（crontab），就会被存放到/var/spool/cron/目录中。

18. /usr

usr 是 UNIX Software Resource 的缩写，也就是 UNIX 操作系统软件资源所存放的目录，这个目录会占用较多的硬盘容量，FHS 对/usr 的次目录建议如下。

（1）/usr/bin/：用户自行安装的软件相关命令都放在这里。

（2）/usr/include/：C/C++等程序语言的头文件（header）与包含文件（include）存放在这里。

（3）/usr/lib/：包含各应用软件的函数库、目标文件（object file）以及不被一般使用者惯用的执行文件或脚本（script）。

（4）/usr/local/：建议系统管理员将自己下载的软件安装到此目录。

（5）/usr/sbin/：非系统正常运作所需要的系统命令。最常见的就是某些网络服务器软件的服务命令（daemon）。

（6）/usr/share/：存放共享文件的地方，在这个目录下存放的数据几乎均是文本文件，是可读取的。

（7）/usr/share/doc：软件杂项的文件说明。

（8）/usr/src/：一般原始码建议存放到这里，src 有 source 的意思。至于核心原始码则建议存放到/usr/src/linux/目录下。

（9）/usr/games：存放游戏文件。

2.1.2 文件系统

文件系统指文件存在的物理空间。Linux 系统中每个分区都是一个文件系统，都有自己的目录层次结构。Linux 会将这些分属不同分区的、单独的文件系统按一定的方式形成一个系统的总的目录层次结构。一个操作系统的运行离不开对文件的操作，因此必然要拥有并维护自己的文件系统。

不同操作系统使用的文件系统一般是不相同的。Linux 默认支持 8 种不同的文件系统，分别为 ext2、ext3、nodev proc、nodev devpts、ISO 9660、vfat、hfs、hfsplus，保存在/etc/filesystems 文件中。

对于 RedHat Enterprise Linux 6.1 默认使用 ext4 文件系统（由 ext3 升级而来）。

Linux 文件系统结构如图 2-1 所示。

超级块	块组描述符	块位图	索引节点位图	索引节点表	数据块

图 2-1　Linux 文件系统结构

Linux 文件系统结构的核心组成部分是超级块、索引节点表和数据块。超级块和块组描述符中记录了该块组的整体信息,例如索引节点的总数和使用情况、数据块的总数和使用情况及文件系统状态等。每一个索引节点都有一个唯一编号,且对应一个文件,包含了针对某个具体文件的全部信息,例如文件的存取权限、拥有者、建立时间等,但不包含文件名(文件名及索引点编号存于目录文件中)。索引节点指向特定的数据块,数据块是真正存储文件内容的地方。部分文件系统介绍如下。

1. ext2、ext3、ext4 文件系统

(1) ext 是第一个专门为 Linux 设计的文件系统类型,于 1992 年 4 月完成,称为扩展文件系统。由于在稳定性、速度和兼容性方面存在许多缺陷,现已很少使用。

(2) ext2 是为解决 ext 文件系统的缺陷而设计的可扩展、高性能的文件系统,称为二级扩展文件系统。ext2 于 1993 年发布,在速度和 CPU 利用率上具有较突出的优势,是 GNU/Linux 系统中标准的文件系统,支持 256 字节的长文件名,文件存取性能极好。

(3) ext3 是 ext2 的升级版本,兼容 ext2,在 ext2 的基础上增加了文件系统日志记录功能,称为日志式文件系统,是目前 Linux 默认采用的文件系统。

日志式文件系统在因断电或其他异常事件而停机重启后,操作系统会根据文件系统的日志,快速检测并恢复文件系统到正常的状态,并可提高系统的恢复时间,提高数据的安全性。

(4) ext4 是 ext3 的改进版,修改了 ext3 中部分重要的数据结构,其特点体现为以下几点。

① 与 ext3 兼容:在不格式化或重新安装系统的前提下实现从 ext3 向 ext4 的在线迁移,原有 ext3 数据结构保留,ext4 作用于新数据。

② 更大的文件系统和更大的文件:ext4 支持 1EB(1EB=1024PB,1PB=1024TB)的文件系统,16TB 的文件。

③ 无限数量的子目录:ext3 目前只支持 32 000 个子目录,而 ext4 支持的子目录无数量限制。

④ Extents:ext3 采用间接块映射,当操作大文件时,效率极其低下,而 ext4 引入了现代文件系统中流行的 extents 概念,每个 extent 为一组连续的数据块,效率得到了有效提高。

⑤ 多块分配:当写入数据到 ext3 文件系统中时,ext3 的数据块分配器每次只能分配一个 4KB 的块,写一个 100MB 文件就要调用 25 600 次数据块分配器,而 ext4 的多块分配器 multiblockallocator(mballoc)支持一次调用分配多个数据块。

⑥ 延迟分配:ext3 的数据块分配策略是尽快分配,而 ext4 和其他现代文件操作系统的策略是直到文件在 cache 中写完才开始分配数据块并写入磁盘,这样就能优化整个文件的数据块分配,与前两种特性搭配起来可以显著提升性能。

⑦ 快速 fsck:在 ext3 中执行 fsck 时需要检查所有的 inode,速度会很慢。在 ext4 中给每个组的 inode 表中都添加了一份未使用 inode 的列表,检查 ext4 文件系统一致性时可以跳过它们而只去检查那些在用的 inode。

⑧ 日志校验:ext4 将 ext3 的两阶段日志机制合并成一个阶段,可以很方便地判断日志数据是否损坏,在增加安全性的同时提高了性能。

⑨ 提供无日志模式：为了减少开销，ext4 允许关闭日志，以便某些有特殊需求的用户借此提升性能。

⑩ 在线碎片整理：ext4 支持在线碎片整理，并提供了对个别文件或整个文件系统的碎片管理。

⑪ inode 相关特性：ext4 支持更大的 inode，默认 inode 大小为 256 字节，而 ext3 默认的 inode 大小为 128 字节。

⑫ 持久预分配：所谓持久预分配指为保证下载文件有足够的空间存放，常常会预先创建一个与所下载文件大小相同的空文件，以免未来的数小时或数天之内磁盘空间不足导致下载失败。ext4 在文件系统层面实现了持久预分配。

⑬ 默认启用 barrier：barrier 是 Linux 文件系统的一个安全特性。文件系统常使用日志功能来保证系统的完整性，正常顺序为先写日志后写数据，若真实的数据块先写入磁盘，而日志文件有可能损坏，会影响数据完整性。barrier 特性决定了日志与数据块的写入顺序，即先将 barrier 前的数据写入磁盘，再写 barrier 之后的数据。

日志文件系统是目前 Linux 文件系统发展的方向，除了 RedHat Linux 采用的 ext3、ext4 外，常用的还有 reiserfs 和 jfs 等日志文件系统，其中 ext4 的综合性能最佳。

2. swap 文件系统

swap 用于 Linux 的交换分区。在 Linux 中，使用交换分区来提供虚拟内存，其分区大小一般是系统物理内存的两倍。在安装 Linux 操作系统时，就应创建交换分区，它是 Linux 正常运行所必需的，其类型必须是 swap。交换分区由操作系统自行管理。

3. vfat 文件系统

vfat 是 Linux 对 DOS、Windows 系统下的 FAT(包括 FAT16 和 FAT32)文件系统的一个统称。RedHat Linux 支持 FAT16 和 FAT32 分区，也能在该系统中通过相关命令创建 FAT 分区。

4. NFS 文件系统

NFS 即网络文件系统，用于在 UNIX 系统间通过网络进行文件共享，用户可将网络中 NFS 服务器提供的共享目录挂载到本地的文件目录中，从而实现操作和访问 NFS 文件系统中的内容。

5. ISO 9660 文件系统

该文件系统是光盘所使用的标准文件系统，Linux 对该文件系统也有很好的支持，不仅能读取光盘和光盘 ISO 映像文件，而且还支持刻录光盘。

注意：RedHat Linux AS4 之前的版本，默认情况下不支持 ntfs 文件系统的挂载，需要自己编译 kernel 才可以实现 ntfs 文件系统的挂载。

2.2 常用命令

(1) Linux 区分大小写。在命令行中，可以使用 Tab 键来自动补全命令，也可以利用向上(↑)或向下(↓)的光标键翻查曾执行过的历史命令，并可再次执行。

(2) 实现部分补全，按 ALT＋. 键，可将曾经执行过命令的后面对应部分再次显示。

(3) 要在一个命令行上输入和执行多条命令，可使用";"来分隔命令。例如：cd /etc; ls -l。

（4）断开一个长命令行，可使用反斜杠"\"，以实现将一个较长的命令分成多行表达，以增强命令的可读性。换行后，Shell 自动显示提示符"＞"，表示正在输入一个长命令，此时可继续在新行上输入命令的后续部分。

2.2.1 目录操作命令

1. mkdir 与 rmdir 命令

mkdir 命令用于建立新目录，对应于 DOS 的 md 命令，用法为：

```
mkdir 新目录名
```

rmdir 命令用于删除目录，要求目录必须是空目录，且必须在上级目录进行删除操作。用法为：

```
rmdir 要删除的目录名
```

另外，mkdir 命令结合使用-p 参数，可快速创建出目录结构中指定的每个目录，对于已存在的目录不会被覆盖。

例如，若要在/usr 目录下面创建一个子目录 mydoc，然后在 mydoc 下面再创建一个 zhangsan 目录，则操作命令为：

```
[root@localhost ~]# mkdir -p /usr/mydoc/zhangsan
```

2. cd 命令

cd 命令用于显示或改变当前目录，以下介绍其基本用法。

（1）改变当前目录，命令格式为"cd 目录名"，例如改变当前目录为/etc，操作方法如下：

```
[root@localhost ~]# cd /etc
```

（2）进入当前用户的宿主目录，操作方法如下：

```
[root@localhost ~]# cd
```

或

```
[root@localhost ~]# cd ~
```

（3）进入指定用户的宿主目录，例如进入用户 stu 的主目录，操作方法如下：

```
[root@localhost ~]# cd ~stu
```

（4）返回上一次所在的目录，操作方法如下：

```
[root@localhost ~]# cd -
```

在 Linux 中，.. 代表上一级目录，. 代表当前目录，/代表根目录。

2.2.2 文件操作命令

1. ls 命令

ls 命令用于列出一个或多个目录下的内容(目录或文件),该命令支持很多参数以实现更详细的控制。默认情况下,ls 命令按列显示目录下的内容,垂直排序。常见的 ls 参数如下。

(1) -a:列出所有文件(包括以.开头的隐藏文件)。

(2) -A:列出所有文件(包括以.开头的隐藏文件),但不显示.和..。

(3) --color:是否用不同颜色显示文件及文件夹,有 3 个可选值:always、never、auto。

(4) -i:显示节点号。

(5) -k:以 KB 为单位进行显示。

(6) -l:显示详细信息,功能等价于 ll,按长格式显示,可显示文件大小、日期、权限等详细信息,如图 2-22 所示。

例 2-1 设置系统用不同颜色显示文件及文件夹。

```
[root@localhost ~]#ls – color = auto
```

例 2-2 显示文件及文件夹的详细信息。

```
[root@localhost ~]#ls – l
```

在图 2-2 中可以看到文件及文件夹的详细信息,包括文件属性,文件数量,所有者、所在组、文件大小、创建或修改日期及时间、文件名。此命令等同于 ll 命令。

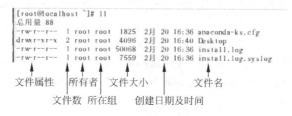

图 2-2　文件详细信息

2. cp 命令

cp 是 copy 的缩写,可用于目录或文件的复制。其用法为:

```
cp [参数选项] 源文件 目标文件
```

利用 cp 命令复制目录时,参数选项可使用-r,以实现将源目录下的文件和子目录一并复制到目标目录中,其命令用法为:

```
cp – r 源目录　目标目录
```

3. rm 命令

rm(remove)命令用于删除文件或目录。在命令行中可包含一个或多个文件名(各文件

间用空格分隔)或通配符,以实现删除多个文件。其用法为:

```
rm  [参数选项] 文件名或目录名
```

参数选项如下。

(1) -r:删除指定目录及其目录下的所有文件和子目录。

(2) -rf:直接删除文件或目录,而不显示任何警告消息。

4. mv 命令

mv 是 move 的缩写,用于移动或重命名目录或文件。Linux 系统没有重命名命令,因此,可利用该命令来间接实现。其用法为:

```
mv  [参数选项] 源目录或文件名   目标目录或文件名
```

参数选项:

-b:覆盖已存在的文件前,系统会自动创建原已存在文件的一个备份,备份文件名为原名称后附加一个~符号。

5. touch 命令

该命令用于更新指定的文件或目录的访问和修改时间为当前系统的日期和时间。查看当前系统日期和时间使用 date 命令。

若指定的文件不存在,则该命令将以指定的文件名自动创建出一个空文件。这也是快速创建文件的一个途径。

例 2-3 将文件 file1 的时间记录改为 2012-4-20 下午 4:20。

```
[root@localhost ~]# touch - d "4:20pm04/20/2012" file1
```

6. ln 命令

该命令用于创建链接文件。链接是将已存在的文件或目录链接到位置或名字更便捷的文件或目录,分为软链接和硬链接。无论哪种链接方式,链接文件都会与源文件自动保持同步。

(1) 创建软链接,用于链接目录或文件,使用带-s(symbolic link)选项的 ln 命令,其用法为:

```
ln - s 原文件或目录名 要链接为的文件或目录名
```

例 2-4   在当前目录下创建/etc/httpd/conf/httpd.conf 文件的软链接,文件名为 httpd.conf。

```
[root@localhost ~]# ln - s /etc/httpd/conf/httpd.conf   httpd.conf
```

此时在当前目录中会产生一个指向/etc/httpd/conf/httpd.conf 文件的链接文件,类似于 Windows 中的快捷方式。链接文件与原文件为不同的文件,当原文件删除时,链接文件失效。

（2）硬链接：

硬链接只能用于链接文件，文件都是被写到硬盘上的某个物理位置，该物理位置称做 i 节点（inode），它是获得文件内容的一个入口地址，而每个 i 节点都有一个编号。利用 ls -i 命令可以查看每个文件对应的 i 节点值。创建硬链接，实质就是创建了另外一个指向同一 i 节点的文件，原文件删除后对链接文件无影响。

例 2-5　在当前目录下创建/etc/yum. conf 文件的硬链接，文件名为 yumlink. conf。

```
[root@localhost ~]# ln /etc/yum.conf   yumlink.conf
[root@localhost ~]# ls - il /etc/yum.conf
277530 - rw - r - - r - -. 2 root root 813   4 月 29 2011 /etc/yum.conf
[root@localhost ~]# ls - il ~/yumlink.conf
277530 - rw - r - - r - -. 2 root root 813   4 月 29 2011 /root/yumlink.conf
```

从上面的结果可以看出，链接文件与原文件的 i 节点号、内容、大小均相同。

7．查看文本文件的内容

1）利用 cat 命令查看

cat 是 concatenate 的缩写，该命令用于将文件的内容输出到显示器或终端窗口上，常用于查看内容不多的文本文件的内容，长文件会因滚动太快而无法阅读。

2）使用 more 或 less 命令查看

对于内容较多的文件，不适合于用 cat 命令查看，此时可用 more 或 less 命令来查看。

less 比 more 功能更强大，除了有 more 的功能外，还支持用光标键向上或向下滚动浏览文件，对于宽文档还支持水平滚动，当到达文件末尾时，less 命令不会自动退出，需要输入 q 来结束浏览。

3）head 与 tail 命令

head 命令用来查看一个文件前面部分的信息，默认显示前面 10 行的内容，也可指定要查看的行数，其用法为：

```
head - n   文件名,n 为指定的行数
```

tail 命令的功能与 head 相反，用于查看文件的最后若干行的内容，默认为最后 10 行，用法与 head 相同。另外，tail 命令若带上-f 参数，则可实现不停地读取和显示文件的内容，以监视文件内容的变化。

8．grep 命令

该命令是一种强大的文本搜索工具，它能使用正则表达式搜索文本，并把匹配的行打印出来。grep 全称是 Global Regular Expression Print，表示全局正则表达式打印，它的使用权限是所有用户。命令格式为：

```
grep [options]
```

主要参数如下。

(1) -c：只输出匹配行的计数。

(2) -I：不区分大小写(只适用于单字符)。

(3) -h：查询多文件时不显示文件名。

(4) -l：查询多文件时只输出包含匹配字符的文件名。

(5) -n：显示匹配行及行号。

(6) -s：不显示不存在或无匹配文本的错误信息。

(7) -v：显示不包含匹配文本的所有行。

正则表达式主要参数如下。

(1) \：忽略正则表达式中特殊字符的原有含义。

(2) ^：匹配正则表达式的开始行。

(3) $：匹配正则表达式的结束行。

(4) \<：从匹配正则表达式的行开始。

(5) \>：到匹配正则表达式的行结束。

(6) [ ]：单个字符，例如[A]即 A 符合要求。

(7) [-]：范围，例如[A-Z]，即 A、B、C 一直到 Z 都符合要求。

(8) .：所有的单个字符。

(9) *：所有字符，长度可以为 0。

例 2-6　若要在/etc/fstab 文件中，查找显示含有 cdrom 的行的内容，则操作命令为：

```
[root@localhost ~]# grep cdrom /etc/fstab
```

注意：如果找到的内容较多，可以用管道符分屏显示，用法为：

```
[root@localhost ~]# grep cdrom /etc/fstab  | more
```

例 2-7　查看/etc 下所有以 t 开头文件中有连续 5 个数字的行，操作命令为：

```
[root@localhost ~]# grep '[0-9]\{5\}' /etc/t *
```

9. diff 命令

该命令用于比较两个文件或两个目录的不同之处，其用法为：

```
diff [-r] 文件或目录名 1  文件或目录名 2
```

若是对目录进行比较，则应带上-r 参数，例如：

```
[root@localhost ~]# diff file1 file2    # 比较文件 file1 与 file2 内各行的不同之处
[root@localhost ~]# diff -r dir1 dir2   # 比较目录 dir1 与 dir2 内各文件的不同之处
```

10. cut 命令

该命令用于显示文件中指定列之间的内容，格式为：

```
cut  参数  num1 - num2  filename
```

较常用的参数为-c 或-b。其中,-c 为按以字符为单位显示;-b 为以字节为单位显示。

例 2-8   显示/etc/yum.conf 文件的第 2～5 列内容。

```
[root@localhost ~]#cut - c  2 - 5 /etc/yum.conf
```

11. 查找命令

在 Linux 中用于查找的命令主要有以下几个:which、whereis、locate、find。其中 find
命令功能最强大,此处只介绍 find 命令的使用方法,常见用法为:

```
find path -option [-print] [-exec -ok command] { } \;
```

各部分含义如下。

(1) -print:将查找到的文件输出到标准输出(为默认选项)。

(2) -exec command { } \;:将查找到的文件执行 command 操作,注意{ }和\;之间有
空格。

(3) -ok:与-exec 作用相同,区别在于执行操作前询问用户。

find 命令常见参数如表 2-1 所示。

表 2-1   find 命令的参数

参 数	含 义
-name filename	查找名为 filename 的文件
-perm	按执行权限查找
-user username	按文件属主查找
-group groupname	按文件属组查找
-mtime $-n/+n$	按文件更改时间来查找文件,$-n$ 指 n 天以内,$+n$ 指 n 天以前
-atime $-n/+n$	按文件访问时间来查找文件,$-n$ 指 n 天以内,$+n$ 指 n 天以前
-ctime $-n/+n$	按文件创建时间来查找文件,$-n$ 指 n 天以内,$+n$ 指 n 天以前
-nogroup	查找无效属组的文件,即文件属组在/etc/group 中不存在
-nouser	查找无效属主的文件,即文件属主在/etc/group 中不存在
-newer f1 !f2	查找更改时间比 f1 晚但比 f2 早的文件
-type b/d/c/p/l/f	按类型查找,分为块设备(b)、目录(d)、字符设备(c)、管道(p)、符号链接(l)、普通文件(f)
-size $[+/-]n/c$	查找长度为[大于/小于]n 块或 n 字节的文件
-depth	查找完本目录后再进入子目录
-mount	查找时不跨越文件系统的 mount 点
-follow	如果遇到符号链接文件,则跟踪链接对应的原文件
-cpio	对匹配的文件使用此命令,将他们备份到磁带设备
-prune	忽略某个目录

例 2-9   在自己的主目录下查找 ∗.txt 文件并显示。

```
[root@localhost ~]#find ~ - name "∗.txt" - print
```

例 2-10　查找以大写字母开头的文件。

```
[root@localhost ～]#find ～ - name "[A-Z] * " - print
```

同理,小写字母用[a-z]表示,数字用[0-9]表示。

例 2-11　查找/etc 下以 a 或 b 开头的文件。

```
[root@localhost ～]#find /etc - name "a * " - o - name "b * "
```

例 2-12　查找所有用户可读、可写、可执行的文件。

```
[root@localhost ～]# find ～ - perm  777
```

例 2-13　查找所有用户可读、可写、可执行的文件并显示细节。

```
[root@localhost ～]#find ～ - perm  777 - exec ls -l {} \;
```

注意,要以";"结束。

例 2-14　将/home 目录下所有 txt 文件及文件夹复制到/usr/text 目录下。

```
[root@localhost ～]#find /home - name " * .txt"  - exec cp - rf {} /usr/text \;
```

例 2-15　查找/etc 下的所有目录。

```
[root@localhost ～]#find  /etc - type  d
```

例 2-16　查找/etc 下长度大于 10KB 的文件。

```
[root@localhost ～]#find  /etc - size  +10k
```

例 2-17　查找/home 下的空文件。

```
[root@localhost ～]#find  /home empty
```

例 2-18　查找/home 下最近两天改动过的文件。

```
[root@localhost ～]#find  /home - mtime - 2
```

例 2-19　查找/home 下最近两天内被存取过的文件。

```
[root@localhost ～]#find  /home - atime - 2
```

例 2-20　查找 50 分钟前被改动过的文件。

```
[root@localhost ～]#find  /home - mmin +50
```

例 2-21   查找/home 下属于用户 teacher 的文件或目录。

```
[root@localhost ~]♯find  /home − user teacher
```

例 2-22   查找/home 下用户 ID 大于 510 的文件或目录。

```
[root@localhost ~]♯find  /home − uid ＋510
```

例 2-23   查找系统中不属于本地用户或本地组的文件及目录。

```
[root@localhost ~]♯find / − nouser − o − nogroup
```

例 2-24   查找/home 下硬链接数大于 2 的文件或目录。

```
[root@localhost ~]♯find /home − links ＋2
```

2.2.3   系统操作命令

1. 查看 Linux 内核版本

查看 Linux 内核版本可使用 uname -r 或 uname -a 命令。

2. free 命令

该命令用于查看当前系统内存的使用情况,包括系统中剩余和已用的物理内存和交换内存,以及共享内存和被核心使用的缓冲区大小等。其用法为:

```
free [ − b ｜ − k ｜ − m]
```

参数-b 表示以字节为单位显示,-k 表示以 KB 为单位显示,-m 表示以 MB 为单位显示。

3. uptime 命令

该命令用于显示系统已经运行了多长时间,将依次显示:现在时间,系统已经运行了多长时间,目前有多少登录用户,系统在过去的 1 分钟、5 分钟和 15 分钟内的平均负载。

4. 查询 CPU 信息

要查询 CPU 硬件信息,可使用命令 cat /proc/cpuinfo 来实现,该命令可显示有关 CPU 的详细硬件信息。

5. 查看 CPU 和进程的状况

要详细了解 CPU 的使用状况和正在运行的进程的状况,可执行 top 命令来实现。

6. 查看登录日志信息

要查看登录日志,可使用 last 命令来实现。该命令显示的实际上是/var/log/wtmp 文件中的内容。该命令采用滚屏显示方式,通常可将其内容重定向传输到一个文本文件中,然后再利用该文本文件来查看。

7. 查看系统进程,使用 ps 命令

(1) ps -a:显示现行终端机下的所有程序,包括其他用户的程序。

(2) ps -A:显示所有程序。

(3) ps c：列出程序时，显示每个程序真正的指令名称，而不包含路径，参数或常驻服务的标识。

(4) ps -e：此参数的效果和指定"A"参数相同。

(5) ps e：列出程序时，显示每个程序所使用的环境变量。

(6) ps f：用 ASCII 字符显示树状结构，表达程序间的相互关系。

(7) ps -H：显示树型结构，表示程序间的相互关系。

(8) ps -N：显示所有的程序，除了执行 ps 指令终端机下的程序之外。

(9) ps s：采用程序信号的格式显示程序状况。

(10) ps S：列出程序时，包括已中断的子程序资料。

(11) ps -t：指定终端机编号，并列出属于该终端机的程序的状况。

(12) ps u：以用户为主的格式来显示程序状况。

(13) ps x：显示所有程序，不以终端机来区分。

最常用的方法是 ps -aux，然后再利用一个管道符号导向到 grep 去查找特定的进程，然后再对特定的进程进行操作。例如：

```
ps – aux |grep httpd
```

8. 以树状显示进程，使用 pstree 命令

pstree 命令将所有进程以树状图显示，树状图将会以 pid（如果有指定）或是以 init 这个基本进程为根（root），如果有指定使用者 ID，则树状图会只显示该使用者所拥有的进程。

参数如下。

(1) -a：显示该进程的完整指令及参数，如果是被记忆体置换出去的进程则会加上括号。

(2) -c：如果有重复的进程名，则分开列出（预设值是会在前面加上 ＊）。

9. kill 命令的使用

kill 命令用来终止一个正在运行的进程，格式为：

```
kill [ – s signal | – p ] [ – a ] pid …
kill – l [ signal ]
```

参数如下。

(1) -s：指定发送的信号。

(2) -p：模拟发送信号。

(3) -l：指定信号的名称列表。

(4) pid：要中止进程的 ID 号。

(5) signal：表示信号。

进程是 Linux 系统中一个非常重要的概念。Linux 是一个多任务的操作系统，系统上经常同时运行着多个进程。用户不关心这些进程究竟是如何分配的，或者是内核如何管理分配时间片的，所关心的是如何去控制这些进程，让它们能够很好地为用户服务。

Linux 操作系统包括 3 种不同类型的进程，每种进程都有自己的特点和属性。交互进

程是由一个 Shell 启动的进程。交互进程既可以在前台运行，也可以在后台运行。批处理进程和终端没有联系，是一个进程序列。监控进程（也称系统守护进程）是 Linux 系统启动时启动的进程，并在后台运行。例如，httpd 是著名的 Apache 服务器的监控进程。

    kill 命令的工作原理是：向 Linux 系统的内核发送一个系统操作信号和某个程序的进程标识号，然后系统内核就可以对进程标识号指定的进程进行操作。例如在 top 命令中看到系统运行许多进程，有时就需要使用 kill 中止某些进程来提高系统资源。系统多个虚拟控制台的作用是当一个程序出错造成系统死锁时，可以切换到其他虚拟控制台工作关闭这个程序。此时使用的命令就是 kill，因为 kill 是大多数 Shell 内部命令可以直接调用的。

    例 2-25   强行中止（经常使用杀掉）一个进程标识号为 324 的进程。

```
#kill - 9 324
```

    例 2-26   解除 Linux 系统的死锁。在 Linux 中有时会发生这样一种情况：一个程序崩溃，并且处于死锁的状态。此时一般不用重新启动计算机，只需要中止（或者说是关闭）这个有问题的程序即可。当 kill 处于 X Window 界面时，主要的程序（除了崩溃的程序之外）一般都已经正常启动了。此时打开一个终端，在那里中止有问题的程序。例如，如果 Mozilla 浏览器程序出现了死锁的情况，可以使用 kill 命令来中止所有包含有 Mozolla 浏览器的程序。首先用 top 命令查出该程序的 pid，然后使用 kill 命令停止这个程序，即：

```
#kill - SIGKILL × × ×
```

其中，×××是包含有 Mozolla 浏览器程序的进程标识号。

    例 2-27   使用命令回收内存。内存对于系统是非常重要的，回收内存可以提高系统资源。kill 命令可以及时地中止一些"越轨"的程序或很长时间没有响应的程序。先使用命令：

```
[root@localhost ～]#kill - 9 × × ×
```

其中，×××是无用的进程标识号。

    然后使用下面命令：

```
[root@localhost ～]#free
```

此时会发现可用内存容量增加了。

    10. killall 命令的使用

    该命令使用进程名来结束指定进程的运行。若系统存在同名的多个进程，则这些进程将全部结束运行，其用法为：

```
killall [ - 9] 进程名
```

    参数如下。

    -9：用于强行结束指定进程的运行，属于非正常结束。

    例 2-28   若要结束 xinetd 进程的运行，则实现命令为：

```
killall xinetd
```

11. cal 命令

cal 命令用于显示日历。若只有一个参数,则代表年份(1～9999),显示该年的年历,年份必须写全;若使用两个参数,则表示月份及年份;没有参数则显示本月的月历。

例 2-29 显示 2012 年的年历。

```
[root@localhost ~]#cal 2012
```

12. wall 命令

wall 命令用于为每个 mesg 设定为 yes 的上线使用者传递信息,信息结束时需要加上 EOF(Ctrl+D)。

例 2-30 给每个使用者传递信息"hello"。

```
[root@localhost ~]#wall  hello
```

13. mesg 命令

mesg 命令决定是否允许其他人给自己传递信息。y:允许;n:拒绝。

例 2-31 改变信息设定,不允许信息传递到本终端机。

```
[root@localhost ~]#mesg n
```

14. clear 命令

clear 命令用于清除屏幕内容。

2.3 定 时 任 务

在 Linux 系统中可以灵活地指定不同时间或时间段完成不同的任务,常用命令有 at 和 crontab 及 rc.local 文件,其中 at 和 crontab 任务执行结束后会将任务的执行结果作为邮件发送给用户。

1. at 命令

at 命令让使用者在指定时间执行某个程序或命令,也称为一次性作业,格式为:

```
at [-V] [-q queue] [-f file] [-mldbv] TIME
```

TIME 的格式为:HH:MM,其中,HH 为小时,MM 为分钟,也可以使用 am、pm、midnight、noon 等词语。如果指定的时间超过一天,则可以用 MMDDYY 或 MM/DD/YY 的格式,其中 MM 是月份,DD 是日期,YY 是年份。也可以使用 now+时间间隔进行弹性指定时间,时间间隔可以是 minutes、hours、days、weeks。日期也可以用 today 或 tomorrow 表示今天或明天。

在指定了时间并按回车键后,at 会进入交谈模式并要求输入命令,输入完命令后按 Ctrl+D 键即可完成所有动作。命令 at 的参数如下。

（1）-V：打印版本号。

（2）-q：使用指定的队列。at 的资料是存放在所谓的 queue 中，可以同时使用多个 queue，queue 的编号为 a、b、c、…、z 以及 A、B、…、Z 共 52 个。

（3）-m：不论命令执行完成后是否有输出结果，都通知使用者。

（4）-f file：读入预先写好的命令，可以将所有命令写入文档再一次性读入。

（5）-l：列出所有指定。

（6）-d：删除指定。

（7）-v：列出所有已经完成但还没有删除的指定。

例 2-32　两天后的上午 9：00 将/home 目录下的所有.c 文件复制到/myback 目录下。

```
[root@localhost ~]#at 9am + 2days
at> ls /
at> find /home - name " * .c" - exec cp - rf {} /myback \;
at> <EOT>
job 1 at 2012 - 4 - 24 21:00
```

在"at>"的提示符下输入完要执行的命令后，按 Ctrl+D 键退出。

例 2-33　查看作业。

```
[root@localhost ~]#at - l
```

例 2-34　删除作业。

```
[root@localhost ~]#at - d 作业号
```

2. crontab 命令

crontab 命令用于在固定时间或固定时间间隔执行命令，也称为重复性作业，文件存于/var/spool/cron，命令格式为：

```
crontab [ - u user] file
```

或

```
crontab [ - u user] [ - l][ - r][ - e]
```

其中，-u user 是为指定用户设置时间表，此时要求设置者必须有足够的权限，如果不使用 -u user 参数，则表示为自己设定时间表，其他参数说明如下。

（1）-r：删除目前的时间表。

（2）-l：列出目前的时间表。

（3）-e：执行文字编辑器来设定时间表，默认的文字编辑器是 vi。

时间表的格式：

```
f1 f2 f3 f4 f5 command
```

其中，f1 表示分钟，f2 表示小时，f3 表示一个月中的第几天，f4 表示月份，f5 表示一个星期中的第几天,command 表示要执行的程序。

(1) 当 f1 为 * 时表示每分钟都要执行 command,f2 为 * 时表示每小时都要执行 command,其余以此类推。

(2) 当 f1 为 a-b 时表示 command 在第 a 分钟到第 b 分钟内都要执行,f2 为 a-b 时表示第 a 小时到第 b 小时内都要执行,其余以此类推。

(3) 当 f1 为 */n 时表示每间隔 n 分钟执行一次,f2 为 */n 时表示每间隔 n 小时执行一次,其余以此类推。

(4) 当 f1 为 a、b、c、……时表示第 a、b、c、……分钟要执行,f2 为 a、b、c、……时,表示第 a、b、c、……个小时要执行 command,其余以此类推。

可以以管理员身份执行 crontab -e 命令,输入预定任务,也可以将所有的设定预先存放在文档中,用 crontab file 的方法来设定时间表。

例 2-35 每周三 13：03 输出 welcome。

```
03 13 * * 3 /bin/echo welcome
```

例 2-36 要求 1～3 月的 12 日 13:10 将 CPU 的使用情况作为邮件发给 root。

```
10 13 12 1,2,3 * cat /proc/cpuinfo | mail -s "cpu"  root
```

例 2-37 每月 15 日每隔 15 分钟复制文件 file1 到/myback 目录。

```
*/15 * 15 * *  /bin/cp  -rf file1 /myback
```

例 2-38 每月 28～30 日 01：00 输出 hello。

```
00 01 28 - 30 * * /bin/echo hello
```

3. rc. local 文件

此文件在开机后会被系统自动执行,rc 是 run command 的意思,若需要用户登录前自动执行某些命令,可将命令事先写入 rc. local 文件。例如,在开机前查找所有用户主文件夹下的 readme. txt,可以在 rc. local 中加入:

```
find /home/ $ u - name readme.txt
```

2.4 编辑器的使用

vi 是 UNIX 世界里最为普遍的全屏幕文本编辑器,被广泛地运用在各种 UNIX、Linux 操作系统上,由 Bill Joy 所写。随着图形化的发展,vi 命令渐渐被 vim(vi improved,vi 的改进版本)命令所取代。而 vim 命令的操作方法与 vi 一模一样,只是在 vi 基础上对内容显示上进行了颜色的衬托,改变相关指令变色,以区别于其他文字,更加人性化。

基本上 vi 可以分为 3 种状态,分别是命令模式(command mode)、插入模式(Insert mode)和底行模式(last line mode)。各模式的功能区分如下。

（1）命令行模式（command mode）：控制屏幕光标的移动；字符、字或行的删除；移动复制某区段及进入 Insert mode 下，或者到 last line mode。

（2）插入模式（Insert mode）：只有在 Insert mode 下才可以做文字输入，按 Esc 键可回到命令行模式。

（3）底行模式（last line mode）：将文件保存或退出 vi，也可以设置编辑环境，例如寻找字符串、列出行号等。

在很多情况下底行模式（last line mode）也被算入命令行模式（command mode）。

2.4.1 常用 vi 命令介绍

1. 进入 vi

利用 vi 可以建立或打开文件。如果文件已经存在，则表示打开该文件，若不存在，则表示创建此文件。利用 vi 创建或打开文件可以有以下几种方法。

（1）vi filename：打开或新建文件，并将光标置于第一行首。

（2）vi +n filename：打开文件，并将光标置于第 n 行首。

（3）vi + filename：打开文件，并将光标置于最后一行首。

（4）vi +/string filename：打开文件，并将光标置于第一个与 string 匹配的字符串处。

（5）vi -r filename：恢复上次被损坏的 filename。

（6）vi filename…filename：打开多个文件，依次进行编辑。

2. 在 vi 中移动光标

在 vi 中经常需要移动光标的位置，但使用鼠标只能选中文件内容，并不能真正地移动光标位置，在 vi 中除键盘上的 ↑、↓、←、→ 键外，还有很多移动光标的方法及翻滚屏幕的方法，如表 2-2 所示。

表 2-2 移动光标及翻滚屏幕命令

移动光标			
命 令	含 义	命 令	含 义
h 或 Backspace	光标左移一个字符	k 或 Ctrl+P	光标上移一行
l 或 space	光标右移一个字符	j 或 Ctrl+N 或 Enter	光标下移一行
W 或 w	光标右移一个字至字首	b 或 B	光标左移一个字至字首
e 或 E	光标右移一个字至字尾	)	光标移至句尾
(	光标移至句首	{	光标移至段落开头
}	光标移至段落结尾	nG	光标移至第 n 行首
n+	光标下移 n 行	n−	光标上移 n 行
n$	光标移至第 n 行尾	H	光标移至屏幕顶行
M	光标移至屏幕中间行	L	光标移至屏幕最后行
0(注意是数字零)	光标移至当前行首	$	光标移至当前行尾
:num	num 为数字，跳转到第 num 行		
翻滚屏幕			
Ctrl+U	向文件首翻半屏	Ctrl+D	向文件尾翻半屏
Ctrl+F	向文件尾翻一屏	Ctrl+B	向文件首翻一屏

3. 插入文本命令

进入 vi 后默认的状态为命令状态，若需要编辑文件内容，则需要进入 insert 状态，进入

51

第 2 章

insert 状态的方法如表 2-3 所示,按 Esc 将返回命令模式。

表 2-3　插入文本命令

命令	含　义	命令	含　义
i	光标在当前位置进入插入模式	I	光标跳到行首并进入插入模式
a	光标后退一格并进入插入模式	A	光标退到行尾并进入插入模式
s	删除光标所在字符并进入插入模式	S	删除光标所在行并进入插入模式
o	在光标所在行下新起一行并进入插入模式	O	在光标所在行上新起一行并进入插入模式
r	替换当前字符	R	替换当前字符及其后的字符,直至按 Esc 键

4. 删除命令

在 vi 中删除内容的方法也很多,除 Delete 键外,常见的删除命令如表 2-4 所示。

表 2-4　删除命令

命令	含　义	命　令	含　义
X 或 x	删除一个字符	nx	删除下 n 个字符
dd	删除当前行	dw	删至词尾
ndw	删除后 $n-1$ 个词	d $	删至行尾
nd $	删除后 $n-1$ 行	d0(注意是零)	删至行首
ndd	删除 n 行	cc	删除当前行并进入插入模式
ncc	删除 n 行并进入插入模式	:n1,n2 d	将 n1 行到 n2 行之间的内容删除

5. vi 中的块操作

在命令模式下输入"v"则进入块操作:

(1) 移动光标可以选定操作块。

(2) c:剪切选定块。

(3) y:复制选定块。

(4) p:将选定内容放置在光标所在位置的右边。

(5) P:将选定内容放置在光标所在位置的左边。

6. 剪贴操作

在 vi 中剪贴内容,常见的操作方法如表 2-5 所示。

表 2-5　剪贴操作

命　令	含　义	命　令	含　义
yy	选定光标所在行复制	yw	选定光标所在词复制
nyw	选定光标所在位置到之后 n 个单词复制	y $	选定光标所在位置到行尾的部分复制
p	贴在光标所在位置之右	P	贴在光标所在位置之左
:n1,n2 co n3	将 n1 行到 n2 行之间的内容复制到第 n3 行	:n1,n2 m n3	将 n1 行到 n2 行之间的内容移动到第 n3 行

7. 取消操作

（1）u：取消上一个修改。

（2）U：取消或恢复一行内的所有修改。

（3）<ctrl-r>：恢复被取消的操作。

（4）:e!：放弃所有修改，重新编辑。

注意：如果 vi 因 Shell 关闭或一些特殊事件而被关闭，可以用 vi -r 文件名来恢复之前的编辑状态。

8. 查找与替换操作

查找与替换文本，命令如表 2-6 所示。

表 2-6　查找与替换操作

查　找　操　作			
命　　令	含　　义	命　　令	含　　义
/string	从光标处向文件尾搜索字串"string"	? string	从光标处向文件首搜索字串"string"
?? 或//	重复上次查找	n	在同一方向重复上一次搜索命令
N	在反方向上重复上一次搜索命令		
替　换　操　作			
:s/g1/g2	用 g2 替换当前光标所在行中的第一个 g1	:s/g1/g2/g	用 g2 替换当前光标所在行中全部 g1
:n1,n2s/g1/g2/g	将 n1 到 n2 行中所有 g1 替换为 g2	:g/p1/s//p2/g 或:%s/p1/p2/g	用 p2 替换全文中所有的 p1

其中，s 为 substitute，% 表示所有行，g 表示 global。

9. 命令模式的输入选项

（1）:r <文件名>：把文件插入到光标处。

（2）:r ! <命令>：把<命令>的输出插入到当前文本中。

（3）:nr <文件>：把<文件>插入到第 n 行。

（4）:! <命令>：运行<命令>，然后返回。

（5）:sh：转到 Shell。

（6）:so <文件>：读取<文件>，再执行文件里面的命令。

10. vi 退出操作

（1）:w：保存当前文件。

（2）:q：如果未对文件做改动则退出。

（3）:wq:或:x 或 ZZ：保存当前文件并退出。

（4）:q!：放弃存储并退出。

（5）:e 文件名：打开另一文件并开始编辑。

11. 其他选项设置

在 vi 中可以使用 set 命令设置编辑环境，若参数的前面带有 no 则说明取消相关设置，常见设置选项如表 2-7 所示。

表 2-7   vi 中的杂项设置

命令	含　义	命令	含　义
all	列出所有选项设置情况	term	设置终端类型
list	显示制表位(Ctrl＋I)和行尾标志($)	number	显示行号
terse	显示简短的警告信息	warn	在转到别的文件时若没保存当前
mesg	允许 vi 显示其他用户用 write 写到自己终端上的信息		文件则显示 NO write 信息

2.4.2 vi 应用举例

例 2-39 替换指定的字符串,将当前光标所在行中第一个的 morning 改为 afternoon。

```
:s/morning/afternoon
```

注意：命令"：s"、要查找的单词及替换的单词之间用"/"分开。

例 2-40 在规定范围内替换字符串,例如将 1～10 行中的 morning 改为 afternoon。

```
:1,10s/morning/afternoon/g
```

例 2-41 替换所有匹配内容,将文档 1～10 行中所有 morning 改为 afternoon。

```
:g/morning/s//afternoon/g
```

例 2-42 查找指定的字符串,例如查找文档中所有的 hello 字符串。

```
:/hello
```

或

```
:?hello
```

其中,/hello 为向文件尾方向查找；:? hello 为向文件首查找。

例 2-43 在文件中的第一行到最后一行的行首插入"hello"。

```
:1, $ s/^/hello
```

例 2-44 在整个文件的每一行行尾添加"bye"。

```
: % s/ $ /bye/g
```

例 2-45 将文件中的/usr/bin 替换成/sbin。

```
: % s#/usr/bin#/sbin#g
```

或

```
:% s//usr/bin//sbin/g
```

2.5 软件包管理

在 Linux 下常用的安装软件包工具有 rpm 和 tar,其中 rpm 是 RedHat 公司推出的一种软件包标准,tar 是 UNIX 中标准的打包格式。

2.5.1 rpm 简介

rpm 是 RedHat Package Manager 的缩写(这里统一用 RPM 的小写形式),本意是 RedHat 软件包管理,顾名思义是 RedHat 贡献出来的软件包,广泛应用于 Fedora、RedHat、Mandriva、SUSE 等主流发行版本,以及在这些版本基础上二次开发出来的发行版。

rpm 包里面包含可执行的二进制程序,这个程序和 Windows 的软件包中的 .exe 文件类似是可执行的;除了几个核心模块以外,其余几乎所有的模块均通过 rpm 完成安装;rpm 包中还包括程序运行时所需要的其他文件,一个 rpm 包中的应用程序,有时除了自身所带的附加文件保证其正常以外,还需要其他特定版本文件,这就是软件包的依赖关系;依赖关系并不是 Linux 特有的,Windows 操作系统中也是同样存在的,例如在 Windows 系统中安装 3D 游戏时,可能会有提示要安装 Direct 9。

在图形和文本模式下均可实现 rpm 包的安装与管理,在图形模式下较为简单,双击想要安装的软件包即可安装第三方提供的 rpm 包,通过"系统"→"管理"→"添加/删除软件"可以安装系统自带的软件包。rpm 有 5 种操作模式,分别为安装、卸载、升级、查询和认证。

1. rpm 安装操作

命令格式:

```
rpm -i 需要安装的包文件名
```

例 2-46 安装 example.rpm 软件包。

```
[root@localhost ~]# rpm -i example.rpm
```

例 2-47 安装 example.rpm 包并显示安装的文件信息。

```
[root@localhost ~]# rpm -iv example.rpm
```

例 2-48 安装 example.rpm 包并显示安装进度及文件信息。

```
[root@localhost ~]# rpm -ivh example.rpm
```

2. rpm 查询操作

命令格式：

```
rpm -q[附加命令]
```

常用的附加查询命令如下。

（1）a：查询所有已经安装的包。以下两个附加命令用于查询安装包的信息。

（2）i：显示安装包的信息。

（3）l：显示安装包中的所有文件被安装到哪些目录下。

（4）s：显示安装包中的所有文件状态及被安装到哪些目录下。以下两个附加命令用于指定需要查询的是安装包还是已安装后的文件。

（5）p：查询的是安装包的信息。

（6）f：查询的是已安装的某文件信息。

例 2-49　查看 example 包是否安装。

```
[root@localhost ~]#rpm -qa | grep  example
```

例 2-50　查看 example 包信息。

```
[root@localhost ~]#rpm -qip example.rpm
```

例 2-51　查看/bin/cp 文件所在安装包的信息。

```
[root@localhost ~]#rpm -qif /bin/cp
```

例 2-52　查看/bin/cp 文件所在安装包中的各个文件分别被安装到哪个目录下。

```
[root@localhost ~]#rpm -qlf /bin/cp
```

3. rpm 卸载操作

命令格式：

```
rpm -e 需要卸载的软件包
```

例 2-53　删除 example.rpm 包。

```
[root@localhost ~]#rpm -e  example 的软件安装包名称
```

注意：在卸载之前，通常需要使用 rpm -q 命令查出需要卸载的软件包名称。

4. rpm 升级操作

命令格式：

```
rpm -U 需要升级的包
```

例 2-54 升级 example. rpm 包。

```
[root@localhost ~]#rpm - Uvh example.rpm
```

5. rpm 认证操作

命令格式：

```
rpm - V 需要认证的包
```

例 2-55 认证 inittab 文件所在包的信息。

```
[root@localhost ~]#rpm - Vf /etc/inittab..5....T. c  /etc/inittab
```

2.5.2   tar 简介

tar 是一种标准的文件打包格式，是 tape archive 的缩写。使用 tar 命令来实现 tar 包的创建或恢复，生成的 tar 包文件的扩展名为. tar。该命令只负责将多个文件打包成一个文件，但并不压缩文件，因此通常的做法是再配合其他压缩命令（例如 gzip 或 bzip2）来实现对 tar 包进行压缩或解压缩。为方便使用，tar 命令内置了相应的参数选项来实现直接调用相应的压缩/解压缩命令，以实现对 tar 文件的压缩或解压缩。

tar 命令的基本用法为：tar option 文件或目录。option 为 tar 命令的功能参数，常用的功能参数如表 2-8 所示。

表 2-8   tar 命令的参数

参数	含　义	参数	含　义
-c	建立一个打包文件	-x	解开一个打包文件
-t	查看压缩文件里面的文件	-z	具有 gzip 属性，压缩文件
-j	具有 bzip2 属性，压缩文件	-v	输出打包信息
-f	文件或设备，为必选项	-p	使用原文件的原来属性（属性不会依据使用者而变）
-P	可以使用绝对路径来压缩	-N	比后面接的日期（yyyy/mm/dd）还要新的才会被打包进新建的文件中
--exclude FILE	不将 FILE 打包		

注意：命令参数中，c、x、t 仅能使用一个，不可同时使用。

例 2-56 将整个/etc 目录下的文件全部打包成为/back/etcback. tar。

```
[root@localhost ~]#tar - cvf /back/etcback.tar /etc
```

例 2-57 将整个/etc 目录下的文件全部打包并用 gzip 压缩成为/back/etcback. tar. gz。

```
[root@localhost ~]#tar - zcvf /back/etcback.tar.gz /etc
```

例 2-58 将整个/etc 目录下的文件全部打包并用 bzip2 压缩成为/back/etcback.

Linux 文件系统

tar. bz2。

```
[root@localhost ~]#tar - jcvf /back/etcback.tar.bz2 /etc
```

例 2-59　查看 etcback. tar. gz 文件中有哪些文件。

```
[root@localhost ~]#tar - ztvf /back/etcback.tar.gz
```

注意：如果查看的文件不是. gz 文件，查看时无须加参数 z。

例 2-60　将/back/etcback. tar. gz 解压缩到/tmp 目录下。

```
[root@localhost ~]#cd /tmp
[root@localhost ~]#tar - zxvf /back/etcback.tar.gz
```

例 2-61　将/back/etcback. tar. gz 中的 passwd 文件解压缩。

```
[root@localhost ~]#cd /tmp
[root@localhost ~]#tar - zxvf /back/etcback.tar.gz   etc/passwd
```

例 2-62　备份/etc 下的所有文件并保留其权限。

```
[root@localhost ~]#tar - zcvpf /back/etcback.tar.gz   /etc
```

例 2-63　备份/home 中比 2012/01/01 新的文件。

```
[root@localhost ~]#tar - N  "2012/01/01" - zcvf  home.tar.gz   /home
```

例 2-64　备份/var 及/home，但不要/home/user1 文件夹中的内容。

```
[root@localhost ~]#tar -- exclude /home/user1 - zcvf fileback.tar.gz   /home/ * /var
```

2.5.3　gzip 及 bzip2 介绍

gzip 及 bzip2 都是 Linux 系统中的标准压缩/解压缩工具，使用 gzip 压缩文档时具有较小的时间开销，但压缩比低于 bzip2。

1. gzip 介绍

用 gzip 压缩的文件后缀名为. gz，其命令格式为：

```
gzip [选项] 压缩/解压缩的文件名
```

常用参数如下。

（1）-c：将输出写到标准输出上，并保留原有文件。

（2）-d：解压缩文件。

（3）-l：对每个压缩文件显示下列字段：压缩文件的大小；未压缩文件的大小；压缩比；未压缩文件的名字。

（4）-r：递归式地查找指定目录并压缩其中的所有文件或者解压缩。

（5）-t：测试，检查压缩文件是否完整。

（6）-v：对每一个压缩和解压缩的文件，显示文件名和压缩比。

（7）-压缩等级：用于指定压缩的速度，-1 或--fast 表示最快压缩方法（低压缩比），-9 或 --best 表示最慢压缩方法（高压缩比），系统默认值为 6。

说明：当 num 值为-1 时，虽然压缩比最差，但速度最快；而-9 的压缩比最好，但速度相对较慢。

例 2-65　将/home/user1 下的 readme.txt 压缩为 readme.txt.gz。

```
[root@localhost ~]#cd /home/user1
[root@localhost user1]#gzip readme.txt
```

注意：执行此操作后，原文档会被压缩为 readme.txt.gz，并且原文档会被压缩文档替代。

例 2-66　读取 readme.txt.gz 中的内容。

```
[root@localhost ~]#zcat /home/user1/readme.txt.gz
```

例 2-67　将 readme.txt.gz 解压缩，并显示压缩比。

```
[root@localhost user1]#gzip - dv readme.txt.gz
```

注意：解压缩后的文件会替代.gz 的文件。

例 2-68　将/home/user1 下的 readme.txt 用最佳压缩比进行压缩，并保留原文件。

```
[root@localhost user1]#gzip - 9 - c readme.txt > readme.txt.gz
```

2. bzip2 介绍

用 bzip2 压缩的文件后缀名为.bz2，其命令格式为：

```
bzip2 [选项] 压缩/解压缩的文件名
```

若没有加上任何参数，bzip2 压缩完文件后会产生.bz2 的压缩文件，并删除原始文件，常用参数如下。

（1）-c 或--stdout：将压缩与解压缩的结果送到标准输出。

（2）-d 或--decompress：执行解压缩。

（3）-f 或--force：bzip2 在压缩或解压缩时，若输出文件与现有文件同名，预设不会覆盖现有文件，若要覆盖请使用此参数。

（4）-h 或--help：显示帮助。

（5）-k 或--keep：bzip2 在压缩或解压缩后会删除原始文件，若要保留原始文件请使用此参数。

（6）-s 或--small：降低程序执行时内存的使用量。

(7) -t 或--test：测试 .bz2 压缩文件的完整性。

(8) -v 或--verbose：压缩或解压缩文件时显示详细的信息。

(9) -z 或--compress：强制执行压缩。

(10) -L,--license,-V 或--version：显示版本信息。

(11) --repetitive-best：若文件中有重复出现的资料时，可利用此参数提高压缩效果。

(12) --repetitive-fast：若文件中有重复出现的资料时，可利用此参数加快执行速度。

(13) -压缩等级：此参数的含义同 gzip 命令中的压缩等级，－1 为最快，－9 为最慢。

例 2-69　将/home/user1 下的 readme. txt 文件压缩为 readme. txt. bz2。

```
[root@localhost user1]# bzip2 - z readme.txt
```

注意：执行此操作后，原文档会被压缩为 readme. txt. bz2,并且原文档会被压缩文档替代。

例 2-70　读取 readme. txt. bz2 文档的内容。

```
[root@localhost user1]# bzcat readme.txt.bz2
```

例 2-71　解压缩 readme. txt. bz2 文档，并显示详细信息。

```
[root@localhost user1]# bzip2 - dv  readme.txt.bz2
```

例 2-72　将/home/user1 下的 readme. txt 用最佳压缩比进行压缩，并保留原文件。

```
[root@localhost user1]# bzip2 - 9 - c readme.txt > readme.txt.bz2
```

2.5.4　yum 包管理器

yum 全称为 Yellowdog Updater,Modified(这里统一用 YUM 的小写形式)是一个基于 rpm 格式的包管理器，能够从指定的服务器自动下载 rpm 包并安装，可以自动处理依赖关系，并将所有依赖的软件包一次性安装。yum 可以实现软件的查找、安装、删除操作，命令的一般形式为：

```
yum [options][command][package … ]
```

其中,［options］是可选的,选项包括-h(帮助)、-y(当安装过程提示选择全部为 yes)、-q(不显示安装的过程)等;［command］为所要进行的操作;［package …］是操作的对象。

yum 的环境配置文件为 yum. conf,位于/etc 目录下,文件的具体内容如下:

```
[main]
cachedir = /var/cache/yum
keepcache = 0
```

```
debuglevel = 2
logfile = /var/log/yum.log
exactarch = 1
obsoletes = 1
gpgcheck = 1
plugins = 1
metadata_expire = 1800
# PUT YOUR REPOS HERE OR IN separate files named file.repo
# in /etc/yum.repos.d
```

对这一文件的简要说明如下。

（1）cachedir：yum 缓存的目录。

（2）debuglevel：除错级别 0-10，默认是 2。

（3）logfile：yum 的日志文件，默认是/var/log/yum.log。

（4）exactarch：有两个选项 1 和 0，代表是否只升级和安装软件包 CPU 体系一致的包，如果设为 1，并且安装了一个 i386 的 rpm，则 yum 不会用 686 的包来升级。

（5）gpgcheck＝：有 1 和 0 两个选择，分别代表是否进行 gpg 校验。

（6）keepcache：默认值为 0，用于保存 cache 内容，安装或升级系统后，系统会删除下载的 rpm 包。若将此值改为 1，安装或升级后，下载的 rpm 包不会被删除，下载的 rpm 包存于/var/cache/yum 目录中。

（7）obsoletes：默认值为 1，只在系统升级时使用，把一些即将淘汰的包进行升级（例如 RHEL 5 升级为 RHEL 6 时，把 RHEL 5 中有但在 RHEL 6 中已经淘汰的包进行升级）。

（8）plugins：默认值为 1，允许 yum 使用插件扩展安装功能。

（9）metadata_expire：信息数据库的有效期，单位为秒。运行 yum 命令时，会下载包文件信息数据库，若在 30 分钟内再次执行 yum 命令，则不会再下载包文件数据库。

yum 的服务配置文件存放在/etc/yum.repos.d 目录下，文件名为 rhel-source.repo，其内容如下：

```
[rhel - source]
name = RedHat Enterprise Linux $ releasever - $ basearch - Source
baseurl = 0
ftp://ftp.redhat.com/pub/redhat/linux/beta/ $ releasever/en/os/SRPMS/enabled = 1
gpgcheck = 1
gpgkey = file:///etc/pki/rpm - gpg/RPM - GPG - KEY - redhat - release
[rhel - source - beta]
name = RedHat Enterprise Linux $ releasever Beta - $ basearch - Source
baseurl = ftp://ftp.redhat.com/pub/redhat/linux/beta/ $ releasever/en/os/SRPMS/
enabled = 0
gpgcheck = 1
gpgkey = file:///etc/pki/rpm - gpg/RPM - GPG - KEY - redhat - beta,file:///etc/pki/rpm - gpg/RPM -
GPG - KEY - redhat - release
```

yum 服务器有远程安装和本地安装两种方式。

远程安装的格式为：

```
ftp://IP 或域名/源文件存放的目录
```

本地安装的格式为：

```
file:///本地安装路径
```

本例中使用本地安装方式，由于 baseurl 的值中不能含有空格等特殊符号，所以此处需要先将光盘挂载到/mnt 文件夹下，所有的 rpm 安装文件均放在/mnt/Packets 文件夹下，而其对应的文件列表存放在/mnt/Server/listing 文件中，所以常见的配置方法为：

```
[root@localhost ~]# mount   /dev/cdrom   /mnt
vim   /etc/yum.repos.d/rhel-source.repo
```

修改内容如下：

```
baseurl = file:///mnt/Server
enable = 1
gpgcheck = 0
```

其他内容不变。注意，Server 中的 S 要大写；enable＝1 时 baseurl 值有效，否则 baseurl 值无效；gpgcheck＝1，gpgkey 有效；否则 gpgkey 无效；gpgkey 用于检查所安装的包是否为红帽官方提供的包(建议将 gpgcheck 值设置为 0，不进行 gpg 检查)；yum 服务器配置完成后需要先进行更新后才可以安装其他软件包。

yum 常用的方法如下：

例 2-73　更新所有的 rpm 包。

```
[root@localhost ~]# yum update
```

例 2-74　安装软件包，以 telnet-server 为例。

```
[root@localhost ~]# yum install telnet-server
```

例 2-75　检查可更新的 rpm 包。

```
[root@localhost ~]# yum check-update
```

例 2-76　删除 telnet-server。

```
[root@localhost ~]# yum remove telnet-server
```

例 2-77　清除 rpm 的缓存。

```
[root@localhost ~]# yum clean all
```

说明：此操作会将 yum 缓存中的包文件及头文件全部清除。

举例 2-78 列出资源库中所有可以安装的 rpm 包。

```
[root@localhost ~]♯ yum list
```

说明：若需要列出特定的可以安装的 rpm 包，可以在 list 参数的后面加上指定的软件包名称。

例 2-79 列出资源库中所有可以更新的 rpm 包。

```
[root@localhost ~]♯ yum list updates
```

例 2-80 列出所有已安装的 rpm 包。

```
[root@localhost ~]♯ yum list installed
```

例 2-81 列出已安装但不包含在资源库中的 rpm 包。

```
[root@localhost ~]♯ yum list extras
```

例 2-82 搜索匹配指定字符串的 rpm 包，例如 telnet。

```
[root@localhost ~]♯ yum search telnet
```

例 2-83 搜索包含特定文件名的 rpm 包，例如 samba。

```
[root@localhost ~]♯ yum provides samba
```

注意：若希望查看软件包的详细信息，可将例 2-78 到例 2-83 中的 list 更换为 info。

2.6 小   结

本章介绍了 Linux 的文件结构、目录结构、文件系统、常用命令、定时任务及 vi 编辑器的使用方法。在最新的 RedHat Linux 系统版本中使用的文件系统格式为 ext4，此种格式比 ext3 有了较大的改进，例如在 ext4 中可以实现数据的在线迁移，可以管理更大的文件等，在性能上有较大的提升。Linux 下的命令非常多，在本章中只列举了一些常用的命令，例如 find、ls 等，熟练掌握常用命令的使用方法对于系统管理有很大帮助。在 Linux 中默认的软件包格式为 rpm，但其也支持 .tar、.gz 及 .bz2 等多种文件格式，使用 rpm 命令可以安装、卸载软件包，对于依赖关系复杂的软件包建议使用 yum，yum 可以很好地解决软件包之间的依赖关系。Linux 中支持定时任务功能，完成定时任务可以使用 at 或 crontab 命令及修改 rc.local 文件，其中 at 命令用于在指定时间内完成某个任务，crontab 命令用于在固定时间间隔内完成某个任务，而 rc.local 文件在开机时将被执行，可根据具体需要将要执行的任务加入到该文件中。在 Linux 中的默认文本编辑器为 vi，在 vi 中主要有 3 个模式，分别为命令行模式、插入模式及底行模式，在很多情况下底行模式也被算入命令行模式；只有在插入模式中才能输入文字，按 Esc 键可以进入命令模式，在命令行模式下可进行查找、替换等多种操作,注意很多命令前面的":"或"/"不能省略。

2.7　习题与操作

1. 选择题

(1) Linux 有 3 个查看文件的命令,如果希望在查看文件内容过程中用光标可以上下移动来查看文件内容,则符合要求的命令是_____。

    A. cat　　　　B. more　　　　C. less　　　　D. head

(2) 用 ls -al 命令列出下面的文件列表,_____文件是符号链接文件。

    A. -rw-------　2 admin　users　56　Sep 12 8:05　hello

    B. -rw-------　2 admin　users　56　Sep 10 11:05 goodbey

    C. drwx------　1 admin　users　1024　Sep 10 08:10　bb

    D. lrwx------　1 admin　users　2024　Sep 12 08:12　aa

(3) Linux 文件系统的目录结构是一棵倒挂的树,文件都按其作用分门别类地放在相关的目录中。现有一个外部设备文件,应该将其放在_____目录中。

    A. /bin　　　　B. /etc　　　　C. /dev　　　　D. lib

(4) 删除一个非空子目录/abc 的方法是_____。

    A. del /abc/ *　　　　　　　　　B. rm　-rf　/abc

    C. rm -Ra　/abc/ *　　　　　　　D. rm -rf　/abc/ *

(5) Linux 文件系统中用于存放系统配置文件的文件夹是_____。

    A. /etc　　　　B. /bin　　　　C. /mnt　　　　D. /usr

(6) Linux 系统通过_____命令给其他用户发消息。

    A. less　　　　B. mesg　y　　　　C. write　　　　D. echo to

(7) 显示当前路径的命令是_____。

    A. pwd　　　　B. cd　　　　C. ls　　　　D. ln

(8) 对于 mv 命令描述正确的是_____。

    A. mv 命令可以用来移动文件也可以用来改变文件名

    B. mv 命令只能用于移动文件

    C. mv 命令只能用于改名

    D. mv 命令可以用于复制文件

(9) _____命令可以回到当前用户主目录。

    A. cd　　　　B. cd ..　　　　C. cd -　　　　D. cd ~

(10) _____命令可用来删除当前目录及其子目录下名为 lx 的文件。

    A. rm *.* -rf

    B. find . -name lx -exec rm ;

    C. find . -name lx -exec rm {} \;

    D. rm lx -rf

(11) 在 vi 中用于删除一行记录的方法是_____。

    A. dd　　　　B. dw　　　　C. :s　　　　D. del

（12）在 vi 中存盘退出的命令是_____。

    A．:q   B．:q!   C．:wq   D．:exit

（13）在 vi 中_____命令可将当前行复制到剪贴板。

    A．cc   B．dd   C．yy   D．pp

（14）在 vi 中，将当前文档中的所有 usr 替换为 tmp 的方法是_____。

    A．:%s/usr/tmp/g   B．:/usr/tmp/g

    C．:/usr/tmp   D．:s/usr/tmp/g

（15）在 vi 中，显示行号的命令是_____。

    A．:set nu   B．:set all   C．:set term   D．set mesg

（16）查看系统中是否安装了 bind 包的命令是_____。

    A．rpm -ivh bind   B．rpm -qa | grep bind

    C．rpm -e bind   D．rpm -Uvh bind

（17）将/usr 文件夹打包为 usrback.tar.gz 的方法是_____。

    A．tar -ivh usrback.tar.gz   /usr

    B．tar -Uvh usrback.tar.gz   /usr

    C．tar -zcvf   usrback.tar.gz   /usr

    D．tar -zxvf usrback.tar.gz   /usr

（18）利用 yum 安装 Telnet 服务器的方法是_____。

    A．yum update   telnet   B．yum install telnet

    C．yum update   telnet-server   D．yum install   telnet-server

2．简答题

（1）简述 Linux 系统的目录结构及其主要作用。

（2）Linux 系统中的 ext4 格式与 ext3 格式相比有哪些变化？

3．操作题

1）任务描述

A 公司的系统管理员每天需要做一些重复工作，请为其工作内容编制一个解决方案：

（1）在下午 4：30 删除/message 目录下的所有文件及子文件夹。

（2）从上午 10：00 点到下午 4：00 点，每小时读取/message 目录下的 id 文件中每行第一个域的全部数据加入到/back 目录下的 back.txt 文件中。

（3）每周五下午 4：00 点将/back 目录下的所有目录和文件归档并压缩为 back.tar.gz。

2）操作目的

（1）通过本操作熟悉 Linux 系统中常用命令的使用方法。

（2）掌握定时任务的操作方法。

（3）掌握归档文件的方法。

3）任务准备

（1）1 台装好系统的 PC。

（2）网络硬件平台畅通。

（3）一张 Linux 安装光盘（DVD）。

第 2 章

第3章 | 用户及权限管理

学习目标
- 能够创建并管理用户
- 能够创建并管理组
- 能够修改用户及组的属性
- 能够设置普通权限、特殊权限
- 能够设置 ACL
- 知道 Linux 中命令的使用方法

3.1　用户及组的管理

用户在系统中是分角色的。在 Linux 系统中,角色不同,权限和所完成的任务也不同;用户的角色是通过 UID 和 GID 识别的。UID 就是用户 ID,GID 就是群组的 ID 号。系统中的用户分为虚拟用户和实体用户。

(1) root 用户:系统管理员,可以登录系统,拥有最高权限。

(2) 虚拟用户:这类用户也被称为伪用户或假用户,与真实用户区分开来。这类用户不具有登录系统的能力,但却是系统运行不可缺少的用户,例如 bin、daemon、adm、ftp、mail 等;这类用户都是系统自身拥有的,而非后来添加的,当然也可以添加虚拟用户。

(3) 普通实体用户:这类用户能登录系统,可以操作自己家目录的内容,但权限有限,是系统管理员自行添加的。

3.1.1　与用户及组有关的文件

与用户有关的文件有/etc/passwd 和/etc/shadow,与组有关的文件有/etc/group 和/etc/gshadow,与组及文件均有关的文件为/etc/login. defs。

1. /etc/passwd 文件

通常在 Linux 系统中,用户的关键信息被存放在系统的/etc/passwd 文件中,对于普通用户而言,此用户是只读的。系统的每一个合法用户账户对应于该文件中的一行记录,这行记录定义了每个用户账户的属性。/etc/passwd 文件的部分内容如下:

```
root:x:0:0:root:/root:/bin/bash
bin:x:1:1:bin:/bin:/sbin/nologin
daemon:x:2:2:daemon:/sbin:/sbin/nologin
```

```
adm:x:3:4:adm:/var/adm:/sbin/nologin
lp:x:4:7:lp:/var/spool/lpd:/sbin/nologin
sync:x:5:0:sync:/sbin:/bin/sync
shutdown:x:6:0:shutdown:/sbin:/sbin/shutdown
halt:x:7:0:halt:/sbin:/sbin/halt
mail:x:8:12:mail:/var/spool/mail:/sbin/nologin
uucp:x:10:14:uucp:/var/spool/uucp:/sbin/nologin
operator:x:11:0:operator:/root:/sbin/nologin
......
zk:x:500:500::/home/zk:/bin/bash
```

从/etc/passwd 文件中可以看出,每一行均使用":"符号分隔,共 7 项,分别是:

(1) 账户名称。

(2) 密码占位符,用 x 表示。

(3) UID:这就是用户的识别码(ID),一般 0 是管理员(root)的 ID,1~499 为系统预留的 ID,500~60000 供一般用户使用。

(4) GID:与/etc/group 有关,为组 ID。

(5) 账户的说明信息。

(6) 根目录,默认用户目录在/home/用户名。

(7) Shell:所谓的 Shell 就是人们用来与机器沟通的界面,通常使用的是/bin/bash。

2. /etc/shadow 文件

shadow 加密的密码文件又称影子文件,同样保存了账户的信息,此文件只有 root 用户可以访问,普通用户无权读取其内容。文件部分内容如下:

```
root: $ 6 $ TMQFAY7xiZt3uVTw $ sDhESrfkSKq3GS/vfn0YB5zL.mOv6hMTzeJW37oViM3uz4euAeLfeBEL22TY
tK.RIR8suYx//s9RfBFYlm22T.:15458:0:99999:7:::
bin: * :14992:0:99999:7:::
daemon: * :14992:0:99999:7:::
adm: * :14992:0:99999:7:::
lp: * :14992:0:99999:7:::
sync: * :14992:0:99999:7:::
shutdown: * :14992:0:99999:7:::
halt: * :14992:0:99999:7:::
mail: * :14992:0:99999:7:::
uucp: * :14992:0:99999:7:::
operator: * :14992:0:99999:7:::
......
zk: $ 6 $ jSyYvJsSFzTed/yd $ SjM06IkHru2Tw5fXg2rf4Gyy5Ec20qS66/9BPBCMOjVL0kef87h8WBtlDIt67
cdh..GzcQSWf1.eGoQVhILKV0:15458:0:99999:7:::
```

从/etc/shadow 文件中可以看出,每一行对应一个账户,用":"分隔,各项的含义如下:

(1) 账户名称。

(2) 密码:这才是真正的密码,使用 MD5 加密。

(3) 上次改动密码的日期。例子中的 15458 是因为:日期是以 1970 年 1 月 1 日为起点开始计算的,1971 年 1 月 1 日则为 366,类推到 2012 年 4 月 28 日就是 15458。

用户及权限管理

（4）密码不可被改动的天数，如果是 0 那就表示随时可以改动。

（5）密码需要重新变更的天数，如果像上面是 99999 那就表示不需要更改。

（6）密码变更期限快到前的警告期。

（7）账户失效日期。

（8）账户取消日期。

（9）保留：最后一个字段是保留。

3．/etc/group 文件

用户组账户信息保存在/etc/group 配置文件中，任何用户均可以读取，用户组的真实密码保存在/etc/gshadow 配置文件中。/etc/group 组的内容如下：

```
root:x:0:root
bin:x:1:root,bin,daemon
daemon:x:2:root,bin,daemon
sys:x:3:root,bin,adm
adm:x:4:root,adm,daemon
tty:x:5:
disk:x:6:root
lp:x:7:daemon,lp
mem:x:8:
kmem:x:9:
wheel:x:10:root
mail:x:12:mail,postfix
uucp:x:14:uucp
man:x:15:
...
zk:x:500:
```

从上面的内容中可以看出，每一行使用“:”符号分隔，共 4 项，分别是：

（1）组名称。

（2）组密码。

（3）GID：组的识别码（ID），一般 0 是管理员组（root）的 ID，1～499 为系统预留的 ID，500～60000 供一般用户使用。

（4）组中成员，用“,”分隔。

4．/etc/gshadow 文件

该文件是组的映射文件，用于保存组的相关信息。/etc/gshadow 文件的部分内容如下：

```
root:::root
bin:::root,bin,daemon
daemon:::root,bin,daemon
sys:::root,bin,adm
adm:::root,adm,daemon
tty:::
disk:::root
lp:::daemon,lp
mem:::
```

```
kmem:::
wheel:::root
mail:::mail,postfix
uucp:::uucp
man:::
games:::
...
zk:!!::
```

从上面的内容可以看出,每一行使用":"符号分隔,共 4 项,分别是:

(1) 组名称。

(2) 加密后真实的组密码。

(3) 组的管理员(组长)。

(4) 组中成员,用","分隔。

5. /etc/login. defs 文件

该文件用于设置用户的一些规则,例如密码最小长度、用户的 ID 范围等,具体内容及相应的说明如下:

```
MAIL_DIR        /var/spool/mail      ♯创建用户时,要在/var/spool 下创建一个用户 mail 文件
PASS_MAX_DAYS   99999                ♯密码的最长有效天数
PASS_MIN_DAYS   0                    ♯密码修改之间最小的天数
PASS_MIN_LEN    5                    ♯密码最小长度
PASS_WARN_AGE   7                    ♯密码到期前 7 天警告
UID_MIN                500           ♯默认普通用户的 UID 最小值为 500
UID_MAX                60000         ♯默认普通用户的 UID 最大值为 60000
GID_MIN                500           ♯普通用户组的 GID 最小值为 500
GID_MAX                60000         ♯默认普通用户组的 GID 最大值为 60000
CREATE_HOME     yes                  ♯是否创建用户家目录,默认创建
UMASK           077
                  ♯在/home 下创建的用户主目录的默认权限为 700,若此处不设置,则默认的权限为 755
USERGROUPS_ENAB yes                  ♯空的用户组是否可以被删除,yes 代表可以删除空的用户组
ENCRYPT_METHOD SHA512                ♯用户密码采用哈希加密算法
```

3.1.2 用户账户管理

1. 添加账户

在 Linux 中,创建或添加新用户使用 useradd 命令来实现。

语法:

```
useradd[option] username
```

补充说明：useradd 可用来建立用户账户。账户建好之后,再用 passwd 设定账户的密码,而可用 userdel 删除账户。使用 useradd 指令所建立的账户,实际上是保存在/etc/passwd 文本文件中。

参数如下。

（1）-c <备注>：加上备注文字。备注文字会保存在 passwd 的备注栏中。

（2）-d <登入目录>：指定用户登入时的起始目录。

（3）-D：变更预设值。

（4）-e <有效期限>：指定账户的有效期限。

（5）-f <缓冲天数>：指定在密码过期后多少天即关闭该账户。

（6）-g <组>：指定用户所属的组。

（7）-G <组>：指定用户所属的附加组。

（8）-m：自动建立用户的登入目录。

（9）-M：不要自动建立用户的登入目录。

（10）-n：取消建立以用户名称为名的组。

（11）-r：建立系统账户。

（12）-s < shell >：指定用户登入后所使用的 Shell。

（13）-u < uid >：指定用户 ID。

例 3-1　若要创建一个名为 zhy 的用户，并作为 student 用户组的成员，则操作命令为：

```
[root@localhost ~]# useradd - g student zhy
[root@localhost ~]# grep teacher /etc/group
zhy:x:501:500::/home/zhy:/bin/bash
```

2. 设置账户属性

对于已创建好的账户，可使用 usermod 命令来修改和设置账户的各项属性，包括登录名、主目录、用户组、登录 Shell 等。

语法：

```
usermod [option] username
```

补充说明：usermod 可用来修改用户账户的各项设定。

参数如下。

（1）-c <备注>：修改用户账户的备注文字。

（2）-d <登入目录>：修改用户登入时的目录。

（3）-e <有效期限>：修改账户的有效期限。

（4）-f <缓冲天数>：修改在密码过期后多少天即关闭该账户。

（5）-g <组>：修改用户所属的组。

（6）-G <组>：修改用户所属的附加组。

（7）-l <账户名称>：修改用户账户名称。

（8）-L：锁定用户密码，使密码无效。

（9）-s < shell >：修改用户登入后所使用的 Shell。

（10）-u < uid >：修改用户 ID。

（11）-U：解除密码锁定。

例 3-2　改变用户账户名。若要改变用户名,可使用-l(L 的小写)参数来实现,其命令用法为:

```
usermod - l 新用户名 原用户名
```

例如要将用户 lj 更名为 lg,则操作命令为:

```
usermod - l lg lj
```

具体如下:

```
[root@localhost ~]# usermod - l lg lj
[root@localhost ~]# grep teacher /etc/group
lg:x:503:503::/home/lj:/bin/bash
```

从输出结果可见,用户名已更改为了 lg。主目录仍为原来的/home/lj,若要将其更改为/home/lg,则命令为:

```
[root@localhost ~]# usermod - d /home/lg lj
```

例 3-3　锁定账户。若要临时禁止用户登录,可采取将该用户账户锁定。锁定账户可利用-L 参数来实现,其命令用法为:

```
usermod - L 要锁定的账户
```

例如要锁定 lg 账户,则操作命令为:

```
usermod - L lg
```

Linux 锁定账户是通过在密码文件 shadow 的密码字段前加"!"来标识该用户被锁定的。

例 3-4　解锁账户。要解锁账户,可使用带-U 参数的 usermod 命令来实现,其用法为:

```
usermod - U 要解锁的账户
```

例如,要解除对 lg 账户的锁定,则操作命令为:

```
usermod - U lg
```

3.删除账户
语法:

```
userdel [-r][用户账户]
```

用户及权限管理

补充说明：userdel 可删除用户账户及其相关的文件。若不加参数，则仅删除用户账户，而不删除相关文件。

参数如下。

-f：删除用户登入目录以及目录中所有文件。

例如，若要删除 abc 账户，并同时删除其主目录，则操作命令为：userdel -r abc。

4. 设置账户密码

语法：

```
passwd[option] [用户名称]
```

补充说明：passwd 指令让用户可以更改自己的密码，而系统管理者则能用它管理系统用户的密码。只有管理者可以指定用户名称，一般用户只能变更自己的密码。

参数如下。

(1) -d：删除密码。本参数仅有系统管理者才能使用。

(2) -f：强制执行。

(3) -k：设置只有在密码过期失效后方能更新。

(4) -l：锁住密码。

(5) -s：列出密码的相关信息。本参数仅有系统管理者才能使用。

(6) -u：解开已上锁的账户。

例 3-5 设置用户登录密码。Linux 的账户必须设置密码后才能登录系统。设置账户登录密码使用 passwd 命令，其用法为：

```
passwd  [账户名]
```

例如要设置 lg 账户的登录密码，则操作命令为：

```
[root@localhost ~]# passwd lg
Changing password for user lg.
New password:                                           #输入密码
Retype new password:                                    #重输密码
passwd: all authentication tokens updated successfully.
```

例 3-6 锁定账户密码。在 Linux 中，除了用户账户可被锁定外，账户密码也可被锁定，任何一方被锁定后，都将导致该账户无法登录系统。只有 root 用户才有权执行该命令。锁定账户密码使用带-l 参数的 passwd 命令，其用法为：

```
passwd -l 账户名
```

例如要锁定 lg 账户的密码，则操作命令为：

```
passwd -l lg
```

例 3-7 解锁账户密码。用户密码被锁定后，若要解锁，则使用带-u 参数的 passwd 命

令,该命令只有 root 用户才有权执行,其用法为:

```
passwd - u 要解锁的账户
```

例 3-8 查询密码状态。要查询当前账户的密码是否被锁定,可使用带-S 参数的 passwd 命令来实现,其用法为:

```
passwd - S 账户名
```

若账户密码未被锁定,显示信息如下:

```
[root@localhost home]# passwd - S user1
user1 PS 2012 - 05 - 14 0 99999 7 - 1              #密码已设置,使用 SHA512 加密
```

若账户密码已被锁定,显示信息如下:

```
[root@localhost home]# passwd - S user1
user1 LK 2012 - 05 - 14 0 99999 7 - 1              #密码已被锁定
```

例 3-9 删除账户密码。若要删除账户的密码,使用带-d 参数的 passwd 命令来实现,该命令也只有 root 用户才有权执行,其用法为:

```
passwd - d 账户名
```

5. 设置账户的密码时效
语法:

```
chage [选项] [用户名]
```

常用选项如下。

(1) -m:密码更改前的最小天数(在规定的天数之内,密码不能被更改),0 代表没有限制。

(2) -M:需要更换密码的最大天数(在规定天数之内,密码必须被更改)。

(3) -W:用户密码到期前,提前收到警告信息的天数。

(4) -E:账户的有效期,过了这天该账户将不可用。0 代表立即过期,-1 代表永不过期。

(5) -d:上一次更改密码的日期。

(6) -i:停滞期。如果一个密码已过期天数超过停滞期中设置的值,该账户将不可用。

(7) -l:列出用户及密码的有限期。

例 3-10 设置用户 user1 的密码有效期为 30 天,操作如下:

```
[root@localhost home]# chage user1
Changing the aging information for user1
Enter the new value, or press ENTER for the default
    Minimum Password Age [0]:
```

用户及权限管理

```
Maximum Password Age [99999]:
Last Password Change (YYYY-MM-DD) [2012-05-14]:
Password Expiration Warning [7]:
Password Inactive [-1]: 30
Account Expiration Date (YYYY-MM-DD) [1970-01-01]:
```

3.1.3 用户组管理

每个用户都有一个用户组,系统能对一个用户组中的所有用户进行集中管理。用户组的管理涉及用户组的添加、删除和修改。组的增加、删除和修改实际上就是对/etc/group 文件的更新。

1. 创建用户组

语法:

```
groupadd [option] 用户组
```

参数如下。

(1) -g:GID 指定新用户组的组标识号(GID)。

(2) -o:一般和-g 选项同时使用,表示新用户组的 GID 能和系统已有用户组的 GID 相同。

(3) -r:创建系统用户组,该类用户组的 GID 值小于 500;若没有-r 参数,则创建普通用户组,其 GID 值大于或等于 500。

例 3-11 创建组标号为 101 的组 group1。

```
[root@localhost ~]#groupadd -g 101 group1
[root@localhost ~]#grep teacher /etc/group
Group1:x:101:
```

2. 改变用户组属性

用户组创建后,根据需要可对用户组的相关属性进行修改。对用户组属性的修改,主要是修改用户组的名称和用户组的 GID 值。

语法:

```
groupmod [-g <组识别码> <-o>][-n <新群组名称>][组名称]
```

补充说明:需要更改组的识别码或名称时,可用 groupmod 指令来完成。

参数如下。

(1) -g <组识别码>:设置欲使用的组识别码。

(2) -o:重复使用组识别码。

(3) -n <新组名称>:设置欲使用的组名称。

例 3-12 改变用户组名称。对用户组更名不会改变其 GID 的值,用法为:

```
groupmod -n 新用户组名  原用户组名
```

例如,要将 group1 用户组更名为 teacher 用户组,操作命令为:

```
[root@localhost ~]# groupmod -n teacher group1
[root@localhost ~]# grep teacher /etc/group
teacher:x:101:
```

例 3-13 重设用户组的 GID。用户组的 GID 值可以重新进行设置修改,但不能与已有用户组的 GID 值重复。对 GID 进行修改不会改变用户名的名称。要修改用户组的 GID,语法为:

```
groupmod - g  newgid 用户组名称
```

例如,要将 teacher 组的 GID 更改名 501,则操作命令为:

```
[root@localhost ~]# groupmod - g 501 teacher
[root@localhost ~]# grep teacher /etc/group
teacher:x:501:
```

3. 删除用户组

删除用户组使用 groupdel 命令来实现,语法为:

```
groupdel 用户组名
```

例 3-14 要删除 teacher 用户组,则操作命令为:

```
groupdel teacher
```

在删除用户组时,被删除的用户组不能是某个账户的私有用户组,否则将无法删除,若要删除,则应先删除引用该私有用户组的账户,然后再删除用户组。

4. 添加用户到指定的组

可以将用户添加到指定的组,使其成为该组的成员。其实现命令为:

```
gpasswd - a 用户账户  用户组名
```

例 3-15 将用户 u1 添加到 g1 组。

```
[root@localhost ~]# gpasswd - a u1  g1
```

5. 从指定的组中删除用户

若要从用户组中移除某用户,其实现命令为:

```
gpasswd - d 用户账户名  用户组名
```

例 3-16 若要从 g1 用户组中移除 u1 用户,则操作命令为:

```
[root@localhost ~]#gpasswd - d u1 g1
Removing user u1 from group g1
[root@localhost ~]#groups u1            ;查看用户 u1 属于哪个组
U1 : student
```

6. 设置用户组管理员
要将某用户指派为某个用户组的管理员,可使用以下命令来实现:

```
gpasswd - A用户账户 要管理的用户组
```

若设定用户 u1 为组 g1 的管理员,则

```
[root@localhost ~]#gpasswd - A u1 g1
```

7. 改变当前用户所在的组
一个用户可以同时属于多个不同的组,多个不同组间的用户权限是不同的,可以使用 newgrp 命令在不同组间转移,从而获取不同的权限。其实现命令为:

```
newgrp   组名
```

注意:newgrp 改变的是当前用户所在的组。

例 3-17　设用户 u1 同时属于组 u1、g1、g2、g3,将用户临时转移到 g2 组的方法为:

```
[u1@localhost ~ ]$   newgrp   g2
[u1@localhost ~ ]$   groups          #groups命令用于显示当前用户所在的组
```

显示结果如下:

```
g2 u1 g1 g3
```

注意:只有用户同时属于多个组时,才可以在多个组间转换;若不指定组名,则会进入该用户名称的预设组。

3.1.4　任务 3-1:在图形模式下进行用户、组的管理

在 Linux 的图形界面下,单击"系统"→"管理"→"用户和组群"打开"用户管理者"窗口,如图 3-1 所示。可以单击图中的"添加用户"或"添加组群"按钮实现用户和组的添加;单击"属性"按钮,可以查看被选中的用户或组群的属性;单击"删除"按钮,可以删除所选中的用户或组群。图 3-1 中的两个选项卡"用户"和"组群"分别包括了系统中的所有用户和组群。

在"用户管理者"窗口中单击"添加用户"或"添加组群"按钮,便可实现在系统中添加用户或组的操作,此处以添加用户为例,如图 3-2 所示。

从图 3-2 中可以看出,用户的基本信息可以在图形化界面下直接输入,若需要修改用户属性,可选中用户后,单击"属性"按钮,修改用户的相关信息并可以设置用户的有效期等。用户的属性包括"用户数据"、"账号信息"、"密码信息"、"组群"4 个选项卡,如图 3-3 所示。

图 3-1　"用户管理者"窗口

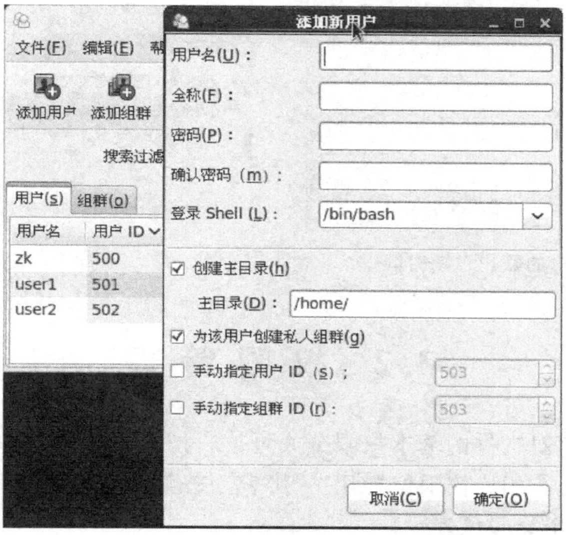

图 3-2　添加新用户

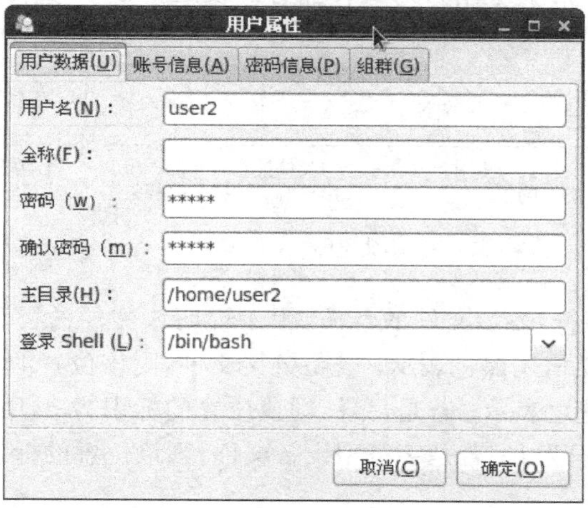

图 3-3　用户属性

用户及权限管理

例 3-18　在图形工具中为用户 user1 设置账户的有效期为 2012 年 6 月 30 日，该用户首次登录系统时需要修改自己的密码。

操作方法：打开"用户管理者"窗口，右击用户 user1，在弹出的菜单中选择"属性"命令。首先在图 3-3 中单击"账户信息"标签，选中"启用账户过期"复选框并填写具体的过期日期，如图 3-4 所示；然后打开"密码信息"选项卡，选中"启用密码过期"复选框和"下次登录强制修改密码"复选框，如图 3-5 所示。设置完成后，单击"确定"按钮即可完成操作。

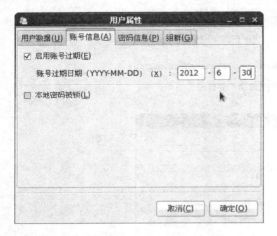
图 3-4　设置用户的账户过期时间

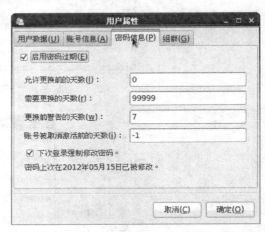
图 3-5　设置密码信息

3.2　权 限 管 理

在 Linux 中，用户对文件的基本权限分为可读、可写、可执行 3 种，分别用 r、w、x 表示。若用户无某个权限，则在相应权限位置用"-"代表。若某文件具有 x 属性，则该文件就可执行，属于可执行文件（用绿颜色表示）。

使用 ls-l 或 ll 命令可查看文件的属性，文件属性占用 10 个字节，由 3 组权限属性（分别为文件所有者、同组用户和其他用户对文件拥有的权限）和一个文件类型标识组成，如图 3-6 所示。

图 3-6　文件属性

类型标识占 1 个字符，表示文件的性质，用于说明该文件的类型（-、l、b、c、d）。对于普通文件，则该位置显示为-，用黑色表示；若是链接文件，则该位置的标识为 l（注：是 L 的小写，不是数字 1），用浅蓝色表示；若是目录，则该位置的标识为 d，用深蓝色表示；若是块设备文件，则该位置的标识为 b；若是字符型设备文件，则该位置的标识为 c；设备文件用带黑色底纹的黄色字体表示。

另外，有一些程序命令文件的属性的执行部分不是 x，而是 s，这表示执行这个程序的使用者临时可获得与该文件的拥有者一样的权力来运行该程序。这种情况一般出现在系统管理类的命令程序中,例如/bin 目录下的 ping、su、mount 和 umount,该类文件在显示时其底纹是红色的。

3.2.1 文件权限设置

对文件属性的修改包括修改文件的拥有者和修改用户对文件的权限两个方面。

1. 修改文件或目录的拥有者

在 Linux 中,使用 chown 命令可改变文件或目录的所有者(属主)和所属的用户组,利用参数-R 可递归设置指定目录下的全部文件(包括子目录和子目录中的文件)的所属关系;chgrp 命令只能更改指定文件或目录所属的用户组。

(1) chgrp 命令用法为:

```
chgrp   新用户组   要改变所属用户组的目录或文件
```

例 3-19   修改/share 文件夹的所属组为 group1,并使/share 文件夹下的所有内容的所属组均变为 group1。

```
[root@localhost ~]# chgrp group1  /share - R
```

(2) chown 命令用法为:

```
chown [ - R] 新所有者.新用户组   要改变的文件名或目录
```

chown 命令可以代替 chgrp 的功能。

例 3-20   修改/share 文件夹的所有者为 user1,并使/share 文件夹下的所有内容的所有者均变为 user1。

```
[root@localhost ~]# chown user1  /share - R
```

例 3-21   修改/share 文件夹的所属组为 group1,并使/share 文件夹下的所有内容的所属组均变为 group1。

```
[root@localhost ~]# chown .group1  /share - R
```

注意:组名前面的"."不能省略。

例 3-22   修改/share 文件夹的所有者为 user1 且所属组为 group1,并使/share 文件夹下的所有内容均发生变化。

```
[root@localhost ~]# chown user1.group1  /share - R
```

2. 改变文件的普通权限

文件权限是与用户账户和用户组紧密联系在一起的。在 Linux 中,可使用 chmod 命令来重新设置或修改文件或目录的权限,但只有文件或目录的拥有者或 root 用户才有此更改权。

chmod 命令的用法为：

```
chmod [－cfvR] [－－help][－－version] mode 要改变的文件或目录名
```

chmod 命令中常见的参数含义如下。

（1）mode：权限设置字串。格式为：

```
[ugoa][ +-= ][rwx]…
```

其中，u 表示文件的拥有者，g 表示文件拥有者所属的组，o 表示其他人，a 表示所有人；＋表示增加权限，－表示取消权限，＝表示设置指定权限值，r 表示读取，w 表示写人，x 表示执行。

（2）-c：若文件权限已经更改，才显示其更改动作。

（3）-f：若文件权限无法被更改，不显示错误信息。

（4）-v：显示权限变更的详细资料。

（5）-R：递归设置指定目录下的所有文件的权限。

（6）--help：显示帮助信息。

（7）--version：显示版本。

3. 文件权限表示法

文件的权限可以用 r、w、x 表示，也可以用一串数字表示。用 r、w、x 表示的称为相对权限表示法，用数字表示的称为绝对权限表示法。

1）绝对权限表示法

权限值用数字表示，r 的值为 4，w 的值为 2，x 的值为 1。所以 rwx 组合也可用一个 3 位的数字来表示，例如 644，其百位上的数代表拥有者的权限（拥有读、写权限），十位上的数代表拥有者所属组中的用户的权限（拥有读权限），个位上的数代表其他用户对该文件的权限（拥有读权限）。这种采用数字来表示权限的方法称为使用绝对权限表示法。

例 3-23　myfile.txt 文件目前的权限为 rw-rw-r-x，若要更改为 rw-rw-r--，其实现的命令为：

```
[root@localhost ～]#chmod 664 /home/u1/myfile.txt
[root@localhost ～]#ll /home/u1/myfile.txt
－rw－rw－r－－  1  u1  u1   1 Jul  8 09:20 myfile.txt
```

2）相对权限表示法

在 chmod 中使用 r、w、x 表示方式对权限进行局部修改，用 u 表示修改文件或目录的拥有者的权限，用 g 表示修改文件拥有者所属的用户组的权限，用 o 表示修改其他用户的权限；若要增加权限则用＋（加号）表示，若要去掉某项权限则用－（减号）表示，若只赋予该项权限则用＝（等号）表示。

例 3-24　假设/home/u1/myfile.txt 文件的权限为 rw-rw-r-x，若要修改为 rw-r-----，则更改命令为：

```
[root@localhost ~]# chmod g-w /home/u1/myfile.txt
[root@localhost ~]# chmod o-r,x /home/u1/myfile.txt
```

若要给其他用户增加写的权限,则实现命令为:

```
[root@localhost ~]# chmod o+r /home/u1/myfile.txt
```

4. 特殊权限

在 Linux 中除了常见的读(r)、写(w)、执行(x)权限外,还有 3 个特殊权限,分别为 suid、guid、stickey。

1) suid

含义为 set user id,作用是让普通用户拥有可以执行"只有 root 权限才能执行"的特殊权限,只对可执行文件生效,对应于 user(u)的权限,值为 4。如果 user 的权限中有 x,则设置 suid 后,user 的权限值 x 将被 s 代替。若 user 权限中没有 x,则设置 suid 后,user 的权限值 x 位置将被 S 代替。系统中有很多命令都被设置了 suid 位,例如/bin/umount、/bin/ping、/bin/passwd 等,此类命令是可以被普通用户执行的。众所周知,/etc/passwd 文件存放着所有用户的账户及相关信息,其属性如下所示:

```
[root@localhost 桌面]# ll /etc/passwd
-rw-r--r--. 1 root root 1764  5月 16 00:45 /etc/passwd
```

从权限上看,/etc/passwd 文件的权限规定只有 root 用户可以写此文件,其他用户只能读取其内容,并不能修改该文件中的内容。但实际上,每个用户都可以通过使用/usr/bin/passwd 命令修改/etc/passwd 文件中自己的信息,这是因为/usr/bin/passwd 命令具有 suid 属性,普通用户在使用此命令时,可以执行 root 权限的操作。/usr/bin/passwd 命令的属性如下所示:

```
[root@localhost 桌面]# ll /usr/bin/passwd
-rwsr-xr-x. 1 root root 26980  1月 29 2010 /usr/bin/passwd
```

设置 suid 的方法为:

```
chmod u+/-s  文件名
```

或在原权限数字表示形式的前面加上数字 4,例如原权限为 755,则增加 suid 属性后的值为 4755。

2) guid

含义为 set group id,作用是让普通用户组成员可以执行"只有 root 组成员才能执行"的特殊权限,不对已有文件做继承,只对新建文件有效,对应于 group(g)的权限,值为 2。如果 group 权限中有 x,则设置 guid 后,group 的权限值 x 将被 s 代替。若 group 权限中没有 x,则设置 guid 后,group 的权限值中的 x 位置将被 S 代替。系统中存着很多带有 guid 属性的文件,例如/usr/bin/write、/usr/bin/netreport 等。以/usr/bin/write 为例,其属性如下:

81

第 3 章

用户及权限管理

```
[root@localhost 桌面]# ll /usr/bin/write
- rwxr - sr - x. 1 root tty 10124   3 月 11 2011 /usr/bin/write
```

设置 guid 的方法为：

```
chmod g + / - s   文件名
```

或在原权限数字表示形式的前面加上数字 2，例如原权限为 755，则增加 guid 属性后的值为 2755。

3）stickey bit

粘贴位，用于限制用户对共享资源的修改、删除权限。带有 stickey 属性的文件或文件夹只能被其所有者或 root 用户修改和删除，其他用户不能删除或修改。stickey 对应于 other(o)的权限，值为 1。如果 other 权限中有 x，则设置 stickey 后，other 的权限值 x 位置将被 t 代替。若 other 权限中没有 x。则设置 stickey 后，other 的权限值 x 将被 T 代替。系统中存在着一些带有 stickey 属性的文件夹，例如/var/cache/gdm、/tmp 等。以/var/cache/gdm 为例，其属性如下：

```
[root@localhost 桌面]# ll /var/cache/ | grep gdm
drwxr - xr - t.  4 root        gdm        4096  5 月 15 00:43 gdm
```

设置 stickey 的方法为：

```
chmod o + / - t   文件或目录
```

也可以使用绝对权限设置方法，例如原文件的权限为 755，则设置了 stickey 后的权限值为 1755。

例 3-25 系统有一个共用目录/mulu，用于员工存取个人文件，为防止用户的文件被其他用户误删除，已经为该目录及其内容设置了 stickey 属性。/mulu 中的内容及属性如下：

```
[root@localhost 桌面]# ll /mulu/
```

总用量 16：

```
drwxrwxrwt. 2 user1 user1 4096   5 月 18 01:21 user1dir
- rwxrwxrwt. 1 user1 user1    11   5 月 18 01:22 user1.txt
drwxrwxrwt. 2 user2 user2 4096   5 月 18 01:27 user2dir
- rwxrwxrwt. 1 user2 user2    11   5 月 18 01:27 user2.txt
```

从/mulu 中内容的属性可以看出，所有人均可以访问、修改全部文件或文件夹，下面是对 stikey 的认证。

```
[root@localhost 桌面]# su - user1
[user1@localhost ~]$ rm /mulu/user1.txt   - rf
```

```
[user1@localhost ~]$ rm /mulu/user2.txt  -rf
rm: 无法删除"/mulu/user2.txt"：不允许的操作
[user1@localhost ~]$ cat /mulu/user2.txt
i am user2
```

从操作结果可以看出，用户 user1 可以删除自己的文件，可以查看 user2 用户的文件内容，但无法删除用户 user2 的文件，从而保证了用户文件不会被误删除。

3.2.2 访问控制列表

基于用户和组的权限机制奠定了 Linux 系统的安全基础，但也有一些不足，例如权限只能基于用户或组进行设定，无法为单独的用户设定不同的权限。为了添加权限管理的灵活性，从 RHEL 3 开始引入了访问控制列表 ACL，ACL 支持 ext4 文件系统、NTFS 文件系统、Samba 文件系统等。在 RHEL 6.1 中，acl 是默认安装、启用的，与 acl 有关的安装包为 libacl-2.2.49-4.el6.i686.rpm 和 acl-2.2.49-4.el6.i686.rpm。若系统中没有启动 ACL，可使用 mount 命令启用，命令格式如下：

```
[root@localhost ~]# mount -o acl  设备名  挂载点
```

复制带有 ACL 属性的文件或目录时可以加上参数-p 或-a，这样原文件或目录的 ACL 信息会被一同复制。mv 命令会默认移动文件或目录的 ACL 属性。注意：不能将带有 ACL 信息的文件或目录复制或移动到不支持 ACL 的系统中，否则系统会报错。

1. ACL 的定义

ACL 是由一系列的 Access Entry 组成的，每一条 Access Entry 定义了特定的类别可以对文件拥有的权限。Access Entry 由 3 个组成部分，分别为 Entry tag type、qualifier 和 permission。Entry tag type 指对象的类型（user、group、mask、other），qualifier 指特定的用户或组，permission 指不同对象或特定用户、组获得的权限。其中 Entry tag type 比较重要，它有以下几个类型。

(1) ACL_USER_OBJ：文件（夹）所有者的权限。

(2) ACL_USER：额外用户对此文件（夹）的权限。

(3) ACL_GROUP_OBJ：文件（夹）所属组的权限。

(4) ACL_GROUP：额外的组对此文件（夹）的权限。

(5) ACL_MASK：定义 ACL_USER，ACL_GROUP_OBJ 和 ACL_GROUP 的最大权限。

(6) ACL_OTHER：其他用户的权限。

2. ACL 命令

与 ACL 相关的命令有 3 条，分别为 getfacl、setfalc 和 chacl。其中，getfacl 用于取得文件或目录的 acl 设置信息；setfacl 用于设置文件或目录的 acl 信息；chacl 与 setfacl 相似，用于设置 acl 信息，这里不对 chacl 作详细说明。

1) getfacl 命令

用法为：

```
getfacl [options] file......
```

常见的参数如下。

（1）-a,--access：显示文件或目录的访问控制列表。

（2）-d,--default：显示文件或目录默认的访问控制列表。

（3）-c,--omit-header：不显示默认的访问控制列表。

（4）-R,--recursive：递归操作。

（5）-t,--tabular：使用列表格式输出 ACL 设置信息。

（6）-n,--numberic：显示 ACL 信息中的用户和组的 UID 及 GID。

（7）-v,--version：显示命令的版本信息。

（8）-h,--help：显示命令帮助信息。

2）setfacl 命令

用法为：

```
setfacl [ - bkndRLP] { - m|M| - x| - X} file......
```

参数含义如下。

（1）-m,--modify=acl：修改文件或目录的扩展 ACL 设置信息。

（2）-M,--modify-file=file：从一个文件读入 ACL 设置信息，并以此为模板修改当前文件或目录的扩展 ACL 设置信息。

（3）-x,--remove=acl：从文件或目录删除一个扩展的 ACL 设置信息。

（4）-X,--remove-file=file：从一个文件读入 ACL 设置信息，并以此为模板删除当前文件或目录的 ACL 设置信息。

（5）-b,--remove-all：删除所有扩展的 ACL 设置信息。

（6）-k,--remove-default：删除缺少的 ACL 设置信息。

（7）--set=acl：设置当前文件的 ACL 信息。

（8）--set-file=file：从文件读入 ACL 设置信息用来设置当前的文件或目录的 ACL 信息。

（9）--mask：指定 ACL 的 mask。

（10）-n,-no-mask：不重新计算有效权限，setfacl 默认会重新计算 ACL 的 mask，除非 mask 被明确指定。

（11）-d,--default：设置默认的 ACL，只对目录有效。

（12）-R,--recursive：递归操作。

（13）-L,--logical：跟踪符号链接，默认情况下只跟踪符号链接文件，跳过符号链接目录。

（14）-P,--physical：跳过所有符号链接。

（15）--restore=file：从文件恢复备份的 ACL 信息，不能和除--test 外的任何参数同时使用。

（16）--test：测试模式，不会改变 ACL 的值。

（17）-v,--version：显示版本。

(18) -h,--help：显示帮助信息。

3. 设置 ACL 信息

setfacl 命令可以有以下几种设置格式：

（1）指定用户的权限（若未指定 uid,则表示设置全部所有者的权限）：

```
setfacl - m [d[efault]:]u[ser]:uid[:perms]
```

（2）指定组的权限（若未指定 gid,则表示设置全部组的权限）：

```
setfacl - m [d[efault]:]g[roup]:gid[:perms]
```

（3）设置有效的掩码：

```
setfacl - m [d[efault]:]m[ask][:perms]
```

（4）设置其他用户的权限：

```
setfacl - m [d[efault]:]o[ther][:perms]
```

注意：ACL 信息默认情况下是不会被继承的,若希望子文件或子目录继承 ACL 信息,可以在参数-m 的前面加上参数-d,例如：

```
setfacl - d - m u:user1:rwx /linux
```

注意：此时的/linux 必须为目录。

例 3-26　为/linuxlx 设置 ACL。在原有权限不变的情况下,设置用户 user1 对该目录下所有内容的权限为 r、w,用户 user2 对该目录下所有内容的权限为 r,用户 user3 对该目录下所有内容没有任何权限,组 g1 对该目录的权限为 r。说明：用户 user1～user3 不属于g1 组。

目录/linuxlx 原来的 ACL 信息如下所示：

```
[root@localhost /]# getfacl /linuxlx/
# file: linuxlx/
# owner: root
# group: root
user::rwx
group::r - x
other::r - x
```

下面的操作是为目录/linuxlx 设置 ACL 权限：

```
[root@localhost /]# setfacl - Rm u:user1:rw /linuxlx/
[root@localhost /]# setfacl - Rm u:user2:r /linuxlx/
[root@localhost /]# setfacl - Rm u:user3:- /linuxlx/
[root@localhost /]# setfacl - Rm g:g1:r  /linuxlx/
```

设置过 ACL 后的信息如下：

```
[root@localhost /]# getfacl /linuxlx/
# file: linuxlx/
# owner: root
# group: root
user::rwx
user:user1:rw-
user:user2:r--
user:user3:---
group::r-x
group:g1:r--
mask::rwx
other::r-x
```

从上面的操作结果中可以看出：

(1) 以#开头的内容定义了文件/目录名、所有者及所属组，若不需要可用--omit-header 参数省略掉。

(2) user::rwx 定义了 ACL_USER_OBJ，说明文件所有者拥有的权限为 r、w、x。

(3) user:user1:rw-、user:user2:r--和 user:user3:---定义了 ACL_USER，分别定义了用户 user1~user3 对该目录的权限。

(4) group::r-x 定义了 ACL_GROUP_OBJ，说明文件所属组拥有权限为 r、-x。

(5) group:g1:r--定义了 ACL_GROUP，指定了 g1 组对该目录的权限。

(6) mask::rwx 定义了 ACL_MASK 的权限为 r、w、x。

(7) other::r-x 定义了 ACL_OTHER 的权限为 r、-x。

例 3-27 为/lx 下的 a.txt 设置 mask 属性，值为 rw。该文件原有的 ACL 信息如下：

```
[root@localhost 桌面]# getfacl -c /linuxlx/a.txt
user::rw-
group::r--
other::r--
```

设置 mask 值，操作如下：

```
[root@localhost 桌面]# setfacl -m m::rw /linuxlx/a.txt
[root@localhost 桌面]# getfacl -c /linuxlx/a.txt
getfacl: Removing leading '/' from absolute path names
user::rw-
group::r--
mask::rw-
other::r--
```

例 3-28 删除/lx 下的 b.txt 文件的 ACL 信息。该文件原有的 ACL 信息如下：

```
[root@localhost 桌面]# getfacl -c /linuxlx/b.txt
user::rw-
```

```
user:user1:rw-
group::r--
mask::rw-
other::r--
```

删除 ACL 信息的操作如下：

```
[root@localhost 桌面]# setfacl -x u:user1 /linuxlx/b.txt
[root@localhost 桌面]# getfacl -c /linuxlx/b.txt
getfacl: Removing leading '/' from absolute path names
user::rw-
group::r--
mask::r--
other::r--
```

此时要注意，为文件或目录设置过 ACL 信息后，文件/目录的属性会出现"+"，如下所示：

```
[root@localhost 桌面]# ll /linuxlx/
-rw-r--r-- + 1 root root   6   5月 19 01:55 b.txt
```

若希望将属性中的"+"去掉，可使用 chcal 命令，操作如下：

```
[root@localhost 桌面]# chacl -B /linuxlx/b.txt 或 setfacl -b /linuxlx/b.txt
[root@localhost 桌面]# getfacl -c /linuxlx/b.txt
user::rw-
group::r--
other::r--
[root@localhost 桌面]# ll /linuxlx/
-rw-r--r--. 1 root root   6   5月 19 01:55 b.txt
```

例 3-29 备份/恢复 ACL 信息。设/lx/a.txt 的 ACL 信息如下：

```
[root@localhost lx]# getfacl  -c a.txt
user::rw-
user:user1:rw-
group::r--
mask::rw-
other::r--
```

备份 ACL 的方法如下：

```
[root@localhost lx]# getfacl a.txt  > acl.back
```

删除特定的 ACL 信息：

```
[root@localhost lx]# setfacl -b a.txt
```

87

第 3 章

用户及权限管理

删除后的 ACL 信息如下：

```
[root@localhost lx]# getfacl - c a.txt
user::rw -
group::r --
other::r --
```

恢复 ACL 信息：

```
[root@localhost lx]# setfacl -- restore = acl.back
```

恢复后的 ACL 信息如下：

```
[root@localhost lx]# getfacl  - c a.txt
user::rw -
user:user1:rw -
group::r --
mask::rw -
other::r --
```

注意：例 3-29 中的操作在/lx 目录中完成，恢复 ACL 时不需要指定具体的文件或目录。

3.2.3 任务 3-2：用户及权限应用

1. 任务描述

有一个中小型的上市公司，为加快公司的发展速度，决定在北京成立一家分公司，需要招聘业务拓展部经理 1 名、拓展部员工 5 名。所有用户的初始化密码为 111111，新员工的密码有效期为 30 天，首次登录时必须修改自己的密码。新员工可以读取/message 文件夹中的内容(/message 的所有者及组为 root，此文件夹只能供 root 及 newgroup 组的成员访问)。新员工每周五下午 3：00 点需要将自己主目录下的工作记录文档存于公用文件夹/worklog(文档名为"用户名.txt"，/worklog 的所有者及组为 root)下，若文档已存在则用新文档覆盖掉原来的文档。

2. 任务分析

(1) 需要在系统中建立 5 个用户，经理的账户为 manager，员工的账户为 user1～user4，新员工的密码有效期等内容可使用 chage 命令或使用图形界面设置。

(2) 为新用户建立组 newgroup，manager 为组长，组员为 user1～user4。

(3) newgroup 组对/message 文件夹的权限为读取，其他人无权访问此文件夹；对/worklog 文件夹的权限为读、写；由于/worklog 是公用文件夹，所有人都可以读写，但除管理员 root 及用户自己外，别人不能删除或修改其他用户的文件，所以最好的解决方案是将other 的权限设为全权，并设置 stickey 权限。

(4) 使用计划任务 crontab 命令完成工作记录文档的提交工作。

3. 操作方法

(1) 建立组：

```
[root@localhost 桌面]# groupadd newgroup
```

（2）建立用户 manager 及 user1～user4。用户的建立方法相同，此处以 manager 为例：

```
[root@localhost 桌面]# useradd manager
```

（3）设置用户密码，使用命令相同，此处以 manager 为例：

```
[root@localhost 桌面]# passwd manager
更改用户 manager 的密码。
新的 密码：
无效的密码：它没有包含足够的不同字符
无效的密码：是回文
重新输入新的 密码：
passwd：所有的身份认证令牌已经成功更新。
```

（4）设置用户密码有效期。使用 system-config-users 命令打开"用户管理者"窗口，设置用户的密码有效期及其他属性，以 manager 为例，如图 3-7 所示。

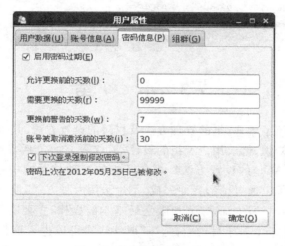

图 3-7　设置用户密码属性

（5）将用户 user1～user4 加入 newgroup 组，设置 manager 为组长：

```
[root@localhost 桌面]# gpasswd - M manager,user1,user2,user3,user4 newgroup
[root@localhost 桌面]# gpasswd - A manager newgroup
[root@localhost 桌面]# tail  /etc/gshadow  |grep newgroup
newgroup:!:manager:manager,user1,user2,user3,user4
```

（6）建立文件夹/message，设置权限：

```
[root@localhost 桌面]# mkdir /message
[root@localhost 桌面]# setfacl - R - m g:newgroup:r /message
[root@localhost 桌面]# chmod o = -  /message/  - R
[root@localhost 桌面]# ll / | grep message
drwxr - x --- +  2 root root  4096  5 月 26 01:38 message
```

```
[root@localhost 桌面]# getfacl - c /message
user::rwx
group:r - x
group:newgroup:r - -
mask::r - x
other::- - -
```

（7）建立文件夹/worklog,设置权限：

```
[root@localhost 桌面]# mkdir /worklog
[root@localhost 桌面]# chmod o + wt /worklog/ - R
[root@localhost 桌面]# ll / | grep worklog
drwxr - xrwt.  2 root root  4096  5 月 26 01:38 worklog
```

（8）为用户指定计划任务：

```
[root@localhost 桌面]# crontab - u manager - e
[root@localhost 桌面]# crontab - u  manager - l
0 15 *  * 5 cp ~/manager.txt  /worklog/  - rf
```

3.3 小   结

在本章中主要介绍了用户/组的管理方法及权限的设置方法,其中用户及组的操作包括用户及组相关的文件知识、修改用户及组的属性等,权限方面包括普通权限的设置方法、特殊权限的设置方法及 ACL 的设置方法。用户及组的管理是系统中最基本的操作之一,可以通过命令行方式也可以通过图形界面完成,不论采用哪种方式,最终的结果都是修改与用户或组相关的文件。在权限方面,普通权限是最基本的操作,主要有 r、w、x 3 种,其中 r 为读取,w 为写入,x 为执行;对于目录而言,"x"属性代表可以进入该目录;上述权限可通过 chmod 命令实现;但普通权限的限制范围划分过于简单,只有三类,即 user、group 和 other,不便于对权限的控制,此时可以使用 ACL 对其进行更加细致的设置;ACL 可针对单独的用户或组设置权限,特殊权限包括 suid、guid 和 stickey,用在特殊场合,是普通权限的有益补充。

3.4 习   题

1. 选择题

（1）在 Linux 中与用户有关的文件为_____。

    A. /etc/passwd 和 /etc/shadow   B. /etc/passwd 和 /etc/group

    C. /etc/passwd 和 /etc/gshadow   D. /etc/shadow 和/etc/group

（2）/etc/passwd 文件中的第一列代表_____。

    A. 用户名   B. 组名   C. 用户别名   D. 用户主目录

（3）用户加密后的密码保存在_____。

    A. /etc/passwd   B. /etc/shadow   C. /etc/gshadow   D. /etc/group

（4）添加用户的命令是_____。

    A. useradd   B. usersadd   C. addusers   D. appenduser

（5）可用于锁定账户的命令是_____。

    A. useradd   B. userdel   C. usermod   D. adduser

（6）创建组的命令是_____。

    A. groupadd   B. groupdel   C. groupmod   D. addgroup

（7）普通用户的 ID 号默认从_____开始。

    A. 500   B. 501   C. 502   D. 499

（8）root 用户的 ID 号是_____。

    A. 1   B. 0   C. 2   D. 3

（9）文件的基本权限分为_____。

    A. rwx-   B. rw-   C. rwx   D. rwxu

（10）使用_____命令可以查看文件的属性。

    A. ll   B. ls   C. ls -a   D. cat

（11）在 Linux 中可执行文件用_____颜色表示。

    A. 红色   B. 蓝色   C. 绿色   D. 黑色

（12）权限 rwxrw-rw-对应的数值是_____。

    A. 766   B. 755   C. 644   D. 744

（13）为文件设置 ACL 权限的命令是_____。

    A. setacl   B. setfacl   C. getfacl   D. putacl

（14）查看 ACL 权限的命令是_____。

    A. setfacl   B. setacl   C. getfacl   D. putacl

（15）特殊权限有 3 种，分别是_____。

    A. suid、guid、stickey   B. uid、gid、stickey

    C. uid、guid、stickey   D. suid、uid、stickey

2. 简答题

（1）Linux 中与用户有关的文件有哪些？文件中各列的含义是什么？

（2）简述 Linux 中特殊权限的作用。

用户及权限管理

第4章

磁盘管理

学习目标
- 能够在 Linux 中添加磁盘
- 能够对磁盘进行分区、格式化等操作
- 能够管理 RAID
- 能够管理 LVM
- 能够管理磁盘配额

磁盘是系统中的重要存储设备,在 Linux 中掌握对磁盘的操作方法是非常重要的,本章主要介绍对磁盘的管理和使用方法、RAID 的管理和使用方法及 LVM 的管理和使用方法。

4.1 磁盘及分区操作

4.1.1 磁盘及分区命名

1. 磁盘命名

在 UNIX/Linux 系统中,将所有的设备都当作一个文件放在/dev 目录下。IDE 硬盘的命名方式为 hd+X(hd(hard disk)代表 IDE 硬盘,X 的取值为 a、b、c、……);SCSI 硬盘的命名方式为 sd+X(sd(scsi disk)代表 SCSI 硬盘,X 的取值为 a、b、c、……)。

例如:

第一块 IDE 磁盘:/dev/hda。

第二块 IDE 磁盘:/dev/hdb。

第三块 IDE 磁盘:/dev/hdc。

第四块 IDE 磁盘:/dev/hdd。

第一块 SCSI 设备:/dev/sda。

第二块 SCSI 设备:/dev/sdb。

光驱:/dev/sr0 或 /dev/cdrom。

2. 命名分区

无论是 Windows 系统还是 Linux 系统,一块 IDE 硬盘最少需要划分一个主分区,最多可以划分 4 个主分区,如图 4-1 所示。

如果磁盘中包含有扩展分区,扩展分区将占用最后一个主分区的位置。对于 IDE 硬盘,主分区编号为 hda1~hda4;逻辑分区从 hda5 开始,如图 4-2 所示。

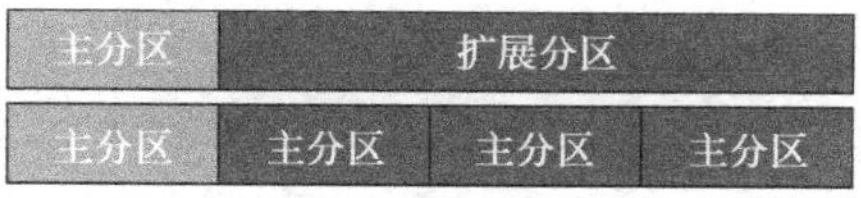

图 4-1 磁盘分区

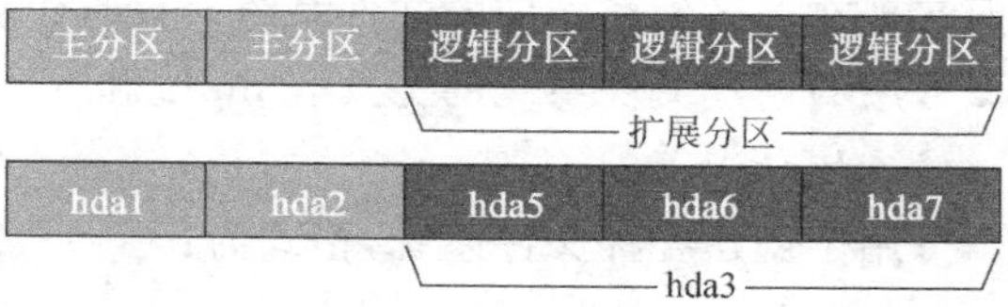

图 4-2 Linux 的分区

分区的命名方式为：磁盘名＋X＋M(X 为 a、b、c、……,M 为 1、2、3、……)

例如：

第一块 IDE 硬盘的第一个主分区：hda1。

第一块 IDE 硬盘的第二个主分区：hda2。

第一块 IDE 硬盘的扩展分区：hda3。

第一块 IDE 硬盘的第一个逻辑分区：hda5。

第一块 IDE 硬盘的第二个逻辑分区：hda6。

第二块 IDE 硬盘的第一个主分区：hdb1。

第二块 IDE 硬盘的第一个逻辑分区：hdb5。

4.1.2　分区及格式化操作命令

1. 创建分区

使用 fdisk 命令创建分区,方法如下：

(1)若观察硬盘使用情形,则在命令提示符下输入：

```
fdisk -l  磁盘名称
```

(2)若进入分割硬盘模式,则在命令提示符下输入：

```
fdisk 磁盘名称
```

fdisk 命令的参数如下。

(1) m：显示所有命令(即帮助)。

(2) p：显示硬盘分割情形。

(3) a：设定硬盘启动区。

(4) n：设定新的硬盘分割区。e：硬盘为[延伸]分割区(extend)；p：硬盘为[主要]分割区(primary)。

(5) t：改变硬盘分割区属性。

(6) d：删除硬盘分割区属性。

(7) q：结束不存入硬盘分割区属性。

(8) w：结束并写入硬盘分割区属性。

(9) x：扩展功能(专业人员使用)。

2. 建立文件系统(格式化)

分区创建后,接下来就要根据要创建的文件系统类型,选择相应的命令来格式化分区,

93

第4章

磁盘管理

从而实现在分区创建相应的文件系统。只有建立了文件系统后,该分区才能用于存取文件。

常用的创建文件系统的工具有 mkfs 和 mke2fs。

1) mkfs

可用于创建各种文件系统,格式为:

```
mkfs [参数] 文件系统
```

参数选项如下。

(1) -t:指定要创建的文件系统类型。

(2) -c:建立文件系统前检查坏块。

(3) -V:输出建立文件的系统详细信息。

若将分区 hda3 格式分为 vfat,则命令格式一:

```
mkfs - t vfat /dev/hda3
```

命令格式二:

```
mkfs.vfat   /dev/hda3
```

2) mke2fs

创建 ext2 文件系统,支持指定 block 大小等功能。

(1) 建立 ext2 文件系统,使用 mke2fs 命令,用法为:

```
mke2fs 设备名
```

(2) 建立 vfat 文件系统,使用 mkdosfs 命令,用法为:

```
mkdosfs 设备名
```

(3) 建立 swap 文件系统,使用 mkswap 命令,用法为:

```
mkswap 设备名
```

例如,要在刚才创建的分区上创建 ext3 文件系统,则格式化命令为:

```
[root@localhost ~]#   mkfs - t  ext3  /dev/hda1
```

或

```
[root@localhost ~] #   mkfs.ext3 /dev/hdb1
```

或

```
[root@localhost ~]#   mke2fs /dev/hdb1
```

3. 修改文件系统

1) tune2fs

功能：更改 ext2 文件系统属性。

语法：

```
tune2fs [options] device
```

例 4-1　显示 hda1 分区的超级块内容。

```
[root@localhost~]#tune2fs -l /dev/hda1
```

例 4-2　设置 hda1 分区每 mount100 次就进行磁盘检查。

```
[root@localhost~]#tune2fs -c 100 /dev/hda1
```

例 4-3　将 hda1 分区上的 ext2 系统升级为 ext3。

```
[root@localhost~]#tune2fs -j /dev/hda1
```

2) resize2fs：重置文件系统的大小

功能：更改文件系统的大小。

语法：

```
resize2fs [-d debug-flags] [-S RAID-stride] [-f] [-F] [-p] device [size]
```

例 4-4　重新设置 hda5 分区上文件系统的大小。

```
[root@localhost~]#resize2fs  /dev/hda5
```

此时分区中变动的部分会被格式化，此操作不会影响分区中没有变动的部分。

4. 检查文件系统的正确性

使用 fsck 命令，语法为：

```
fsck  [参数]文件系统
```

常用参数如下。

(1) -A：对/etc/fstab 中定义的所有分区进行检查。

(2) -C：显示完整的检查进度。

(3) -d：列出 fsck 的调试结果。

(4) -a：自动修复检查中的错误。

(5) -r：询问是否修复检查中的错误。

例 4-5　检查分区/dev/hdb1 上是否有错误，若有错误则自动修复。

```
[root@localhost ~]# fsck  /dev/hdb1
```

4.1.3 磁盘空间管理命令

1. df 命令

功能：检查文件系统的磁盘空间占用情况。可以利用该命令来获取硬盘被占用了多少空间、目前还剩下多少空间等信息。磁盘空间大小的单位为数据块，1 数据块＝1024 字节＝1KB。

语法：

```
df [选项]
```

说明：df 命令可显示所有文件系统对 i 节点和磁盘块的使用情况。

该命令各个选项的含义如下。

（1）-a：显示所有文件系统的磁盘使用情况，包括 0 块(block)的文件系统，例如/proc 文件系统。

（2）-k：以 KB 为单位显示。

（3）-i：显示 i 节点信息，而不是磁盘块。

（4）-t：显示各指定类型的文件系统的磁盘空间使用情况。

（5）-x：列出不是某一指定类型文件系统的磁盘空间使用情况(与 t 选项相反)。

（6）-T：显示文件系统类型。

例 4-6 列出各文件系统的磁盘空间使用情况。

```
[root@localhost 桌面]# df
文件系统                        1K-块      已用       可用       已用%    挂载点
/dev/mapper/VolGroup-lv_root    7781012   2621628   4764120   36%     /
tmpfs                           515604    276       515328    1%      /dev/shm
/dev/sda1                       495844    30268     439976    7%      /boot
```

df 命令的输出清单的第 1 列代表文件系统对应的设备文件的路径名(一般是硬盘上的分区)；第 2 列给出分区包含的数据块(1024 字节)的数目；第 3、4 列分别表示已用的和可用的数据块数目。注意：第 3、4 列块数之和不一定等于第 2 列中的块数，这是因为默认的每个分区都留了少量空间供系统管理员使用。即使遇到普通用户空间已满的情况，管理员仍能登录和留有解决问题所需的工作空间。清单中"已用%"列表示普通用户空间使用的百分比，即使这一数字达到 100%，分区仍然留有系统管理员使用的空间。最后，"挂载点"列表示文件系统的安装点。

例 4-7 列出文件系统的类型。

```
[root@localhost 桌面]# df -T
文件系统             类型      1K-块      已用       可用       已用%   挂载点
/dev/mapper/VolGroup-lv_root
                     ext4      7781012   2653216   4732532   36%   /
tmpfs                tmpfs     515604    360       515244    1%   /dev/shm
/dev/sda1            ext4      495844    30268     439976    7%   /boot
/dev/sr0             iso9660   2994616   2994616   0 100%   /media/RHEL_6.1 i386 Disc 1
/dev/sr0             iso9660   2994616   2994616   0 100%   /mnt
```

2. du 命令

du 的英文原意为 disk usage,作用是显示磁盘空间的使用情况。

功能：统计目录(或文件)所占磁盘空间的大小。

语法：

```
du [选项] [filename]
```

说明：该命令逐级进入指定目录的每一个子目录并显示该目录占用文件系统数据块
(1024 字节,即 1KB)的情况。若没有给出 filename,则对当前目录进行统计。

该命令的各个选项含义如下。

(1) -s：对每个 filename 参数只给出占用的数据块总数。

(2) -a：递归地显示指定目录中各文件及子目录中各文件占用的数据块数。若既不指定-s,也不指定-a,则只显示 filename 中的每一个目录及其中的各子目录所占的磁盘块数。

(3) -b：以字节为单位列出磁盘空间使用情况(系统默认以 KB 为单位)。

(4) -k：以 1024 字节为单位列出磁盘空间使用情况。

(5) -c：最后再加上一个总计(系统默认设置)。

(6) -l：计算所有的文件大小,对硬链接文件则计算多次。

(7) -x：跳过在不同文件系统上的目录不予统计。

例 4-8 查看/tmp 目录占用磁盘空间的情况。

```
[root@localhost 桌面]# du /tmp
4       /tmp/virtual - root.Xws4y7
8       /tmp/pulse - Hgy3Ffz7NnBg
4       /tmp/.esd - 0
8       /tmp/orbit - zk
8       /tmp/orbit - root
4       /tmp/keyring - AULzNm
4       /tmp/.ICE - UNIX
8       /tmp/pulse - dawXpKbsno98
4       /tmp/.X11 - UNIX
4       /tmp/virtual - zk.Oyafmv
4       /tmp/pulse - jMDs6OIjYutE
4       /tmp/keyring - U4JYGd
4       /tmp/.esd - 500
4       /tmp/orbit - gdm
84      /tmp
```

例 4-9 列出/etc 目录所占的磁盘空间,但不详细列出每个文件所占的空间。

```
[root@localhost 桌面]# du - s /etc
32556    /etc
```

例 4-10 列出/txt 目录下的所有文件和目录所占的空间,而且以字节为单位来计算大小。

```
[root@localhost 桌面]# du - ab /txt
1143     /txt/txt
12288    /txt/.txt.swp
17527    /txt
```

磁盘管理

3. dd 命令

功能：把指定的输入文件复制到指定的输出文件中，并且在复制过程中可以进行格式转换，系统默认使用标准输入文件和标准输出文件。

语法：

```
dd [选项]
```

该命令各选项含义如下。

（1）if ＝输入文件（或设备名称）。

（2）of ＝输出文件（或设备名称）。

（3）ibs ＝ bytes：一次读取 bytes 字节，即读入缓冲区的字节数。

（4）skip ＝ blocks：跳过读入缓冲区开头的 ibs＊blocks 块。

（5）obs ＝ bytes：一次写入 bytes 字节，即写入缓冲区的字节数。

（6）bs ＝ bytes：同时设置读/写缓冲区的字节数（等于设置 ibs 和 obs）。

（7）cbs ＝ bytes：一次转换 bytes 字节。

（8）count＝blocks：只复制输入的 blocks 块。

（9）conv ＝ ASCII：把 EBCDIC 码转换为 ASCII 码。

（10）conv ＝ ebcdic：把 ASCII 码转换为 EBCDIC 码。

（11）conv ＝ ibm：把 ASCII 码转换为 alternate EBCDIC 码（可交替的 EBCDIC 编码。EBCDIC 指的是 Extended Binary Coded Decimal Interchange Code，即广义二进制编码的十进制交换码）。

（12）conv ＝ block：把变动位转换成固定字符。

（13）conv ＝ ublock：把固定位转换成变动位。

（14）conv ＝ ucase：把字母由小写转换为大写。

（15）conv ＝ lcase：把字母由大写转换为小写。

（16）conv ＝ notrunc：不截短输出文件。

（17）conv ＝ swab：交换每一对输入字节。

（18）conv ＝ noerror：出错时不停止处理。

（19）conv ＝ sync：把每个输入记录的大小都调到 ibs 的大小（用 NUL 填充）。

例 4-11 将/etc/yum.conf 复制到/txt 目录下。

```
[root@localhost 桌面]# dd if = /etc/yum.conf of = /txt/yum.conf
记录了 1+1 的读入
记录了 1+1 的写出
813 字节(813 B)已复制,0.000795533 秒,1.0 MB/秒
```

例 4-12 备份/dev/sda1 中的所有内容到/txt/image 文件中。

```
[root@localhost 桌面]# dd if = /dev/sda1 of = /txt/image
记录了 1024000 + 0 的读入
记录了 1024000 + 0 的写出
524288000 字节(524 MB)已复制,48.5387 秒,10.8 MB/秒
```

```
[root@localhost 桌面]# ll /txt | grep image
- rw - r - - r - - . 1 root root 524288000   5 月 28 17:43 image
```

例 4-13　还原/txt/image 中的内容到/dev/sda1。

```
[root@localhost 桌面]# dd if = /txt/image of = /dev/sda1
```

例 4-14　复制内存中的内容到/txt/mem. txt 中。

```
[root@localhost 桌面]# dd if = /dev/mem of = /txt/mem.txt bs = 1024
记录了 1028 + 0 的读入
记录了 1028 + 0 的写出
1052672 字节(1.1 MB)已复制,0.091054 秒,11.6 MB/秒
```

例 4-15　利用光盘制作 ISO 镜像文件。

```
[root@localhost 桌面]# dd if = /dev/cdrom of = /txt/rhel6.iso
记录了 5989248 + 0 的读入
记录了 5989248 + 0 的写出
3066494976 字节(3.1 GB)已复制,311.483 秒,9.8 MB/秒
```

4.1.4　挂载及卸载命令

挂载文件系统的命令为 mount,卸载文件系统的命令为 umount,在使用挂载命令之前,应该先创建挂载点,即建立文件夹。

1. mount 命令

mount 命令的使用方法:

```
mount - t 类型 - o 挂接方式 设备名称 挂载点
```

1) -t 的详细选项

(1) 光盘或光盘镜像: ISO 9660。

(2) DOS FAT16 文件系统: msdos。

(3) Windows 9x FAT32 文件系统: vfat。

(4) Windows NT NTFS 文件系统: NTFS。

(5) mount Windows 文件网络共享: smbfs(需内核支持),推荐 CIFS。

(6) UNIX(Linux) 文件网络共享: NFS。

2) -o 的详细选项

(1) loop: 用来把一个文件当成硬盘分区挂载上系统。

(2) ro: 采用只读方式挂载设备。

(3) rw: 采用读写方式挂载设备。

(4) iocharset: 指定访问文件系统所用字符集。

2. 挂载硬盘分区

对于已经存在的硬盘分区可以直接进行挂载,操作步骤如下:

（1）建立挂载点（设挂载点为/mnt/hda3）：

```
[root@localhost ~]# mkdir   /mnt/hda3
```

（2）挂载分区：

```
[root@localhost ~]# mount   /dev/hda3   /mnt/hda3
```

（3）使用 hda3。此时可以像使用普通文件夹一样使用/mnt/hda3，例如在 hda3 文件夹中创建文件等操作。

（4）卸载挂载点：

```
[root@localhost ~]# umount   /dev/hda3
```

3. 挂载软盘

软盘在使用前应先建立文件系统，可通过格式化操作来完成。对于软盘，RedHat Linux 支持 ext2 和 FAT 格式的文件系统。

1）建立 ext2 文件系统

命令格式：

```
mke2fs 软盘设备文件名
```

命令功能：在指定驱动器设备的软盘上建立 ext2 文件系统。

目前计算机的软驱设备一般只有一个，其设备名为/dev/fd0，因此要在软盘上建立文件系统，则命令为：

```
[root@localhost ~]# mke2fs   /dev/fd0
```

文件系统建立好后，就可利用 mount /mnt/floppy 命令挂载软盘，进入/mnt/floppy 目录，就可存取软盘中的文件。

2）建立 FAT 文件系统

要建立可在 DOS 系统使用的 FAT 文件系统，可用 mkdosfs 命令来完成，其命令用法为：

```
mkdosfs   软盘设备文件名
```

FAT 文件系统创建后，无须挂载，采用与 DOS 系统相同的做法，通过存取访问 A 盘来实现。在 Linux 系统中，提供了许多以 m 开头的命令，这些命令与 DOS 系统的磁盘文件操作命令相对应，只是在原 DOS 命令的基础上前缀了一个 m，其功能与用法也与 DOS 命令相同。例如要查看 A 盘中的文件，则可执行 mdir a:命令来实现。

Linux 的类 DOS 命令主要有：mattrib、mcd、mmd、mrd、mmove、mren、mtype、mcopy、mdel、mdeltree、mdir、mformat、mlabel 等。

4. 挂载 USB 设备

USB 存储设备常用的主要是 U 盘和 USB 移动硬盘两种。

在 Linux 中,将 USB 存储设备当作 SCSI 设备来对待。对于 U 盘,如果没有进行分区,则使用相应的 SCSI 设备文件名来挂载使用;如果 U 盘中存在分区,则使用相应分区的设备文件名来进行挂载。对于 USB 硬盘,使用对应分区的设备文件名来进行挂载即可。

USB 存储设备不使用时,要先 umount,然后再移除 USB 设备。

在 Linux 中使用 U 盘的方法如下:

(1) 将 U 盘插入计算机的 USB 接口之后,Linux 将检测到该设备,并显示出相关信息。

(2) 创建挂载点目录。为了能挂载使用 U 盘,还需在/mnt 目录下创建一个用于挂载 USB 盘的目录,例如 usb,即

```
[root@localhost ~]# mkdir  /mnt/usb
```

(3) 挂载和使用 U 盘。设当前 U 盘只有一个 FAT 分区,该分区对应的设备名称为 sdb1,实现命令为:

```
[root@localhost ~]# mount - t vfat  /dev/sdb1 /mnt/usb
```

执行挂载命令时,只要未输出错误信息,则意味着挂载成功,进入/mnt/usb 目录就可存取访问 U 盘中的内容了。

(4) 卸载 U 盘实现命令为:

```
[root@localhost ~]# umount  /mnt/usb
```

或

```
[root@localhost ~]# umount  /dev/sdb1
```

5. 挂载光盘

1) 挂载普通光盘

在 Linux 的 dev 目录下与光驱对应的设备名为 cdrom,此设备在安装时由系统建立。

(1) 建立挂载点:

```
[root@localhost ~]# mkdir  /mnt/cdrom
```

(2) 挂载光盘:

```
[root@teacher~]# mount  /dev/cdrom /mnt/cdrom
```

(3) 访问光盘。

(4) 卸载光盘:

```
[root@localhost ~]# umount  /mnt/cdrom
```

或

```
umount   /dev/cdrom
```

2）挂载 Linux 系统中存在的光盘镜像文件

在 Linux 中不但可以挂载光盘，还可以挂载光盘镜像文件（＊. iso），光盘镜像可以直接使用，挂载方法如下：

（1）建立挂载点：

```
[root@localhost ～]# mkdir /mnt/cdiso
```

（2）挂载光盘镜像文件：

```
[root@localhost ～]# mount － o loop － t iso9660 /usr/mydisk. iso /mnt/cdiso
```

（3）使用光盘镜像文件。

（4）卸载光盘镜像文件：

```
[root@localhost ～]# umount /dev/cdiso
```

6. 挂载网络文件

1）挂载 Windows 共享资源

命令格式为：

```
mount － t cifs － o username = × × ×,password = × × ×      //IP/共享资源   挂载点
```

设网络中有 Windows 共享资源 winshare，windows 的 IP 为 192. 168. 1. 1，需要在 Linux 中访问该共享资源，挂载方法如下：

（1）建立挂载点（设挂载点为/mnt/winshare）：

```
[root@localhost ～]# mkdir  /mnt/winshare
```

（2）挂载 Windows 共享资源：

```
[root@localhost ～]# mount － t cifs － o username = admin,password = 111111 //192. 168. 1. 1/
winshare  /mnt/winshare
```

其中，用户名、密码分别为 Windows 中存在的 Linux 用户名及密码。

（3）使用共享资源。

（4）卸载共享资源：

```
[root@localhost ～]# umount /mnt/winshare
```

2）挂载 Linux 共享资源

挂载 Linux 共享资源（设此资源由 NFS 服务器提供）的方法与挂载 Windows 共享资源

的方法类似,使用命令为:

```
mount - t nfs - o 挂载方式 IP: 共享资源 挂载点
```

NFS 客户端有很多种挂载方式,如表 4-1 所示。

表 4-1   NFS 客户端的挂载方式

参数	参 数 意 义	系统默认值
suid nosuid	当挂载的分区上有任何 suid 的 Binary 程序时,只要使用 nosuid 就能够取消 suid 的功能	suid
rw ro	可以指定共享部分是只读(ro)或可写	rw
dev nodev	是否保留装置文件的特殊功能?一般来说只有/dev 才会有特殊的装置,因此可以选择 nodev	dev
exec noexec	是否具有执行 Binary file 的权限?如果挂载的只是数据区,那么可以选择 noexec	exec
user nouser	是否允许用户进行文件的挂载与卸载功能?如果要保护文件系统,最好不要提供用户进行挂载与卸载	nouser
auto noauto	这个 auto 指的是 mount -a。如果不需要这个分区随时被挂载,可设置 noauto	auto

设共享资源为 192.168.1.2:/usr/www,挂载点为/mnt/linuxshare,则挂载方法如下:
(1) 建立挂载点:

```
[root@localhost ~]# mkdir /mnt/www
```

(2) 挂载 Linux 共享资源:

```
[root@localhost ~]# mount - t nfs - o rw 192.168.1.2:/usr/www /mnt/linuxshare
```

(3) 使用共享资源。
(4) 卸载共享资源:

```
[root@localhost ~]# umount /mnt/linuxshare
```

7. 制作、使用光盘镜像

1) 从光盘制作镜像文件

光盘的文件系统为 ISO 9660,光盘镜像文件的扩展名通常命名为.iso,其制作方法与软盘相同,使用 cp 命令来完成。cp 命令用法为:

```
cp /dev/cdrom 镜像文件名
```

例如,将当前光盘内容制作一个光盘镜像文件,其文件名为 myback.iso,则操作命令为:

```
[root@localhost ~]# cp /dev/cdrom myback.iso
```

2）使用目录文件制作镜像文件

Linux 支持将指定的目录及目录下的文件和子目录制作生成一个 ISO 镜像文件。对目录制作镜像文件，使用 mkisofs 命令来实现，其用法为：

```
mkisofs －r －o 镜像文件名    目录路径
```

3）刻录光盘

光盘镜像文件可直接用来刻录光盘，使用 cdrecord 命令，利用 ISO 镜像文件可刻录对应的光盘。具体方法如下：

（1）检测刻录光驱的设备 ID 号。在刻录光盘之前，使用 cdrecord -scanbus 命令检测光盘刻录机的相关参数，从而获得该光驱设备的设备号。在正式刻录时，其操作命令中需要指定该设备的设备号。

（2）刻录光盘可使用 cdrecord 命令实现。该命令用法为：

```
cdrecord － v speed = 刻录速度 dev = 刻录光驱设备号    ISO 镜像文件名
```

例如：

```
cdrecord － v speed = 12 dev = 0,0   /root/mylx.iso
```

4.1.5 任务 4-1：创建新分区并备份文件

要求：添加一块容量为 1GB 的磁盘并创建一个 600MB 的分区，将/etc 下的内容压缩并备份到新建的分区。此任务在虚拟机中完成。

1. 添加一块 1GB 大小的磁盘

在虚拟机关闭的状态下，选择"编辑虚拟机设置"→Add→Hard Disk→"创建一个新的虚拟磁盘"→SCSI，输入磁盘大小（此处为 1GB），设置虚拟磁盘文件名，单击 Finish 命令，结果如图 4-3 所示。

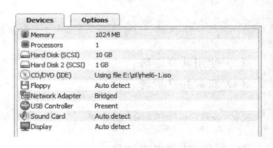

2. 启动系统并查看新磁盘

注意在 sd 后面要按 Tab 键，将以 sd 开头的内容补全。

图 4-3 虚拟机的配置

```
[root@localhost 桌面]# ls /dev/sd
sda    sda1    sda2    sdb
```

3. 创建新分区

```
[root@localhost 桌面]# fdisk /dev/sdb
Device contains neither a valid DOS partition table, nor Sun, SGI or OSF disklabel
Building a new DOS disklabel with disk identifier 0x735b3de8.
```

```
Changes will remain in memory only, until you decide to write them.
After that, of course, the previous content won't be recoverable.
Warning: invalid flag 0x0000 of partition table 4 will be corrected by w(rite)
WARNING: DOS - compatible mode is deprecated. It's strongly recommended to
        switch off the mode (command 'c') and change display units to
        sectors (command 'u').
Command (m for help): n
Command action
   e   extended
   p   primary partition (1 - 4)
p
Partition number (1 - 4): 1
First cylinder (1 - 130, default 1):
Using default value 1
Last cylinder, + cylinders or + size{K,M,G} (1 - 130, default 130): +600M
Command (m for help): w
The partition table has been altered!
Calling ioctl() to re - read partition table.
Syncing disks.
```

上面内容中加粗的内容为在 fdisk 环境中输入的内容。

4. 查看新建的分区

可使用如下命令:

```
df - l   磁盘名
```

或

```
fdisk - l 磁盘名
```

这里使用后者,则:

```
[root@localhost 桌面]# fdisk - l /dev/sdb
Disk /dev/sdb: 1073 MB, 1073741824 bytes
255 heads, 63 sectors/track, 130 cylinders
Units = cylinders of 16065 * 512 = 8225280 bytes
Sector size (logical/physical): 512 bytes / 512 bytes
I/O size (minimum/optimal): 512 bytes / 512 bytes
Disk identifier: 0x735b3de8
Device Boot        Start        End      Blocks   Id  System
/dev/sdb1            1           77      618471   83  Linux
```

从上面的结果可以看出/dev/sdb 大小为 1073MB,1 073 741 824 字节,255 个磁头,130 个柱面,每个磁道上有 63 个扇区,每个扇区 512 字节。Linux 以数据块(block)为单位存储数据,一个 block 由两个扇区组成,即一个 block=1024 字节,分区的 Block 数约等于:(终止柱面号−起始柱面号+1)×255×63/2。例如/dev/sdb1 分区的 Block 数等于:(77−1+1)×255×63/2=618 502.5,约为 700MB。

5. 格式化新分区

可以使用 mkfs. ext3、mkfs. ext4、mkfs. jfs、mkfs. msdos、mkfs. vfat、mkfs. cramfs、 mkfs. minix、mkfs. reiserfs、mkfs. xfs 等命令来格式化分区。此处格式化 sdb1 为 ext4 文件系统,操作如下:

```
[root@localhost 桌面]# mkfs.ext4 /dev/sdb1
mke2fs 1.41.12 (17 - May - 2010)
文件系统标签 =
操作系统: Linux
块大小 = 4096 (log = 2)
分块大小 = 4096 (log = 2)
Stride = 0 blocks, Stripe width = 0 blocks
38720 inodes, 154617 blocks
7730 blocks (5.00 % ) reserved for the super user
第一个数据块 = 0
Maximum filesystem blocks = 159383552
5 block groups
32768 blocks per group, 32768 fragments per group
7744 inodes per group
Superblock backups stored on blocks:
    32768, 98304
正在写入 inode 表: 完成
Creating journal (4096 blocks): 完成
Writing superblocks and filesystem accounting information: 完成
This filesystem will be automatically checked every 38 mounts or
180 days, whichever comes first.   Use tune2fs - c or - i to override.
```

6. 建立挂载点并挂载设备

```
[root@localhost 桌面]# mkdir /mnt/sdb1
[root@localhost 桌面]# mount /dev/sdb1 /mnt/sdb1
```

7. 备份文件

```
[root@localhost 桌面]# tar - cvf /mnt/sdb1/etc.back /etc
[root@localhost 桌面]# ls /mnt/sdb1/
etc.back   lost + found
```

8. 卸载设备

```
[root@localhost 桌面]# umount /mnt/sdb1/
[root@localhost 桌面]# ls /mnt/sdb1/
[root@localhost 桌面]#
```

操作完成。

4.2   管理 RAID

RAID 在网络操作系统中是使用最频繁的存储设备,使用 RAID 可以提高数据存储的冗余性,保证系统的正常运行。

4.2.1 RAID 介绍及操作

1. RAID 介绍

RAID(Redundant Array of Inexpensive Disks,独立磁盘冗余阵列)的特色是同时读取 N 块硬盘,读取速度是单块硬盘的 $N-1$ 倍,此技术可以将多个小磁盘驱动器合并成一个磁盘阵列,以提高存储容量及容错功能。RAID 分为软阵列和硬阵列,软阵列依赖软件实现;硬阵列依赖 RAID 卡实现,性能较软阵列要好,但造价高。

目前 RAID 应用广泛,共 6 个级别,分别为 0、1、2、3、4、5,常用的级别是 0、1、3、5。

(1) RAID0:带区集,不具有冗余功能,并行 I/O,速度较快。将多个磁盘合并成一个大的阵列,在存放数据时按磁盘的个数分段,如果某一个磁盘损坏则所有数据都将无法使用。

(2) RAID1:磁盘镜像,将所有磁盘分为两个组,互为镜像。对数据采用分块后并行传输的方式,当任一磁盘损坏,可以利用其镜像上的数据进行恢复,容错能力较强,速度快,但利用率低,只有正常的一半。

(3) RAID2:带海明码校验的磁盘阵列,与 RAID3 类似,都是将数据条块化分布于不同的硬盘上,条块单位为位或字,需要多个磁盘存放校验及恢复信息。当阵列中磁盘数据发生错误时,可以对错误进行校正,输出数据的速度以驱动器组中速度最慢的为准。RAID2 实现较复杂,在商业环境中很少使用。

(4) RAID3:带奇偶校验的磁盘阵列,用一个磁盘来保存数据的奇偶校验位,数据存于其他磁盘上。当数据盘损坏时,可以将损坏磁盘换掉,系统再根据奇偶校验位将损坏的数据还原到新盘上。当保存校验位的磁盘损坏时,数据将无法恢复。速度较 RAID0 慢,安全性较 RAID1 差,效率较高,为 $N-1$。

(5) RAID4:分布式奇偶校验的独立磁盘结构,与 RAID3 相似。不同的是,RAID3 一次读取一横条,而 RAID4 一次读取一竖条;RAID4 对数据的访问是按数据块进行的,即按磁盘进行,每次是一个盘,在恢复数据时,难度比 RAID3 大,数据的访问效率不高。

(6) RAID5:带奇偶校验的磁盘阵列,将数据的奇偶校验位交互存放在不同的磁盘上,允许单个磁盘出错,容错能力强,利用率高,为 $N-1$。

2. RAID 操作命令

(1) 建立 RAID 阵列,使用命令 mdadm,格式为:

```
mdadm  -- create /dev/mdX  -- level = M  -- raid - devices = N /dev/hd[ac]K
```

其中:X 为设备编号,从 0 开始;M 为 RAID 的级别,可选值为 0、1、4、5、6(Linux 系统只支持 RAID0、RAID1、RAID4、RAID5、RAID6);N 为阵列中设备的个数;ac 为组成 RAID 的磁盘名称(代表 a、b、c);K 为阵列中磁盘分区编号,从 1 开始。

(2) 查看 RAID 阵列,使用命令:

```
mdadm -- detail  /dev/mdX
```

(3) 标记已损坏设备,使用命令:

```
mdadm  /dev/mdX  -- fail  损坏的设备分区名称
```

（4）移除损坏设备，使用命令：

```
mdadm  /dev/mdX  -- remove  损坏的设备分区名称
```

（5）添加新的磁盘设备，使用命令：

```
mdadm  /dev/mdX  -- add  新磁盘设备分区的名称
```

（6）停止 RAID 阵列，使用命令：

```
mdadm  -- stop /dev/mdX
```

注意：执行此命令前应先卸载 RAID 阵列设备。

3. 使用 RAID 的步骤

（1）向系统中添加磁盘。

（2）建立分区。

（3）建立 RAID 阵列。

（4）为 RAID 阵列建立文件系统（格式化）。

（5）挂载 RAID 阵列设备。

（6）使用 RAID 阵列设备。

（7）卸载 RAID 阵列设备。

（8）停止 RAID 阵列。

4.2.2　任务 4-2：RAID5 实验

在系统中添加 5 块磁盘/dev/sdb-/dev/sdf，每块磁盘 300MB，利用这 5 块磁盘生成 RAID5，并模拟磁盘损坏及替换磁盘的情况。此任务在虚拟机中完成。

1. 添加 5 块 300MB 大小的磁盘

方法如任务 4-1 中添加磁盘的操作，操作结果如图 4-4 所示。

2. 启动系统并查看新磁盘

注意在 sd 后面要按 Tab 键，将以 sd 开头的内容补全。

图 4-4　添加 5 块磁盘

```
[root@localhost 桌面]# ls /dev/sd
sda   sda1  sda2  sdb  sdc  sdd  sde  sdf
```

这说明系统中已经识别了新添加的 5 块磁盘。

3. 磁盘分区

操作方法同任务 4-1 中的内容，以/dev/sdb 为例，则：

```
[root@localhost 桌面]# fdisk /dev/sdb
Device contains neither a valid DOS partition table, nor Sun, SGI or OSF disklabel
Building a new DOS disklabel with disk identifier 0xb76ff662.
Changes will remain in memory only, until you decide to write them.
After that, of course, the previous content won't be recoverable.
Warning: invalid flag 0x0000 of partition table 4 will be corrected by w(rite)
WARNING: DOS - compatible mode is deprecated. It's strongly recommended to
        switch off the mode (command 'c') and change display units to
        sectors (command 'u').
Command (m for help): n
Command action
   e   extended
   p   primary partition (1 - 4)
p
Partition number (1 - 4): 1
First cylinder (1 - 307, default 1):
Using default value 1
Last cylinder, + cylinders or + size{K, M, G} (1 - 307, default 307):
Using default value 307
Command (m for help): t
Selected partition 1
Hex code (type L to list codes): fd
Changed system type of partition 1 to fd (Linux raid autodetect)
Command (m for help): w
The partition table has been altered!
Calling ioctl() to re - read partition table.
Syncing disks.
```

注意：RAID 的类型编号为 fd，而 Linux 分区默认的分区编号为 83，所以此处要将磁盘的类型改为 fd。

4. 生成 RAID5 阵列

```
[root@localhost 桌面]# mdadm - C /dev/md0 - l 5 - n 3 - x 1 /dev/sd[b - e]1
mdadm: Defaulting to version 1.2 metadata
mdadm: array /dev/md0 started.
```

阵列的名字为/dev/md0，组成阵列的磁盘有 4 块，分别为/dev/sdb1、/dev/sdc1、/dev/sdd1、/dev/sde。命令中的"-C"等同于"--create"，"-l"等同于"--level"，"-n"等同于"--raid-devices"，"-x"等同于"--spare-devices"。

5. 将阵列格式化，类型为 ext4

```
[root@localhost 桌面]# mkfs - t ext4 /dev/md0
mke2fs 1.41.12 (17 - May - 2010)
文件系统标签 =
操作系统: Linux
块大小 = 4096 (log = 2)
分块大小 = 4096 (log = 2)
Stride = 128 blocks, Stripe width = 256 blocks
```

```
39280 inodes, 156928 blocks
7846 blocks (5.00%) reserved for the super user
第一个数据块 = 0
Maximum filesystem blocks = 163577856
5 block groups
32768 blocks per group, 32768 fragments per group
7856 inodes per group
Superblock backups stored on blocks:
    32768, 98304
正在写入 inode 表: 完成
Creating journal (4096 blocks): 完成
Writing superblocks and filesystem accounting information: 完成
This filesystem will be automatically checked every 29 mounts or
180 days, whichever comes first.  Use tune2fs -c or -i to override.
```

从上面的结果中可以看出，阵列已经生成，可以使用，若希望知道更多的细节内容，可使用下面的命令查看阵列信息。

6. 查看 RAID 信息

```
[root@localhost 桌面]# mdadm -D /dev/md0
/dev/md0:
        Version : 1.2
  Creation Time : Tue Apr 10 19:07:16 2012
     Raid Level : raid5
     Array Size : 627712 (613.10 MiB 642.78 MB)
  Used Dev Size : 313856 (306.55 MiB 321.39 MB)
   Raid Devices : 3
  Total Devices : 4
    Persistence : Superblock is persistent
    Update Time : Tue Apr 10 19:07:50 2012
          State : clean
 Active Devices : 3
Working Devices : 4
 Failed Devices : 0
  Spare Devices : 1
         Layout : left-symmetric
     Chunk Size : 512K
           Name : localhost.localdomain:0  (local to host localhost.localdomain)
           UUID : 24471eb4:4828122c:f761d933:8b299353
         Events : 18
    Number   Major   Minor   RaidDevice State
       0       8       17        0      active sync   /dev/sdb1
       1       8       33        1      active sync   /dev/sdc1
       4       8       49        2      active sync   /dev/sdd1
       3       8       65        -      spare    /dev/sde1
```

命令中"-D"等同于"--detail"。信息中的 MiB 即为 Mebibyte(Mega binary byte 的缩

写),是信息和计算机存储的一个单位。从上面的结果中可以看出阵列的名字为/dev/md0,类型为RAID5,阵列中共有4块磁盘,处于工作状态的磁盘有3块,分别为/dev/sdb1、/dev/sdc1、/dev/sdd1,磁盘/dev/sde1为备用磁盘。

7. 建立挂载点

```
[root@localhost 桌面]# mkdir /raid5
```

8. 挂载

```
[root@localhost 桌面]# mount /dev/md0 /raid5
[root@localhost 桌面]# ls /raid5
lost + found
```

9. 使用 RAID 设备

```
[root@localhost 桌面]# echo how are you > /raid5/hello.txt
[root@localhost 桌面]# cat /raid5/hello.txt
how are you
```

10. 设置磁盘/dev/sdb1 损坏

```
[root@localhost 桌面]# mdadm  /dev/md0  - f /dev/sdb1
mdadm: set /dev/sdb1 faulty in /dev/md0
```

11. 再次查看 RAID 的情况

```
[root@localhost 桌面]# mdadm - D /dev/md0
/dev/md0:
     Version : 1.2
   Creation Time : Tue Apr 10 19:07:16 2012
Raid Level : raid5
Array Size : 627712 (613.10 MiB 642.78 MB)
   Used Dev Size : 313856 (306.55 MiB 321.39 MB)
    Raid Devices : 3
   Total Devices : 4
Persistence : Superblock is persistent
Update Time : Tue Apr 10 19:13:26 2012
       State : clean
Active Devices : 3
Working Devices : 3
Failed Devices : 1
  Spare Devices : 0
     Layout : left - symmetric
   Chunk Size : 512K
     Name : localhost.localdomain:0  (local to host localhost.localdomain)
     UUID : 24471eb4:4828122c:f761d933:8b299353
   Events : 37
```

Number	Major	Minor	RaidDevice State		
3	8	65	0	active sync	/dev/sde1
1	8	33	1	active sync	/dev/sdc1
4	8	49	2	active sync	/dev/sdd1
0	8	17	–	faulty spare	/dev/sdb1

从上面的结果中可以看出,损坏的磁盘已经被标识为 faulty。

12. 检查原阵列中的数据

```
[root@localhost 桌面]# cat /raid5/hello.txt
how are you
```

可以看出,当 RAID5 中有一块磁盘损坏时,不会影响 RAID5 的运行。

13. 移除损坏的磁盘

```
[root@localhost 桌面]# mdadm /dev/md0 - r /dev/sdb1
mdadm: hot removed /dev/sdb1 from /dev/md0
```

14. 向阵列中添加新的备用磁盘

```
[root@localhost 桌面]# mdadm /dev/md0 - a /dev/sdf1
mdadm: added /dev/sdf1
```

15. 查看添加备用磁盘后的 RAID 信息

```
[root@localhost 桌面]# mdadm - D /dev/md0
/dev/md0:
        Version : 1.2
  Creation Time : Tue Apr 10 19:07:16 2012
     Raid Level : raid5
     Array Size : 627712 (613.10 MiB 642.78 MB)
  Used Dev Size : 313856 (306.55 MiB 321.39 MB)
     Raid Devices : 3
    Total Devices : 4
      Persistence : Superblock is persistent
      Update Time : Tue Apr 10 19:14:57 2012
            State : clean
   Active Devices : 3
  Working Devices : 4
   Failed Devices : 0
    Spare Devices : 1
         Layout : left - symmetric
     Chunk Size : 512K
      Name : localhost.localdomain:0  (local to host localhost.localdomain)
      UUID : 24471eb4:4828122c:f761d933:8b299353
     Events : 39
```

```
Number    Major    Minor    RaidDevice State
  3         8       65        0          active sync    /dev/sde1
  1         8       33        1          active sync    /dev/sdc1
  4         8       49        2          active sync    /dev/sdd1
  5         8       81        -          spare          /dev/sdf1
```

从结果中可以看出,处于工作状态的磁盘为/dev/sdc1、/dev/sdd1、/dev/sde1,损坏的磁盘/dev/sdb1 已经被移除,备用磁盘为/dev/sdf1。

16. 检查阵列中的数据

```
[root@localhost 桌面]# cat /raid5/hello.txt
how are you
```

从上面的结果可以看出,当 RAID5 中的磁盘发生变化时(例如添加/移除一个磁盘),阵列中的数据不会受到影响。

17. 卸载 RAID 设备

```
[root@localhost 桌面]# umount /dev/md0
```

18. 停止 RAID 阵列

```
[root@localhost 桌面]# mdadm -- stop /dev/md0
mdadm: stopped /dev/md0
```

4.3 管理 LVM

LVM 在 Linux 中是非常常用的磁盘管理模式,通过 LVM 可以实现磁盘的动态管理。

4.3.1 LVM 简介及管理

1. LVM 简介

LVM(Logical Volume Manager,逻辑卷管理器)是一种将一个或多个磁盘分区在逻辑上合成为一个大硬盘的技术,其主要作用为动态分配使用空间大小。在没有使用 LVM 的系统中,磁盘使用空间是以分区为计量的,当磁盘或分区空间不足时,就会出现很多问题。LVM 的好处在于定义了逻辑设备——逻辑卷,可以根据需要加大或减小逻辑卷的空间,突破了单个物理磁盘空间的限制。

LVM 的一些重要概念(PV、VG、LV、LE、PE、VGDA)介绍如下。

(1) PV(Physical Volume,物理卷):处于 LVM 的最底层,与磁盘分区对应。由于物理卷建立在分区上,所以物理卷的名称与磁盘分区名相同。

(2) VG(Volume Group,卷组):由一个或多个 PV 组成。

(3) LV(Logical Volume,逻辑卷):建立在 VG 之上,一个 VG 可以有多个 LV。

(4) PE(Physical Extent,物理区域):物理卷中的存储单位,可根据实际进行调整,默认为 4MB,确定后将不能更改。注意:同一 VG 中的 PV 的 PE 值必须相同。

113

（5）LE(Logic Extent,逻辑区域)：逻辑卷中用于存储的单位,LE 的大小为 PE 的整倍数,通常为 1：1。

（6）VGDA(Volume Group Descriptor Area,卷组描述区域)：存于物理卷中,用于描述物理卷、卷组、逻辑卷等信息,由 pvcreate 命令建立。

磁盘、PV、VG、LV 之间的关系如图 4-5 所示。

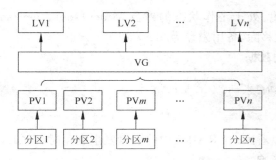

图 4-5　LVM 中几个概念间的关系

2. 使用 LVM 的命令

LVM 的文件格式不同于普通的磁盘分区,其类型 ID 为 0x8e,在创建 LVM 前应先设置磁盘分区的类型(默认为 83)。LVM 具体的操作命令如下。

（1）建立物理卷,使用命令：

```
pvcreate　磁盘分区名称(物理卷名)
```

（2）建立卷组,使用命令：

```
vgcreate　卷组名　物理卷名
```

（3）建立逻辑卷,使用命令：

```
lvcreate -L　逻辑卷大小　 -n　逻辑卷名　卷组名
```

（4）显示物理卷信息,使用命令：

```
pvdisplay　物理卷名
```

（5）显示卷组信息,使用命令：

```
vgdisplay　卷组名
```

（6）显示逻辑卷信息,使用命令：

```
lvdisplay　逻辑卷设备名
```

（7）扩充卷组空间,使用命令：

```
vgextend　卷组名　物理卷名
```

（8）扩充逻辑卷空间，使用命令：

```
lvextend  -L  空间大小  逻辑卷设备名
```

（9）缩小逻辑卷空间，使用命令：

```
lvreduce  -L  空间大小  逻辑卷设备名
```

（10）改变逻辑卷空间，使用命令：

```
lvresize  -L  空间大小(＋为增加空间,－为缩小空间)  逻辑卷设备名
```

（11）删除逻辑卷，使用命令：

```
lvremove  逻辑卷设备名
```

（12）删除卷组，使用命令：

```
vgremove  卷组名
```

（13）删除物理卷，使用命令：

```
pvremove  物理卷名
```

（14）检查物理卷，使用命令：

```
pvscan
```

（15）检查卷组，使用命令：

```
vgscan
```

（16）检查逻辑卷，使用命令：

```
lvscan
```

注意：当 LVM 空间扩充后，需要使用 resize2fs 命令将新增加的空间格式化为与原有 LVM 空间一致的文件格式；若需要减少 LVM 空间，要先执行 e2fsck 命令检查卷组空间，然后再执行 resize2fs 命令重新定义空间并将指定空间格式化；缩小卷空间时，LVM 设备应该先卸载。

4.3.2　任务 4-3：创建 LVM 卷

在系统中添加一块磁盘/dev/sdb，磁盘空间为 300MB，使用/dev/sdb 创建 LVM 卷。此任务在虚拟机中完成。

1. 添加一块 300MB 大小的磁盘

在虚拟机关闭的状态下,单击"编辑虚拟机设置"→Add→Hard Disk→"创建一个新的虚拟磁盘"→SCSI→输入磁盘大小(此处为 300MB)→设置虚拟磁盘文件名→Finish,结果如图 4-6 所示。

2. 启动系统并查看新磁盘

注意在 sd 后面要按 Tab 键,将以 sd 开头的内容补全。

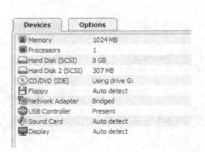

图 4-6　添加一块磁盘

```
[root@localhost 桌面]# ls /dev/sd
sda    sda1    sda2    sdb
```

3. 建立分区,并转换格式

从第 2 步中可以看出,系统已经识别出新添加的磁盘/dev/sdb,建立分区的方法如下:

```
[root@localhost 桌面]# fdisk /dev/sdb
Device contains neither a valid DOS partition table, nor Sun, SGI or OSF disklabel
Building a new DOS disklabel with disk identifier 0xf9b76355.
Changes will remain in memory only, until you decide to write them.
After that, of course, the previous content won't be recoverable.
Warning: invalid flag 0x0000 of partition table 4 will be corrected by w(rite)
WARNING: DOS-compatible mode is deprecated. It's strongly recommended to
         switch off the mode (command 'c') and change display units to
         sectors (command 'u').
Command (m for help): n
Command action
   e    extended
   p    primary partition (1-4)
p
Partition number (1-4): 1
First cylinder (1-307, default 1):
Using default value 1
Last cylinder, + cylinders or + size{K,M,G} (1-307, default 307):
Using default value 307
Command (m for help): t
Selected partition 1
Hex code (type L to list codes): 8e
Changed system type of partition 1 to 8e (Linux LVM)
Command (m for help): w
The partition table has been altered!
Calling ioctl() to re-read partition table.
Syncing disks.
```

其中,加粗内容为在 fdisk 界面中输入的内容。

4. 创建物理卷,使用 pvcreate 命令

```
[root@localhost 桌面]# pvcreate /dev/sdb1
Physical volume "/dev/sdb1" successfully created
```

注意：/dev/sdb1 为新创建的分区名,当创建过物理卷后,在默认情况下,物理卷名与分区名相同。

5. 查看物理卷信息,使用 pvdisplay 命令

```
[root@localhost 桌面]# pvdisplay /dev/sdb1
  "/dev/sdb1" is a new physical volume of "306.98 MiB"
  --- NEW Physical volume ---
  PV Name               /dev/sdb1
  VG Name
  PV Size               306.98 MiB
  Allocatable           NO
  PE Size               0
  Total PE              0
  Free PE               0
  Allocated PE          0
  PV UUID               RmUJAl-7ig2-Tjn5-a7MD-EX3j-icAu-0XPIvY
```

从上面的信息中可以看出,物理卷的大小为 306.98MB,物理卷的名称为/dev/sdb1。

6. 生成卷组

```
[root@localhost 桌面]# vgcreate vg0 /dev/sdb1
Volume group "vg0" successfully created
```

7. 显示卷组信息

```
[root@localhost 桌面]# vgdisplay vg0
  --- Volume group ---
  VG Name               vg0
  System ID
  Format                lvm2
  Metadata Areas        1
  Metadata Sequence No  1
  VG Access             read/write
  VG Status             resizable
  MAX LV                0
  Cur LV                0
  Open LV               0
  Max PV                0
  Cur PV                1
  Act PV                1
  VG Size               304.00 MiB
  PE Size               4.00 MiB
  Total PE              76
  Alloc PE / Size       0 / 0
  Free  PE / Size       76 / 304.00 MiB
  VG UUID               IaNtG2-bP25-IJjU-T1ri-jQQE-O0u3-3H3unY
```

从上面的信息中可以看出,卷组的名字为 vg0,格式为 lvm2,卷组的大小为 304MB,由

76 个 PE 组成。

8. 在卷组 vg0 基础上生成一个 100MB 的逻辑卷

```
[root@localhost 桌面]# lvcreate -L 100M -n lv0 vg0
Logical volume "lv0" created
```

9. 查看逻辑卷的信息

```
[root@localhost 桌面]# lvdisplay /dev/vg0/lv0
  --- Logical volume ---
  LV Name                /dev/vg0/lv0
  VG Name                vg0
  LV UUID                36zqQv-0Bqz-4Cya-MkFq-ah4p-9mw8-YkCRzw
  LV Write Access        read/write
  LV Status              available
  # open                 0
  LV Size                100.00 MiB
  Current LE             25
  Segments               1
  Allocation             inherit
  Read ahead sectors     auto
  - currently set to     256
  Block device           253:2
```

从上面的信息中可以看出,逻辑卷的名字为/dev/vg0/lv0,卷组名为 vg0,逻辑卷大小为 100MB,由 25 个 LE 组成。

10. 为逻辑卷建立文件系统

```
[root@localhost 桌面]# mkfs -t ext4 /dev/vg0/lv0
mke2fs 1.41.12 (17-May-2010)
文件系统标签 =
操作系统:Linux
块大小 = 1024 (log = 0)
分块大小 = 1024 (log = 0)
Stride = 0 blocks, Stripe width = 0 blocks
25688 inodes, 102400 blocks
5120 blocks (5.00%) reserved for the super user
第一个数据块 = 1
Maximum filesystem blocks = 67371008
13 block groups
8192 blocks per group, 8192 fragments per group
1976 inodes per group
Superblock backups stored on blocks:
    8193, 24577, 40961, 57345, 73729
正在写入 inode 表:完成
Creating journal (4096 blocks):完成
Writing superblocks and filesystem accounting information:完成
This filesystem will be automatically checked every 22 mounts or
180 days, whichever comes first.  Use tune2fs -c or -i to override.
```

11. 建立挂载点并挂载逻辑卷

```
[root@localhost 桌面]# mkdir /lvmlx
[root@localhost 桌面]# mount /dev/vg0/lv0 /lvmlx
[root@localhost 桌面]# ls /lvmlx/
lost + found
```

从上面的信息中可以看出,逻辑卷/dev/vg0/lv0 被成功地挂载到/lvmlx 文件夹下,可以通过挂载点对逻辑卷进行读、写访问。

4.3.3 任务 4-4:扩展 LVM 卷空间

当文件的容量大于逻辑卷的剩余空间时,需要对逻辑卷进行扩展,逻辑卷扩展后,不会影响其原有内容。例如,在任务 4-3 中创建的逻辑卷中存放一个 200MB 的文件(挂载点为/lvmlx),由于前面生成的逻辑卷为 100MB,因此逻辑卷空间不足,需要对逻辑卷进行扩展,方法如下。

1. 将逻辑卷/dev/vg0/lv0 扩展为 300MB

```
[root@localhost 桌面]# lvextend -L + 200M /dev/vg0/lv0
Extending logical volume lv0 to 300.00 MiB
Logical volume lv0 successfully resized
```

注意:上面命令中的"+"是增加的意思,不要省略。

2. 查看逻辑卷的情况

```
[root@localhost 桌面]# lvdisplay /dev/vg0/lv0
  --- Logical volume ---
  LV Name                /dev/vg0/lv0
  VG Name                vg0
  LV UUID                36zqQv - 0Bqz - 4Cya - MkFq - ah4p - 9mw8 - YkCRzw
  LV Write Access        read/write
  LV Status              available
  # open                 1
  LV Size                300.00 MiB
  Current LE             75
  Segments               1
  Allocation             inherit
  Read ahead sectors     auto
  - currently set to     256
  Block device           253:2
```

从上面的结果中可以看出,逻辑卷的空间已经变为 300MB。

3. 对逻辑卷进行检验,向逻辑卷中写入一个 200MB 的文件

```
[root@localhost 桌面]# dd   if = /dev/sda1 of = /lvmlx/bigfile bs = 1024 count = 204800
记录了 204800 + 0 的读入
记录了 204800 + 0 的写出
209715200 字节(210 MB)已复制,3.76991 秒,55.6 MB/秒
```

从上面的结果可以看出,向逻辑卷中成功写入了 200MB 文件。

dd 命令用于将指定的输入文件复制到指定的输出文件上,并进行格式转换,这在前文中已有介绍,这里可看出 dd 命令的具体格式为:

```
dd [< if = 输入文件名/设备名>][< of = 输出文件名/设备名>][bs = 块字节大小][count = 块数].
```

该命令会在/lvmlx 中建立一个约 200MB 的文件,文件名为 bigfile,命令行中的 if 为源数据,of 为输出文件的名称,bs 为块大小,默认为字节,count 为块数。

4. 将刚创建的 200MB 文件删除,重新向逻辑卷中写入一个 400MB 的文件

```
[root@localhost 桌面]# rm - rf /lvmlx/bigfile
[root@localhost 桌面]# dd  if = /dev/sda1 of = /lvmlx/bigfile bs = 1024 count = 409600
dd: 正在写入"/lvmlx/bigfile": 设备上没有空间
记录了 287226 + 0 的读入
记录了 287225 + 0 的写出
294118400 字节(294 MB)已复制,4.22865 秒,69.6 MB/秒
```

此时,由于逻辑卷的空间只有 300MB,而创建的文件有 400MB,所以只成功向逻辑卷中写入了 294MB。

5. 添加一块 300MB 的新磁盘,分区后升级为物理卷

为了成功将 400MB 的文件写入逻辑卷,需要先扩展卷组,再扩展逻辑卷。由图 4-5 可以看出,卷组是由物理卷组成,而物理卷是由磁盘分区升级而来,所以需要先按任务 4-3 中的方法向系统中添加一块 300MB 的新磁盘/dev/sdc,并创建磁盘分区,使用 fdisk 命令,方法同/dev/sdb 磁盘的操作。将新分区/dev/sdc1 升级为物理卷的方法如下:

```
[root@localhost 桌面]# pvcreate /dev/sdc1
Physical volume "/dev/sdc1" successfully created
```

6. 将物理卷添加到卷组 vg0 中

```
[root@localhost 桌面]# vgextend vg0 /dev/sdc1
  Volume group "vg0" successfully extended
```

7. 显示卷组信息

```
[root@localhost 桌面]# vgdisplay vg0
  --- Volume group ---
  VG Name                 vg0
  System ID
  Format                  lvm2
  Metadata Areas          2
  Metadata Sequence No    8
  VG Access               read/write
  VG Status               resizable
  MAX LV                  0
  Cur LV                  1
```

```
Open LV                1
Max PV                 0
Cur PV                 2
Act PV                 2
VG Size                608.00 MiB
PE Size                4.00 MiB
Total PE               152
Alloc PE / Size        75 / 300.00 MiB
Free  PE / Size        77 / 308.00 MiB
VG UUID                IaNtG2 – bP25 – IJjU – T1ri – jQQE – OOu3 – 3H3unY
```

可以看出,卷组的空间已经变为 608MB,说明扩展卷组操作成功。

8. 扩展逻辑卷

```
[root@localhost 桌面]# lvextend – L + 300M /dev/vg0/lv0
Extending logical volume lv0 to 600.00 MiB
Logical volume lv0 successfully resized
```

9. 查看逻辑卷信息

```
[root@localhost 桌面]# lvdisplay /dev/vg0/lv0
  --- Logical volume ---
  LV Name                /dev/vg0/lv0
  VG Name                vg0
  LV UUID                69Mfr9 – D1X2 – q1YL – dCL5 – r3Qy – GFqy – 9pWZnh
  LV Write Access        read/write
  LV Status              available
  # open                 1
  LV Size                600.00 MiB
  Current LE             150
  Segments               2
  Allocation             inherit
  Read ahead sectors     auto
  - currently set to     256
  Block device           253:2
```

从上面的信息中可以看出,逻辑卷的空间已经成功变为 600MB。

10. 测试扩展后的逻辑卷,向/dev/vg0/lv0 中写入一个 350MB 的文件

```
[root@localhost 桌面]# dd   if = /dev/sda1 of = /lvmlx/bigfile bs = 1M count = 350
dd: 正在写入"/lvmlx/bigfile": 设备上没有空间
记录了 279 + 0 的读入
记录了 278 + 0 的写出
291586048 字节(292 MB)已复制,4.69917 秒,62.1 MB/秒
```

从上面的结果可以看出,文件并没有完全写入磁盘,只写了 292MB,这是因为虽然逻辑卷的空间被扩展为 600MB,但可使用的空间只有 300MB,新增的 300MB 没有格式化,不能使用。

11. 删除刚建的文件,并对逻辑卷上新增的空间进行格式化

```
[root@localhost 桌面]# rm /lvmlx/bigfile
rm: 是否删除普通文件 "/lvmlx/bigfile"?y
```

格式化新增空间的方法如下:

```
[root@localhost 桌面]# resize2fs /dev/vg0/lv0
resize2fs 1.41.12 (17 - May - 2010)
Filesystem at /dev/vg0/lv0 is mounted on /lvmlx; on - line resizing required
old desc_blocks = 2, new_desc_blocks = 3
Performing an on - line resize of /dev/vg0/lv0 to 614400 (1k) blocks.
The filesystem on /dev/vg0/lv0 is now 614400 blocks long.
```

12. 再次向逻辑卷中写入一个 350MB 的文件

```
[root@localhost 桌面]# dd   if = /dev/sda1 of = /lvmlx/bigfile bs = 1M count = 350
记录了 350 + 0 的读入
记录了 350 + 0 的写出
367001600 字节(367 MB)已复制,5.49936 秒,66.7 MB/秒
```

此时,逻辑卷的空间真正地扩展为 600MB,350MB 的文件被成功写入逻辑卷。

13. 卸载逻辑卷

```
[root@localhost 桌面]# umount /dev/vg0/lv0
```

为了节约系统资源,建议挂载点使用完后,将其卸载。至此,操作完成。

4.3.4 任务 4-5:减少 LVM 卷空间

1. 任务描述

设有一个逻辑卷(/dev/vg0/lv0)空间为 600MB,已经被格式化,逻辑卷上有一个文件名为 hello 的文件,其内容为"how are you",现希望将其缩小为 400MB。

2. 操作步骤

1)查看原有逻辑卷的信息

```
[root@localhost 桌面]# lvdisplay /dev/vg0/lv0
  --- Logical volume ---
  LV Name                /dev/vg0/lv0
  VG Name                vg0
  LV UUID                PvBWic - wPt1 - MVkp - PBl2 - wgOb - VMxY - nZMskD
  LV Write Access        read/write
  LV Status              available
  # open                 0
  LV Size                600.00 MiB
  Current LE             150
  Segments               2
  Allocation             inherit
  Read ahead sectors     auto
```

```
 – currently set to        256
 Block device              253:2
```

从上面的信息中可以看出,逻辑卷空间为 600MB。

2)使用 e2fsck 命令检查逻辑卷文件系统的正确性

```
[root@localhost 桌面]# e2fsck – f /dev/vg0/lv0
e2fsck 1.41.12 (17 – May – 2010)
Pass1:Checking inodes,blocks,and size
Pass2:Checking directory,structure
Pass3:Checking directory connectivity
Pass 4: Checking reference counts
Pass 5:Checking group summary information
/dev/vg0/lv0: 12/38400 files (0.0 % non – – contiguous), 6630/153600 blocks
```

通过检查,逻辑卷的文件系统没有错误。

3)对逻辑卷中的变化部分进行格式化

```
[root@localhost 桌面]# resize2fs /dev/vg0/lv0 400M
resize2fs 1.41.12 (17 – May – 2010)
Resizing the filesystem on /dev/vg0/lv0 to 102400 (4k) blocks.
The filesystem on /dev/vg0/lv0 is now 102400 blocks long.
```

注意:此处是部分格式化,没有使用 mkfs 命令。若使用 mkfs 命令,则逻辑卷中的原有信息将丢失。

4)将逻辑卷的空间减少为 400MB

```
[root@localhost 桌面]# lvreduce – L 400M /dev/vg0/lv0
    WARNING: Reducing active logical volume to 400.00 MiB
    THIS MAY DESTROY YOUR DATA (filesystem etc. )
Do you really want to reduce lv0? [y/n]: y
    Reducing logical volume lv0 to 400.00 MiB
    Logical volume lv0 successfully resized
```

注意:400MB 前面没有加"-",此操作的含义是将逻辑卷的空间减少到 400MB,若加上"-",则代表要将逻辑卷空间减少 400MB,两个操作的结果是完全不同的。

5)检查逻辑卷的信息

```
[root@localhost 桌面]# lvdisplay /dev/vg0/lv0
    – – – Logical volume – – –
    LV Name            /dev/vg0/lv0
    VG Name            vg0
    LV UUID            PvBWic – wPt1 – MVkp – PBl2 – wgOb – VMxY – nZMskD
    LV Write Access    read/write
    LV Status          available
    # open             0
    LV Size            400.00 MiB
    Current LE         100
    Segments           2
```

```
Allocation              inherit
Read ahead sectors      auto
 — currently set to     256
Block device            253:2
```

此时,逻辑卷的空间已经变为 400MB。

6)挂载逻辑卷

```
[root@localhost 桌面]♯ mount /dev/vg0/lv0 /lvmlx
```

7)查看逻辑卷上的文件

```
[root@localhost 桌面]♯ cat /lvmlx/hello
how are you
```

逻辑卷上原有的信息没有丢失。

8)卸载逻辑卷

```
[root@localhost /]♯ umount /lvmlx
```

操作完成。

当逻辑卷不用时,可以将其删除,删除顺序为先删除逻辑卷,再删除卷组,最后删除物理卷,此时,物理卷将被还原为分区,方法如下:

(1)删除逻辑卷。

```
[root@localhost /]♯ lvremove /dev/vg0/lv0
Do you really want to remove active logical volume lv0? [y/n]: y
  Logical volume "lv0" successfully removed
```

(2)删除卷组。

```
[root@localhost /]♯ vgremove vg0
  Volume group "vg0" successfully removed
```

(3)删除物理卷。

```
[root@localhost /]♯ pvremove /dev/sdb1
```

4.4 磁 盘 配 额

4.4.1 磁盘配额的介绍

1. 磁盘配额的概念

磁盘配额用来限制用户账户使用磁盘空间的大小。Linux 系统是多用户、多任务的环境,很多人可以共同使用一个硬盘空间,如果其中少数几个用户占用大量硬盘空间,势必影响其他用户的使用。因此管理员应该对用户的使用空间进行管理,以妥善分配系统资源。举个例子来说,用户的默认家目录都是在/home下面,如果/home是个独立的分区,有10GB,而/home下面共有100个人,则每个用户平均拥有100MB的空间,如果有一个用户在其家目录下放了很多数据如影片、应用软件等,占用了3GB空间,这样势必会影响其他用户正常使用,此时就要进行磁盘配额。则

1) 磁盘配额的应用情形

(1) 针对WWW服务器,限制每个人的网页空间容量。

(2) 针对邮件服务器,限制每个人的邮件空间。

(3) 针对文件服务器,限制每个人最大的可用网络硬盘空间。

2) 操作磁盘配额时的注意事项

(1) 磁盘配额只对普通用户有效,对root无效,因为root是系统管理员,对整个系统拥有控制权限。

(2) 磁盘配额实际运行时,以文件系统为单位进行限制。例如,如果将/dev/hda3载入在/home下,那么在/home下面的所有目录都会受到磁盘配额的限制。

(3) Linux系统核心必须支持磁盘配额模块,默认的配额文件为aquota.user和aquota.group。

3) 硬盘配额程序提供的限制项

(1) 磁盘块数限制(blocks):即使用空间的限制。

(2) 文件及文件夹的节点数(inode):即对创建文件个数的限制。

(3) 软限制(soft):这是最低限制容量。用户在规定期限内,它的容量可以超过最低限制,但必须在规定期限内将磁盘容量降低到最低限制的容量范围之内。

(4) 硬限制(hard):这是绝对不能超过的容量。

(5) 期限:期限是指当用户使用的空间超过了最低限制却还没有到最高限制时,在这段时间内,必须要求用户将使用的磁盘空间降低到最低限制之下,否则将不允许再写入。反之则期限取消。

例如,假设为u1用户设置的soft限制为8MB,为u1用户设置的hard限制为10MB,期限为1天。当用户u1使用的空间达到8MB时,系统会给出提示,但仍可以继续使用空间,如果在1天内u1的使用空间没有降低到soft限制之下或当u1使用空间达10MB时,系统就会拒绝u1继续写磁盘。

2. 常用的磁盘配额命令

磁盘配额命令分为两种,一种是查询功能(quota、quotacheck、quotastats、warnquota、requota),另一种则是编辑磁盘配额的内容(edquota、setquota)。

1) /etc/fstab

实际载入文件系统的记录文件在系统启动时执行,文件中的设备(一个设备对应于文件中一行)会被挂载到系统中。当使用磁盘配额时,系统会去搜索设置了磁盘配额的分区,当使用磁盘配额的功能时,系统文件必须要支持磁盘配额的标志。一般来说,通过编辑/etc/fstab后再重新载入文件系统的方法来让文件系统支持磁盘配额。默认情况下,/etc/fstab文件的内容如下:

```
# /etc/fstab
# Created by anaconda on Sun Apr 29 01:55:40 2012
# Accessible filesystems, by reference, are maintained under '/dev/disk'
# See man pages fstab(5), findfs(8), mount(8) and/or blkid(8) for more info
/dev/mapper/VolGroup – lv_root /                          ext4    defaults         1 1
UUID = 4c2a34fb – b42c – 4f35 – bea2 – edf7341e8b3a /boot  ext4    defaults         1 2
/dev/mapper/VolGroup – lv_swap swap                       swap    defaults         0 0
tmpfs                          /dev/shm                   tmpfs   defaults         0 0
devpts                         /dev/pts                   devpts  gid = 5, mode = 620  0 0
sysfs                          /sys                       sysfs   defaults         0 0
proc                           /proc                      proc    defaults         0 0
```

文件由 6 列组成,分别为设备名或 UUID、挂载点、文件系统类型、挂载选项、备份选项、文件系统检查,具体含义如下:

第 1 列:设备名或 UUID。UUID(Universally Unique Identifier,通用唯一识别码)是一个软件建构的标准,是自由软件基金会(Open Software Foundation,OSF)的组织在分布式计算环境 (Distributed Computing Environment,DCE) 领域的一部分。UUID 的目的是让分布式系统中的所有元素都能有唯一的辨识信息,而不需要通过中央控制端来做辨识信息的指定。每个人都可以创建不与其他人冲突的 UUID。在这样的情况下,就无须考虑数据库创建时的名称重复问题。它会让网络任何一台计算机所生成的 UUID 码都是 Internet 整个服务器网络中唯一的。UUID 格式是:包含 32 个 16 进制数字,以"-"连接号分为 5 段,形式为 8-4-4-4-12 的 32 个字符。例如 4c2a34fb-b42c-4f35-bea2-edf7341e8b3a。UUID 理论上的总数为 $2^{16×8} = 2^{128}$,约等于 $3.4×10^{38}$。也就是说若每 ns 产生 1M 个 UUID,大约要花 100 亿年才会将所有 UUID 用完。tmpfs、devpts、sysfs、proc 是文件系统名称,即设备名。

第 2 列:挂载点,指设备挂载使用时的位置,对应于文件夹。

第 3 列:设置文件系统的类型。tmpfs 是一种基于内存的文件系统,它和虚拟磁盘(ramdisk)相似。proc 文件系统表示 process information pseudo 文件系统,内核用它来提供系统状态信息。sysfs 可以看成与 proc、devfs 和 devptys 同类别的文件系统,该文件系统是虚拟的文件系统,可以更方便地对系统设备进行管理。

第 4 列:挂载选项,可用的选项如 defaults、rw、suid、dev、exec、auto、nouser、async 等。

第 5 列:表示文件系统是否需要 dump 备份(dump 是一个备份工具),一般设为 1 时表示需要,设为 0 时将被 dump 所忽略。通常根分区要备份。

第 6 列:该数字用于决定在系统启动时进行磁盘检查的顺序,0 表示不进行检查,1 优先,2 其次。对于根分区应设为 1,其他分区设为 2。

2) quota 命令

该命令用来显示当前某个用户或者组的磁盘配额值。常用的参数如下。

(1) -u:表示显示用户的配额。

(2) -g:表示显示组的配额。

(3) -v:显示每个文件系统的磁盘配额。

(4) -s:可以选择用 inode 或者磁盘容量的限制值来显示。

例如：

```
quota -- uvs            #显示当前用户的配额值
quota -- gvs            #显示 root 用户所在组的配额值
quota -- uvs  u1        #显示 u1 用户的配额值
```

3）quotacheck 命令

扫描某个磁盘的配额空间，以分区为单位进行扫描。由于磁盘在被扫描时持续运行，可能扫描过程中文件会增加，造成磁盘配额扫描错误，因此当使用 quotacheck 命令时，磁盘将自动被设置为只读扇区，扫描完毕后，扫描所得的磁盘空间结果会写入配额信息文件 aquota. user 与 aquota. group。

常用参数如下。

（1）-a：扫描所有在/etc/mtab 内含有磁盘配额支持的文件系统，加上此参数可以不写挂载点。

（2）-v：显示扫描过程。

（3）-m：把以前的磁盘配额信息清除，在对根分区创建的时候必须用此参数。

（4）-u：针对用户扫描文件与目录的使用情况，会建立 quota. user 文件。

（5）-g：针对组扫描文件及与目录的使用情况，会建立 quota. group 文件。

例如，quotacheck -avug 的作用为扫描分区，并生成配额信息文件。

4）edquota 命令

该命令用于编辑某个用户或者组的磁盘配额数值，在编辑时会遇到以下一些值。

（1）Filesystem：当前使用的文件系统。

（2）blocks：已经使用的区块数量（单位 1KB）。

（3）soft：区块使用数据的软限制或节点使用数量的软限制。

（4）hard：区块使用数据的硬限制或节点使用数量的硬限制。

（5）inode：已经使用的节点数量。

通常使用的形式为：

```
edquota  - u  username
```

或者是：

```
edquota  - g  groupname
```

常用参数如下。

（1）-u：配置用户的磁盘配额。

（2）-g：配置组的磁盘配额。

（3）-p：复制磁盘配额设定，从一个用户到另一个用户。

（4）-t：修改期限时间，对整个磁盘有效。

（5）-T：修改用户期限，对用户个体有效。

下面介绍常见的用法，例如：

```
edquota － p u1 － u u2          ♯将 u1 的配额设置复制给 u2
edquota － u u1                 ♯配置 u1 的磁盘配额
edquota － t                    ♯修改期限时间,以分区为单位
```

5) quotaon 命令

启动磁盘配额,其核心操作是启动 aquota.group 与 aquota.user,执行 quotaon 之前必须先执行 quotacheck。

例如:

```
quota －－ avug                 ♯启动所有的磁盘配额
quota － uv /home              ♯启动/home 里的用户磁盘配额设置
```

6) quotaoff 命令

该命令用于关闭磁盘配额。常用参数如下。

(1) -a:全部文件系统的磁盘配额都关闭。

(2) -u:关闭用户的磁盘配额。

(3) -g:关闭组的磁盘配额。

例如:

```
quotaoff  －－ a          ♯全部关闭
quotaoff  － u  /data ♯关闭/data 的用户磁盘配额设置值
```

7) repquota 命令

该命令用于显示指定磁盘分区设备上的配额使用情况。例如显示/dev/sda1 上的配置情况,操作方法为:

```
[root@localhost ～]♯repquota  /dev/sda1
```

若要查看所有磁盘分区的配置情况,操作方法为:

```
[root@localhost ～]♯repquota  － a
```

4.4.2 任务 4-6:磁盘配额的应用

1. 任务描述

假设某公司有人事部、技术部与售后服务部 3 个部门,有一台计算机供所有员工使用。但是由于人数较多,为了防止员工们随便乱放东西,现公司规定对该计算机的公用磁盘进行空间限制,每个人只有 10MB 的空间可以使用,以存放一些重要文件,文件数量没有限制。超出 8MB 时给予警告,限期 3 天内做出清理,若不清理或超过将不能再存放其他文件。由于磁盘配额是对分区设置的,此例中选择"/"进行配额设置。设系统中有两个用户 tom 和 jack,请完成该任务。

2. 操作步骤

1) 为员工建立账户

```
[root@localhost 桌面]♯ useradd tom
```

```
[root@localhost 桌面]# passwd tom
[root@localhost 桌面]# useradd jack
[root@localhost 桌面]# passwd jack
```

2）检查是否安装 quota 的 rpm 包

```
[root@localhost 桌面]# rpm - qa | grep quota
quota - 3. 17 - 16. el6. i686
```

从上面的信息可以看出，系统中已经安装了 quota 的软件包。若没有安装，可使用

```
rpm - ivh quota - 3. 17 - 16. el6. i686
```

命令进行安装。

3）查看设备的挂载情况

```
[root@localhost 桌面]# mount
/dev/mapper/VolGroup - lv_root on / type ext4 (rw)
…
```

其他内容省略。/dev/mapper/VolGroup-lv_root 被挂载在"/"下，文件格式为 ext4，但分区下没有配额参数，需要重新挂载。

4）重新挂载设备

```
[root@localhost 桌面]# mount -o defaults,usrquota,grpquota,remount  /
```

参数中有 usrquota，将来会产生 aquota. user 文件；参数中有 grpquota，将来会产生 aquota. group 文件。

5）再次执行 mount 命令

```
[root@localhost 桌面]# mount
/dev/mapper/VolGroup - lv_root on / type ext4 (rw,usrquota,grpquota)
…
```

此时，根分区已经带有配额参数，即在根分区下可以执行配额操作。

6）创建配额数据库

```
[root@localhost 桌面]# quotacheck -cvumg /dev/mapper/VolGroup - lv_root
quotacheck: Your kernel probably supports journaled quota but you are not using it. Consider
switching to journaled quota to avoid running quotacheck after an unclean shutdown.
quotacheck: Scanning /dev/mapper/VolGroup-lv_root [/] \done
quotacheck: Checked 9785 directories and 92380 files
```

7）查看配额文件

```
[root@localhost 桌面]# ls / | grep quota
```

```
aquota.group
aquota.user
```

由此可以看出，在"/"下产生了两个文件，其中 aquota.user 用于管理用户的磁盘配额，aquota.group 用于管理组的磁盘配额。

8）启动磁盘配额

```
[root@localhost 桌面]# quotaon /dev/mapper/VolGroup－lv_root
```

9）为用户 jack 创建配额文件

文件的默认内容如下：

```
[root@localhost 桌面]# edquota － u jack
Disk quotas for user jack (uid 507):
  Filesystem                    blocks soft    hard inodes   soft    hard
  /dev/mapper/VolGroup－lv_root  32     0       0    9        0       0
```

上面信息中的 blocks 和 inodes 值是指这个用户现在已经存在的相关文件数与大小，以 KB 为单位，用户 jack 在/dev/mapper/VolGroup-lv_root 上占用的空间为 32KB，文件数为 9，其他没有限制。根据需要，设置用户 jack 的存储空间为 10MB，超过 8MB 警告，操作方法同 vim 的使用方法，结果如下：

```
Disk quotas for user jack (uid 507):
  Filesystem                    blocks  soft    hard   inodes  soft   hard
  /dev/mapper/VolGroup－lv_root  32      8000    10000  9       0      0
```

说明：inodes 后面的 soft 指对文件数的软限制，hard 指对文件数的硬限制，本例中没有对文件数进行限制。

10）修改配额的限期

磁盘配额的警告限期默认为 7 天。若希望针对所有用户设置限期，使用命令：

```
edquota － t
```

若希望针对某个用户（例如 jack）设置配额限期，使用命令：

```
edquota － T jack
```

此处为用户 jack 设置限期为 3 天，对文件数没有要求，结果如下：

```
[root@localhost 桌面]# edquota － T jack
Times to enforce softlimit for user jack (uid 507):
Time units may be: days, hours, minutes, or seconds
  Filesystem                    block grace                inode grace
  /dev/mapper/VolGroup－lv_root  3days                      unset
```

注意：时间只能用 days、hours、minutes、seconds 这 4 种。

11）测试

```
[root@localhost 桌面]# su - jack
[jack@localhost ~]$ dd if = /dev/zero of = file bs = 1M count = 12
dd: 正在打开"file"：超出磁盘限额
```

在测试中,使用 jack 用户身份向磁盘中写入一个 12MB 的空文件,此时系统会报错,因为超出了系统的配额限制,操作完成。

若希望显示所有用户的配额情况,可使用 repquota -a 命令,结果如下:

```
[root@localhost 桌面]# repquota - a
*** Report for user quotas on device /dev/mapper/VolGroup - lv_root
Block grace time: 7days; Inode grace time: 7days
                    Block limits                    File limits
User          used    soft    hard  grace     used  soft  hard  grace
          ---------------------------------------------------------------
root      --  4673432    0       0          90990    0     0
daemon    --  8          0       0          3        0     0
lp        --  8          0       0          2        0     0
rpc       --  12         0       0          4        0     0
abrt      --  12         0       0          3        0     0
ntp       --  8          0       0          2        0     0
apache    --  8          0       0          2        0     0
postfix   --  60         0       0          38       0     0
avahi     --  8          0       0          3        0     0
haldaemon --             8       0          0        2     0     0
pulse     --  4          0       0          1        0     0
gdm       --  272        0       0          47       0     0
rpcuser   --  16         0       0          5        0     0
jack      - + 32         8000    10000      9        0     0     3days
#507      --  16         0       0          4        0     0
```

若希望为 tom 用户设置与 jack 相同的配额限制,可以使用命令:

```
edquota - p jack tom
```

将 jack 用户的配额信息复制给 tom 用户。

注意：在上面的实例中,"mount -o defaults,usrquota,grpquota,remount/"命令用于临时挂载设备,在系统重新启动后,此信息将丢失,若需要永久保留配额信息,可修改/etc/fstab 文件,如下所示:

```
/dev/mapper/VolGroup-lv_root /   ext4    defaults,usrquota,grpquota    1 1
```

修改过/etc/fstab 文件后,可使用 mount -a 命令重新挂载该文件中的设备。当不准备使用配额功能时,可使用 quotaoff -a 命令关闭配额功能。

4.5　小　　结

本章主要介绍了磁盘及分区的命名、添加磁盘的方法、创建分区的方法、管理 RAID 的方法、管理 LVM 的方法及磁盘配额的使用等,其中磁盘的使用方法是基础。在 Linux 中可以识别多种文件系统,但默认的文件系统为 ext4,若需要创建 RAID 或 LVM,则需要将文件系统的类型修改为 fd、8e,否则 RAID 或 LVM 会创建失败。磁盘配额也是非常有用的一项功能,主要作用是对用户及组进行磁盘空间的限制;磁盘配额作用于分区,所以要求分区要支持磁盘配额功能,一般通过 mount-o 命令或修改/etc/fstab 文件实现;可以实现对用户的磁盘空间限制或文件数的限制,从而有效地管理磁盘。

4.6　习题与操作

1. 选择题

(1) 在 Linux 中第一块 IDE 磁盘的名字为_____。

　　A. /dev/sdb　　　B. /dev/sdc　　　C. /etc/sda　　　D. /etc/sdd

(2) 在 Linux 中创建分区的命令是_____。

　　A. fdisk　　　B. mkfs　　　C. format　　　D. makefile

(3) 将/dev/sdb1 格式化为 ext4 的命令是_____。

　　A. mkfs.ext4　/dev/sdb1　　　　B. mkfs -type ext4　/dev/sdb1

　　C. mkfs -t　ext4　sdb1　　　　D. mkfs.ext4　sdb1

(4) 已知/dev/sdb2 设备挂载在/mnt 文件夹下,卸载该设备的方法是_____。

　　A. umount /dev/sdb　　　　B. umount /mnt

　　C. umount /dev　　　　D. umount *

(5) 将/etc/下内容制作成 back. iso 的命令是_____。

　　A. cp　　　B. mkfs　　　C. mkisofs　　　D. cpisofs

(6) 将光盘内容制作为 cdrom. iso 的命令是_____。

　　A. cp　　　B. mkfs　　　C. mkisofs　　　D. cpisofs

(7) RAID0 是_____。

　　A. 磁盘镜像　　　　B. 带区集

　　C. 带海明码校验的磁盘阵列　　　　D.分布式奇偶校验的独立磁盘结构

(8) RAID5 的分区类型为_____。

　　A. fd　　　B. fc　　　C. 8e　　　D. 83

(9) LVM 的分区类型为_____。

　　A. fd　　　B. fc　　　C. 8e　　　D. 83

(10) 下列关于磁盘配额的描述不正确的是_____。

　　A. 磁盘配额可以用于限制用户在磁盘上的使用空间

　　B. 磁盘配额可以用于限制用户在磁盘上存储的文件数

　　C. 磁盘配额不可以同时限制磁盘空间及存储的文件数

D. 磁盘配额服务不能限制 root 用户对磁盘的使用

(11) 为用户 u1 设置配额警告时间的命令是_____。

    A. edquota -t　u1　　　　　　　　B. edquota　-T　u1

    C. edquota -time u1　　　　　　　　D. edquota -f u1

(12) 关闭磁盘配额服务的操作是_____。

    A. quotaoff -a　　B. quotaoff　　　C. quotadiskoff　　D. quota -off

(13) 修改逻辑卷空间大小的命令是_____。

    A. lvreduce　　　　B. lvadd　　　　C. lvchange　　　　D. lvchage

(14) RAID5 中物理卷是以_____为基础创建的。

    A. 磁盘或分区　　B. 逻辑卷　　　　C. 文件夹　　　　D. 文件

(15) 挂载 Windows 共享资源时,使用的文件系统类型为_____。

    A. NTFS　　　　　B. FAT16　　　　C. FAT32　　　　D. cifs

2. 简答题

(1) 简述 RAID 的类型及定义。

(2) 简述在 Linux 中制作 ISO 镜像文件的方法。

3. 操作题

1) 任务描述

A 公司的系统管理员为了提高公司内部服务器的稳定性,决定在服务器上使用 RAID5 阵列,请为其工作内容编制一个解决方案。

(1) 向系统中添加 5 块 1GB 大小的磁盘,将其分区、格式化。

(2) 创建 RAID5 阵列,其中 4 块处于工作状态,1 块处于备用状态。

(3) 每周五下午 4∶00 点将阵列中的所有目录和文件归档并压缩为 back.tar.gz。

2) 操作目的

(1) 通过本操作熟悉 Linux 系统中磁盘及 RAID 的使用方法。

(2) 掌握定时任务的操作方法。

(3) 掌握归档文件的方法。

3) 任务准备

(1) 1 台装好系统的 PC。

(2) 网络硬件平台畅通。

(3) 一张 Linux 安装光盘(DVD)。

第5章   网络环境配置及远程接入

学习目标

- 能够在 Linux 中配置主机名及 IP 地址
- 能够掌握 Linux 中常见的网络配置文件及内容
- 能够使用如 ping、lsof 等命令进行网络信息检测
- 能够配置 Telnet 服务
- 能够配置 SSH 服务
- 能够配置 FTP 服务
- 能够使用 VNC 远程接入网络

5.1   常见的网络配置文件

Linux 网络配置包括主机名称、网卡安装、协议管理和 IP 地址的建立等,要了解一些相关文件的作用和位置,例如/etc/hosts、/etc/sysconfig/network、/etc/protocols、/etc/services、ifcfg-eth0 和/etc/resolve. conf 等。

1. /etc/hosts 文件

该文件提供了主机名与 IP 之间的映射,当以主机名访问一台主机时,系统检查/etc/hosts 文件,根据文件将主机名称转换为 IP 地址。文件的内容为:

IP 地址	主机名	别名
127.0.0.1	localhost	localhost.localdomain⋯⋯localhost4.localdomain4
::1	localhost	localhost.localdomain⋯⋯localhost6.localdomain6

注意:hosts 文件用于指明本地主机名与 IP 地址间的对应关系。例如本机的 IP 地址为 10.1.1.1/24,希望通过主机名访问本机,主机名为 mylinux,则可在/etc/hosts 文件中加一行记录:10.1.1.1   mylinux。

2. /etc/sysconfig/network 文件

网络配置信息,完成网络域名与网络地址(网络 ID)的映射,参考内容如下:

```
NETWORKING = yes                        #是否使用网络
HOSTNAME = localhost.localdomain        #主机名
GateWay =  172.17.31.254                #网关
```

如果要更改主机名或网关,可更改文件 gedit/etc/sysconfig/network。

3. etc/protocols 文件

该文件提供一个 TCP/IP 系统支持列表,文件的每一行描述一个协议,包括协议名、协议编号、协议别名和注释,部分内容如下。

```
# /etc/protocols:
# $ Id: protocols,v 1.9 2009/09/29 15:11:55 ovasik Exp $
# Internet (IP) protocols
#   from: @(#)protocols   5.1 (Berkeley) 4/17/89
# Updated for NetBSD based on RFC 1340, Assigned Numbers (July 1992).
# Last IANA update included dated 2009 - 06 - 18
# See also http://www.iana.org/assignments/protocol - numbers
ip     0   IP              # internet protocol, pseudo protocol number
hopopt 0   HOPOPT          # hop - by - hop options for ipv6
icmp   1   ICMP            # internet control message protocol
igmp   2   IGMP            # internet group management protocol
ggp    3   GGP             # gateway - gateway protocol
ipencap 4  IP - ENCAP      # IP encapsulated in IP (officially "IP'')
st     5   ST              # ST datagram mode
tcp    6   TCP             # transmission control protocol
cbt    7   CBT             # CBT, Tony Ballardie < A.Ballardie@cs.ucl.ac.uk >
egp    8   EGP             # exterior gateway protocol
igp    9   IGP             # any private interior gateway (Cisco: for IGRP)
… …
```

4. /etc/services 文件

文件的每一行提供一个服务名,所提供信息的部分内容有:

#服务名称	端口号/协议名	别名	说明
tcpmux	1/tcp		# TCP port service multiplexer
tcpmux	1/udp		# TCP port service multiplexer
rje	5/tcp		# Remote Job Entry
rje	5/udp		# Remote Job Entry
echo	7/tcp		
echo	7/udp		
discard	9/tcp	sink null	
discard	9/udp	sink null	
systat	11/tcp	users	
systat	11/udp	users	
daytime	13/tcp		
daytime	13/udp		
qotd	17/tcp	quote	
qotd	17/udp	quote	
msp	18/tcp		# message send protocol
msp	18/udp		# message send protocol
chargen	19/tcp	ttytst source	
… …			

5. /etc/sysconfig/network-scripts/ifcfg-eth0 文件

网络配置文件 ifcfg-eth0 所在目录是/etc/sysconfig/network-scripts/,这个文件保存了

第 5 章

网络环境配置及远程接入

网络设备 eth0 的配置信息，主要内容如下：

```
DEVICE = eth0                    ♯网卡设备名(接口名)
HWADDR = 00:0c:29:81:71:1e       ♯MAC 地址
ONBOOT = no                      ♯系统启动时网络接口是否自动加载
IPADDR = 172.17.31.1             ♯IP 地址
BOOTPROTO = none                 ♯启动时不使用任何协议(static:静态协议,bootp,DHCP 协议)
NETMASK = 255.255.255.0          ♯子网掩码
TYPE = Ethernet                  ♯网卡类型
GATEWAY = 172.17.31.254          ♯网关地址
DNS1 = 172.17.3.8                ♯DNS 地址
```

6．/etc/resolve.conf 文件

该文件是域名服务器客户端的配置文件，用于指定域名服务器的位置，参考内容如下：

```
♯ Generated by NetworkManager
nameserver 172.17.3.8            ♯域名服务器的地址
search 172.17.3.8               ♯搜索的 DNS 地址
```

5.2　常用的网络配置命令

在 Linux 中掌握网络配置的方法是非常重要的，通过命令可以对网络参数进行全方位的设置，例如 IP 地址、主机名等。

1．设置网络配置参数

执行命令：

```
[root@localhost ~]♯setup
```

系统会弹出配置界面，如图 5-1 所示，可以在此界面中配置防火墙、键盘、系统服务等内容。选择"网络配置"选项，出现网络配置界面，如图 5-2 所示(此界面也可以使用 system-config-network 命令调出)。

图 5-1　系统的配置界面

图 5-2　网络配置界面

在图 5-2 中选择"设备配置"选项,出现本地识别出的网络设备,如图 5-3 所示,选中设备 eth0 后回车,出现本地的网络配置界面,如图 5-4 所示。

图 5-3　本地网卡设备名称

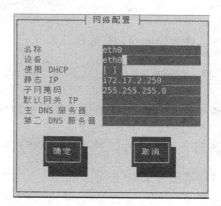

图 5-4　本地网络配置界面

配置好网络参数后,单击"确定"按钮,依次返回上一层界面,直至退出。此时所做的配置信息会被写入到/etc/sysconfig/network-scripts/ifcfg-eth0 文件中。注意在 Linux 中默认的网卡名称为 eth0,参数配置完成后网卡不会立即被激活,需要使用 ifup eth0 命令进行激活后,设置的 IP 地址等参数才会生效。

2. ifup 命令

例 5-1　激活网卡连接。

```
[root@localhost ~]# ifup eth0
```

3. ifdown 命令

例 5-2　断开网卡连接。

```
[root@localhost ~]# ifdown eth0
```

4. ifconfig 网络配置命令的使用方法

该命令可以查看系统的网络参数,也可以增加新的 IP 地址。命令格式为:

```
ifconfig [interface] [type options|address]
```

其中,interface 是网络设备名,可以是 eth0、eth1 或 lo(回路设备);type 选项如下。

(1) up:打开网络接口设备。

(2) down:关闭网络接口设备。

(3) netmask:设置子网掩码。

(4) broadcast:设置广播地址。

例 5-3　显示所有网络接口。

```
[root@localhost ~]# ifconfig
```

网络环境配置及远程接入

例 5-4 显示 eth0 的配置参数。

```
[root@localhost ~]# ifconfig eth0
```

例 5-5 修改 eth0 的 IP 地址。

```
[root@localhost ~]# ifconfig eth0 192.168.1.100
```

例 5-6 设置 eth0 的网络掩码和广播地址。

```
[root@localhost ~]# ifconfig eth0 netmask 255.255.255.0 broadcast 192.168.1.255
```

例 5-7 增加一个 IP 地址 192.168.1.120,掩码为 255.255.255.0。

```
[root@localhost ~]# ifconfig eth0:1 192.168.1.120 netmask 255.255.255.0
```

如果想在开机时就建议这个 IP,可以将这条命令加入到开机启动文件中,即

```
[root@localhost ~]# echo    "ifconfig    eth0:1    192.168.1.120    netmask 255.255.
255.0">>/etc/rc.d/rc.local
```

利用此方法可以在开机时建立多个 IP。

例 5-8 关闭网卡。

```
[root@localhost ~]# ifconfig eth0 down
```

例 5-9 加载网卡。

```
[root@localhost ~]# ifconfig eth0 up
```

5. route 命令

route 命令用于设置本地的路由信息。在 Linux 中可以使用 route 命令查看本机的路由表信息,添加、删除路由记录,设置默认网关等,其语法格式为:

```
route add/del - net/host/default 网络/主机地址   netmask 子网掩码 [dev 网络设备名][gw 网关]
```

例 5-10 查看路由表。

```
[root@localhost ~]# route
```

路由表中会出现如下信息。

(1) Destination:目标网络 IP 地址,可以是一个网络地址,也可以是一个主机地址。

(2) Gateway:网关地址,即该路由条目中下一跳的路由器 IP 地址。

(3) Genmask:路由项的子网掩码,与 Destination 信息进行与操作得出目标地址。

(4) Flags:路由标志。其中,U 表示路由项是活动的;H 表示目标是单个主机;G 表

示使用网关；R 表示对动态路由进行复位；D 表示路由项是动态安装的；M 表示动态修改路由；！表示拒绝路由。

（5）Metric：路由开销值，用来衡量路径的代价。

（6）Ref：依赖于本路由的其他路由条目。

（7）Use：该路由项被使用的次数。

（8）Iface：该路由项发送数据包使用的网络接口。

举例 5-11 设置默认网关。

```
[root@localhost ～]# route add default gw 192.168.1.2
```

例 5-12 删除默认网关。

```
[root@localhost ～]# route del default gw 192.168.1.2
```

例 5-13 添加到达 172.17.2.0/24 的路由，经由 eth0 接口，并由 172.17.2.254 转发。

```
[root@localhost ～]# route add - net 172.17.2.0 netmask 255.255.255.0 gw 172.17.2.254
dev eth0
```

例 5-14 删除到过 172.17.2.0/24 网络的路由。

```
[root@localhost ～]# route del - net 172.17.2.0 netmask 255.255.255.0
```

6. ping 命令

ping 命令用于检测主机。其语法为：

```
ping [ - dfnqrRv][ - c<完成次数>][ - i<间隔秒数>][ - I<网络界面>][ - l<前置载入>][ - p<范本
样式>][ - s<数据包大小>][ - t<存活数值>][主机名称或 IP 地址]
```

执行 ping 命令会使用 ICMP 传输协议，发出要求回应的信息，若远端主机的网络功能没有问题，就会回应该信息，从而得知该主机运作正常。

ping 命令的参数如下。

（1）-d：使用 Socket 的 SO_DEBUG 功能。

（2）-c<完成次数>：设置完成要求回应的次数。

（3）-f：极限检测。

（4）-i<间隔秒数>：指定收发信息的间隔时间。

（5）-I<网络界面>：使用指定的网络界面送出数据包。

（6）-l<前置载入>：设置在送出要求信息之前，先行发出的数据包。

（7）-n：只输出数值。

（8）-p<范本样式>：设置填满数据包的范本样式。

（9）-q：不显示命令执行过程，开头和结尾的相关信息除外。

（10）-r：忽略普通的 Routing Table，直接将数据包送到远端主机上。

（11）-R：记录路由过程。

（12）-s <数据包大小>：设置数据包的大小。

（13）-t <存活数值>：设置存活数值 TTL 的大小。

（14）-v：详细显示命令的执行过程。

例 5-15 向 127.0.0.1 发 3 个 ICMP 数据包。

```
[root@localhost ~]#Ping 127.0.0.1 - c 3
```

7. hostname 命令

hostname 命令用于设置本机名称。在网络中，每台主机都有一个只属于自己的名字，hostname 命令用于显示或临时设置当前系统主机名称。此命令不会将信息写入/etc/sysconfig/network 文件，当系统重启后，此设置失效。

例 5-16 显示当前系统的主机名。

```
[root@localhost ~]#hostname
```

例 5-17 临时设置系统主机名为 test。

```
[root@localhost ~]#hostname test
```

8. service 命令

service 命令用于设置服务状态。常见的状态有 3 种，分别为 start、restart 和 stop。以网络服务为例，该命令的使用方法为：

```
[root@localhost ~]#service network restart
```

或者

```
[root@localhost ~]#/etc/rc.d/init.d/network restart.
```

9. traceroute 命令

traceroute 命令用于实现路由跟踪。traceroute 的基本原理就是发出 TTL 字段为 1~n 的 IP 包，然后等待路由器的 ICMP 超时回复，进而记录下来经过的路由器。traceroute 可以在 IP 包中放 3 种数据：UDP 包（默认选项是-U）、TCP 包（选项是-T）、ICMP 包（选项是-I），而且每个包 traceroute 都发 3 次。

该命令输出的每一行代表一个段，利用它可以跟踪从当前主机到达目标主机所经过的路径。常用参数如下。

（1）-i：指定网络接口，对于多个网络接口有用。例如-i eth1 或-i ppp1 等。

（2）-m：把在外发探测包中所用的最大生存期设置为 max-ttl 次转发，默认值为 30 次。

（3）-n：显示 IP 地址，不查主机名。当 DNS 不起作用时常用到这个参数。

（4）-p port：探测包使用的基本 UDP 端口设置为 port，默认值是 33 434。

（5）-q n：在每次设置生存期时，把探测包的个数设置为值 n，默认时为 3。

（6）-r：绕过正常的路由表，直接发送到网络相连的主机。

(7) -w n：把对外发探测包的等待响应时间设置为 *n* 秒,默认值为 3 秒。

例 5-18　显示从本地到 mylinux.net 的路由信息,跳数为 10。

```
[root@localhost ~]# traceroute - m 10 mylinux.net
```

例 5-19　显示 IP 地址,不查主机名。

```
[root@localhost ~]# traceroute - n mylinux.net
```

例 5-20　使用 UDP 端口 6688 进行探测。

```
[root@localhost ~]# traceroute - p 6688 mylinux.net
```

例 5-21　设置探测包的数值为 4。

```
[root@localhost ~]# traceroute - q 4 mylinux.net
```

例 5-22　设置对外发探测包的等待时间为 5 秒。

```
[root@localhost ~]# traceroute - w 5 mylinux.net
```

10. netstat 命令

netstat 命令用于查看网络的连接状态。此命令的网络连接状态只对 TCP 协议有效。常见的连接状态有：ESTABLISHED(已建立连接)、SYN SENT(发起连接)、SYN RECV (接受发起的连接)、TIME WAIT(等待时间)、LISTENING(监听)。

例 5-23　显示网络接口状态信息。

```
[root@localhost ~]# netstat - i
```

例 5-24　显示核心路由表信息。

```
[root@localhost ~]# netstat - nr
```

例 5-25　显示 TCP 协议的连接状态。

```
[root@localhost ~]# netstat - t
```

11. arp 命令

arp 命令用于查看或配置系统的 MAC 地址与 IP 地址的映射关系。

例 5-26　查看 arp 缓存。

```
[root@localhost ~]# arp
```

例 5-27　添加 IP 地址 172.17.2.230 到 MAC 地址 00:11:12:DE:EF:12 的映射。

网络环境配置及远程接入

```
[root@localhost ~]# arp - s 172.17.2.230 00:11:12:DE:EF:12
```

例 5-28 删除 IP 地址与 MAC 地址的映射。

```
[root@localhost ~]# arp - d 172.17.2.230
```

12. lsof 命令

lsof 命令用于列出当前系统中打开的文件,需要以 root 身份执行。在不加任何参数的情况下部分输出结果如下:

```
COMMAND    PID    USER    FD    TYPE    DEVICE    SIZE/OFF    NODE NAME
init       1      root    cwd   DIR     253,0     4096        2 /
init       1      root    rtd   DIR     253,0     4096        2 /
```

输出各列信息含义如表 5-1 所示。

表 5-1 lsof 命令输出各项含义

字 段 名	含 义	字 段 名	含 义
COMMAND	进程的名称	PID	进程标识符
USER	进程所有者	FD	文件描述符,应用程序通过
TYPE	文件类型		文件描述符识别该文件
SIZE	文件的大小	DEVICE	磁盘的名称
NAME	打开文件的名称	NODE	索引节点

例 5-29 显示打开指定文件的所有进程。

```
[root@localhost ~]# lsof filename
```

例 5-30 显示 COMMAND 列中包含指定字符的进程所有打开的文件。

```
[root@localhost ~]# lsof - c string
```

例 5-31 显示属于指定用户打开的文件。

```
[root@localhost ~]# lsof - u username
```

例 5-32 显示归属 gid 的进程情况。

```
[root@localhost ~]# lsof - g gid
```

例 5-33 显示在/etc/目录下被进程打开的文件。

```
[root@localhost ~]# lsof + d /etc
```

例 5-34 显示/etc/下被进程打开的文件,包含子目录。

```
[root@localhost ~]# lsof + D /etc
```

例 5-35 显示指定文件描述符的进程。

```
[root@localhost ~]# lsof - d FD
```

例 5-36 显示符合条件的进程情况。

```
[root@localhost ~]# lsof - i
```

例 5-37 查看 22 端口的运行情况。

```
[root@localhost ~]# lsof - i:22
```

5.3　远程登录

　　远程登录是指在本地通过网络访问其他计算机就像用户在现场操作一样。一旦进入主机,用户可以操作主机允许的任何事情,例如读文件、编辑文件或删除文件等。常见的远程登录方式有 Telnet、SSH、远程桌面。由于 Telnet 是以明文传输密码的,所以使用并不是很安全;SSH 以密文传输,应用较广泛;远程桌面功能实现了以桌面形式远程控制其他计算机,常用的工具软件为 VNC(Virtual Netwok Computing,虚拟网络计算)。

5.3.1　Telnet 配置

1. 什么是 Telnet

　　Telnet 是远程登录的一种服务,属于应用层的协议,但它的底层协议是 TCP/IP,所用到的端口是 23。使用 Telnet 可以在本地登录远程的计算机,并且可以对远程计算机进行修改和操作,所用的界面是 DOS 界面,而不是图形界面。

2. 远程登录的工作过程

　　使用 Telnet 协议进行远程登录时需要满足以下条件:

　　(1) 在本地计算机上必须装有包含 Telnet 协议的客户程序。

　　(2) 必须知道远程主机的 IP 地址或域名。

　　(3) 必须知道登录标识与密码。

　　Telnet 远程登录服务分为以下 4 个过程:

　　(1) 本地与远程主机建立连接。该过程实际上是建立一个 TCP 连接,用户必须知道远程主机的 IP 地址或域名。

　　(2) 将本地终端上输入的用户名和密码及以后输入的任何命令或字符以 NVT(Net Virtual Terminal)格式传输到远程主机。该过程实际上是从本地主机向远程主机发送一个 IP 数据报。

　　(3) 将远程主机输出的 NVT 格式的数据转化为本地所接受的格式送回本地终端,包括输入命令回显和命令执行结果。

（4）最后，本地终端对远程主机进行撤销连接。该过程是撤销一个 TCP 连接。

3. 与 Telnet 服务相关的文件

Telnet 服务使用未加密的用户名/密码组进行认证，依附于 xinetd 服务，与 Telnet 服务相关为/etc/xinetd. d/telnet，其文件内容如下：

```
# default: on
# description: The telnet server serves telnet sessions; it uses\
#     unencrypted username/password pairs for authentication.
service telnet
{
    flags       = REUSE
    socket_type = stream
    wait        = no
    user        = root
    server      = /usr/sbin/in.telnetd
    log_on_failure   += USERID
    disable     = yes
}
```

文件中参数的含义如表 5-2 所示。

表 5-2　Telnet 文件中参数的含义

参　　数	含　　义	参　　数	含　　义
flags＝REUSE	额外使用的参数	socket_type＝stream	TCP 封包的联机形态
wait＝no	联机时不需要等待	user＝root	启动程序的使用者身份
server＝/usr/sbin/in.telnetd	服务启动的程序	log_on_failure＋＝USERID	记录下登录错误的信息
disable＝yes	服务预设是关闭		

4. 安装 Telnet 的方法

Telnet 的安装包分为客户端和服务器端，客户端的软件包为 telnet-0.17-46. el6. i686. rpm，服务器端的软件包为 telnet-server-0.17-46. el6. i686. rpm。在安装之前建议先用命令：

```
rpm - qa | grep    telnet
```

检查系统中是否已经安装了 Telnet 软件，若没有安装，可以使用 rpm 或 yum 命令进行安装。

注意：客户端既可使用 rpm 也可使用 yum 命令安装，而服务器端软件存在依赖关系，建议使用 yum 命令安装，因为 yum 可以解决软件包之间的依赖关系。

5. 启动 Telnet 的方法

启动 Telnet 服务可以通过 chkconfig 命令完成，也可以通过修改 Telnet 服务的配置文件完成。

1）直接修改配置文件

编辑/etc/xinetd. d/telnet 文件，将其中的 disable 的值改为 no，使用 service xinetd start 命令，重启 xinetd 服务，此时 Telnet 服务将生效。

2）使用 chkconfig 命令

chkconfig 命令主要用来更新（启动或停止）和查询系统服务的运行级别信息。注意：chkconfig 不是立即自动禁止或激活一个服务，它只是简单地改变了符号连接。

chkconfig 的语法如下：

```
chkconfig [－－add][－－del][－－list][系统服务]
```

或

```
chkconfig [－－level <等级代号>][系统服务][on/off/reset]
```

参数用法如下。

（1）chkconfig --list [name]：显示所有运行级的系统服务的运行状态信息（on 或 off）。如果指定了 name，那么只显示指定的服务在不同运行级的状态。

（2）chkconfig --add name：增加一项新的服务。chkconfig 确保每个运行级有一项程序入口。若有缺少则会从默认的 init 脚本自动建立。

（3）chkconfig --del name：删除服务，并把相关符号连接从/etc/rc[0-6].d 删除。

（4）chkconfig [--level levels] name：设置某一服务在指定的运行级是被启动、停止还是重置。

（5）--level <等级代号>：指定系统服务要在哪一个执行等级中开启或关闭。

等级 0 表示：表示关机。

等级 1：表示单用户模式。

等级 2：表示无网络连接的多用户命令行模式。

等级 3：表示有网络连接的多用户命令行模式。

等级 4：表示不可用。

等级 5：表示带图形界面的多用户模式。

等级 6：表示重新启动。

需要说明的是，level 选项可以指定要查看的运行级而不一定是当前运行级。对于每个运行级，只能有一个启动脚本或者停止脚本。当切换运行级时，init 不会重新启动已经启动的服务，也不会再次去停止已经停止的服务。

若需要在运行级 3、5 运行 Telnet 服务，可使用下面命令：

```
[root@localhost ～]#chkconfig －－level 35 telnet on
```

此时/etc/xinetd.d/telnet 文件中的 disable 的值会由 yes 变为 no。

6. Telnet 客户端的登录方法

Telnet 是一种远程连接协议，若不加参数将进入 Telnet 的客户端命令状态。此状态也可以在终端中通过按 Ctrl＋]键实现，如图 5-5 所示。在客户端命令状态下输入"help"可以查看帮助，输入"open IP"命令将登录到具有指定 IP 的主机。也可以直接使用 Telnet IP 的方式进入目标主机。

成功进入目标主机后，会出现如图 5-6 所示的内容（设服务器的 IP 地址为 172.17.2.250/24，

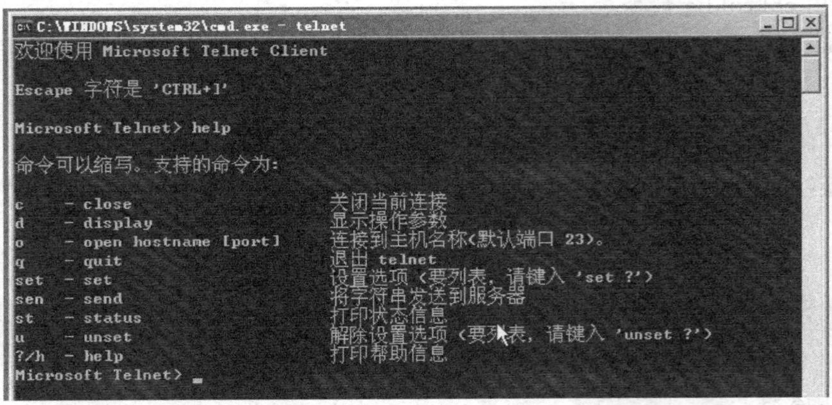

图 5-5　telnet 命令参数

客户端的 IP 为 172.17.2.202/24)。

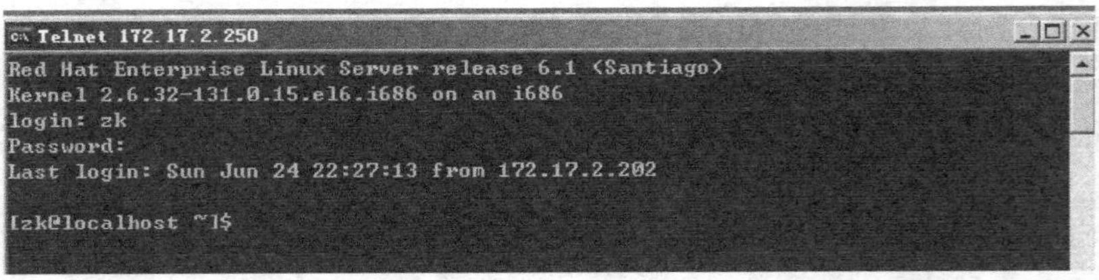

图 5-6　成功登录界面

　　注意：在默认情况下，Telnet 客户端不允许使用管理员账户 root 远程登录，因为 root 账户的权限过高，而 Telnet 用明文传输用户名及密码对，一旦密码丢失，会对系统带来致命的损害。若希望使用 root 账户直接在 Telnet 客户端登录，可以将/etc/securetty 文件改名，设改名为 securetty.back，则命令如下：

```
[root@localhost ~]# mv /etc/securetty /etc/securetty.back
```

　　执行完此操作后就可以使用 root 账户在 Telnet 客户端登录了。不过，一般不建议这么做，正确的方法是使用普通用户登录，再用 su 命令切换为 root 账户，这样可以提高系统的安全性。

5.3.2　SSH 配置

　　SSH(Secure Shell)由 IETF 的网络工作小组(Network Working Group)所制定，是建立在应用层和传输层基础上的安全协议。SSH 是目前较可靠、专为远程登录会话和其他网络服务提供安全性的协议。利用 SSH 协议可以有效地防止远程管理过程中的信息泄露问题。

1. SSH 协议的组成

SSH 协议主要由以下 3 部分组成：

1) 传输层协议(SSH-TRANS)

提供了服务器认证、保密性及完整性，有时还提供压缩功能。SSH-TRANS 通常运行在 TCP/IP 连接上,也可能用于其他可靠数据流上。SSH-TRANS 提供了强大的加密技术、密码主机认证及完整性保护。

2）用户认证协议(SSH-USERAUTH)

用于向服务器提供客户端用户鉴别功能,运行在传输层。当 SSH-USERAUTH 开始后,它从低层协议那里接收会话标识符。会话标识符唯一标识此会话并且适用于标记以证明私钥的所有权。

3）连接协议(SSH-CONNECT)

将多个加密隧道分成逻辑通道,运行在用户认证协议上,提供了交互式登录方式,允许远程执行命令,可以转发 TCP/IP 连接和 X11 连接。

2. SSH 的结构

SSH 是由客户端和服务器端的软件组成的。服务器端是一个守护进程(daemon),在后台运行并响应来自客户端的连接请求,一般是 sshd 进程,提供了对远程连接的处理,一般包括公共密钥认证、密钥交换、对称密钥加密和非安全连接;客户端包含 SSH 程序以及像 scp(远程复制)、slogin(远程登录)、sftp(安全文件传输)等其他应用程序。

SSH 的工作过程是:本地客户端发送一个连接请求到远程的服务器端,服务器端检查申请的包和 IP 地址,发送密钥给 SSH 的客户端,本地再将密钥发回给服务器端,自此连接建立。

3. SSH 服务器的配置

1）安装

在 RHEL 6.1 中,SSH 的服务器端软件包为 openssh-server-5.3pl-52.el6.i686,可以使用 yum 或 rpm 命令进行安装。

2）配置

在一般情况下无须对 SSH 服务器做任何配置,只需要启动 SSH 服务即可。SSH 的配置文件位于/etc/ssh 目录下,名为 ssh_config,文件部分内容如下:

```
Host  *                          ＃只对匹配后面字串的计算机有效,"＊"代表所有计算机
ForwardAgent no                  ＃设置连接不经过认证代理,若存在则转发给远程计算机
ForwardX11 no                    ＃设置 X11 连接不被自动重定向到安全的通道和显示集
RhostsRSAAuthentication no       ＃设置不使用基于 rhosts 的安全认证
RSAAuthentication yes            ＃设置使用 RSA 算法的基于 rhosts 的安全认证
PasswordAuthentication yes       ＃设置使用密码认证
HostbasedAuthentication no       ＃不使用主机认证
BatchMode no                     ＃如果设置为 yes,交互式输入密码的提示将被禁止
CheckHostIP yes                  ＃设置 SSH 查看连接到服务器主机的 IP,以防止 DNS 欺骗,建议为 yes
AddressFamily any
Port 22                          ＃设置 sshd 监听的端口号
Protocol 2,1
Cipher 3des                      ＃设置加密算法
Ciphers aes128 - ctr,aes192 - ctr,aes256 - ctr,arcfour256,arcfour128,aes128 - cbc,3des - cbc
MACs hmac - md5,hmac - sha1,umac - 64@openssh.com,hmac - ripemd160
EscapeChar ~                     ＃设置 esc
```

网络环境配置及远程接入

Linux 网络服务与管理

3）启动

```
[root@localhost ~]# service sshd start
```

4）在 Windows 中测试

在 Windows 中的默认情况下没有安装 SSH 工具，需要单独安装。这里使用的工具为 putty。设服务器的 IP 为 172.17.2.220/24，客户端的 IP 为 172.17.2.202/24，登录服务器的界面如图 5-7 所示。

图 5-7　使用 SSH 访问服务器

5.3.3　远程桌面

远程桌面连接是一种远程操作计算机的模式，可用于可视化访问远程计算机的桌面环境，用于在客户端上对远程计算机服务器进行管理。远程桌面的前身是 Telnet。Telnet 是一种字符界面的登录方式，微软首先将其扩展到图形界面上，并提供了非常强大的功能。现在几乎所有的图形化操作系统都支持远程桌面功能，远程桌面在实际应用中是非常有用的。

在 Linux 下的 VNC 可以同时启动多个 vncserver，各个 vncserver 之间用编号区分，每个 vncserver 服务监听 3 个端口，分别如下。

（1）5800＋编号：VNC 的 httpd 监听端口，如果 VNC 客户端为 IE、Firefox 等非 vncviewer 时，此端口必须开放。

（2）5900＋编号：VNC 服务器端与客户端通信的真正端口，无条件开放。

（3）6000＋编号：监听端口，可选。

1. 安装 VNC 服务端软件

在 RHEL 6.1 中的默认情况下，VNC 服务器端的软件包是没有安装的。VNC 服务器端的软件包为 tigervnc-server-1.0.90-0.15.20110314svn4359.el6.i686.rpm，可以通过 yum 安装也可以使用 rpm 安装。本例中使用 rpm 进行安装，方法如下：

```
[root@localhost 桌面]  # rpm - ivh /media/RHEL_6.1\ i386\ Disc\ 1/Packages/tigervnc -
server - 1.0.90 - 0.15.20110314svn4359.el6.i686.rpm
warning:        /media/RHEL_6.1      i386        Disc 1/Packages/tigervnc - server - 1.0.90 -
0.15.20110314svn4359.el6.i686.rpm: Header V3 RSA/SHA256 Signature, key ID fd431d51: NOKEY
Preparing...              ########################### [100 %]
   1:tigervnc - server      ########################### [100 %]
```

2. 修改 VNC 服务器端的配置文件

vncservers 文件内容如下：

```
[root@localhost 桌面]# vim /etc/sysconfig/vncservers
# The VNCSERVERS variable is a list of display:user pairs.
# Uncomment the lines below to start a VNC server on display :2
# as my 'myusername' (adjust this to your own). You will also
# need to set a VNC password; run 'man vncpasswd' to see how
# to do that.
# DO NOT RUN THIS SERVICE if your local area network is
# untrusted! For a secure way of using VNC, see this URL:
# http://kbase.redhat.com/faq/docs/DOC-7028
# Use " - nolisten tcp" to prevent X connections to your VNC server via TCP.
# Use " - localhost" to prevent remote VNC clients connecting except when
# doing so through a secure tunnel. See the " - via" option in the
# 'man vncviewer' manual page.
# VNCSERVERS = "2:username"
# VNCSERVERARGS[2] = " - geometry 800×600 - nolisten tcp - localhost"
```

将文件最后两行内容修改如下：

```
VNCSERVERS = "2:root"
VNCSERVERARGS[2] = " - geometry 800×600"
```

VNC 服务器端的编号、开放的端口分别由/etc/sysconfig/vncservers 文件中的 VNCSERVERS 和 VNCSERVERARGS 控制。VNCSERVERS 的设置方式为：

```
VNCSERVERS = "编号1:用户名1……"
```

例如：

```
VNCSERVERS = " 1:root 2:user1"
```

VNCSERVERARGS 的设置方式为：

```
VNCSERVERARGS[编号1] = "参数一 参数值一 参数二 参数值二……"
```

例如：

```
VNCSERVERARGS[1] = "geometry 800 * 600 - nohttpd"
```

VNCSERVERARGS 的详细参数如下。

（1）geometry：桌面分辨率，默认为 1024×768。

（2）-nohttpd：不监听 HTTP 端口（58××端口）。

（3）-nolisten tcp：不监听×端口（60××端口）。

（4）-localhost：只允许从本机访问。

（5）-AlwaysShared：默认只同时允许一个 vncviewer 连接，此参数允许同时连接多个 vncviewer。

（6）-SecurityTypes None：登录不需要密码认证 VncAuth 默认值，要密码认证。

3. 为 VNC 用户创建密码

```
[root@localhost 桌面]# vncpasswd root
Password:
Verify:
```

4. 修改/root/.vnc/xstartup 文件

```
[root@localhost 桌面]# vim /root/.vnc/xstartup
```

注释掉文件中的"twm &",加入"gnome-session &",目的是在 VNC 客户端中使用 GNOME 桌面系统。修改后的文件内容如下:

```
#!/bin/sh
[ -r /etc/sysconfig/i18n ] && . /etc/sysconfig/i18n
export LANG
export SYSFONT
vncconfig -iconic &
unset SESSION_MANAGER
unset DBUS_SESSION_BUS_ADDRESS
OS = 'uname -s'
if [ $OS = 'Linux' ]; then
  case "$WINDOWMANAGER" in
    *gnome*
      if [ -e /etc/SuSE-release ]; then
        PATH = $PATH:/opt/gnome/bin
        export PATH
      fi;;
  esac
fi
if [ -x /etc/X11/xinit/xinitrc ]; then
  exec /etc/X11/xinit/xinitrc
fi
if [ -f /etc/X11/xinit/xinitrc ]; then
  exec sh /etc/X11/xinit/xinitrc
fi
[ -r $HOME/.Xresources ] && xrdb $HOME/.Xresources
xsetroot -solid grey
#xterm -geometry 80x24+10+10 -ls -title "$VNCDESKTOP Desktop" &
#twm &
gnome-session &
```

注意:如果在用户主文件夹下找不到.vnc/xstartup 文件,在启动 VNC 服务后,正常情况下会在/etc/sysconfig/vncservers 文件 VNCSERVERS 参数指定的用户主文件夹中产生一个.vnc/xstartup 文件,本例中的用户为 root。

5. 启动 VNC 服务

```
[root@localhost 桌面]# service vncserver start
```

提示信息如下:

```
正在启动 VNC 服务器: 2:root xauth:  creating new authority file /root/.Xauthority
```

```
New 'localhost.localdomain:2 (root)' desktop is localhost.localdomain:2
Starting applications specified in /root/.vnc/xstartup
Log file is /root/.vnc/localhost.localdomain:2.log
```
                                                        [确定]

6. 设置防火墙

若熟悉 Iptables 的使用方法,可以直接修改/etc/sysconfig/iptables 文件后执行 service iptables restart 命令重启防火墙服务,对于初学者建议直接将防火墙关闭,命令如下:

```
[root@localhost 桌面]♯iptables -F
```

7. 远程桌面登录

在客户端打开 VNC 客户端工具,本例中使用的是 VNC Viewer,结果如图 5-8 所示。设服务器的 IP 地址为 172.17.2.220/24,客户端的 IP 地址为 172.17.2.202/24。

在图 5-8 中输入 VNC 服务器的 IP,注意要添加好端口号,若成功连接,则显示结果如图 5-9 所示。

图 5-8　VNC Viewer 界面

图 5-9　客户端连接后的界面

在图 5-9 的 Password 后面的文本框中输入 VNC 密码(在服务器用 vncpasswd 命令设置的密码)。若认证通过,则会显示服务器的桌面,如图 5-10 所示。

图 5-10　远程桌面登录成功

网络环境配置及远程接入

当远程配置结束后，可单击 VNC Viewer 工具中的 Close connection 按钮断开与服务器的连接。若希望在服务器端停止 VNC 服务，可以执行下面的命令来停止 VNC 服务。

```
[root@localhost 桌面]# vncserver - kill :1
Killing Xvnc process ID 2360
```

5.4 FTP 配置

5.4.1 FTP 介绍

FTP(File Transfer Protocol,文件传输协议)在 Internet 中有着广泛的应用,早在 Internet 发展初期就与 Web 服务、E-mail 服务一起被列为 Internet 的三大应用。利用 FTP 可以方便地实现软件、文件等资源的共享。使用 FTP 协议可以在 Internet 上传输文件数据,下载或者上传各种软件、文档等资料。FTP 服务需要使用的两个端口分别为 20 和 21,其中 20 号端口用于控制连接,发布 FTP 命令信息;21 号端口用于控制数据的上传和下载。

1. FTP 连接模式

FIP 连接模式分为主动模式(Active FTP)和被动模式(Passive FTP)。

1) 主动模式(Active FTP)

在主动模式下,FTP 客户端随机开启一个大于 1024 的端口(端口 AA)向服务器的 21 号端口发起连接,然后开放 BB 号端口进行监听,并向服务器发出 PORT N+1 命令。服务器接收到命令后,会用其本地的 FTP 数据端口(通常是 20 端口)连接客户端指定的端口 BB,进行数据传输,如图 5-11 所示。

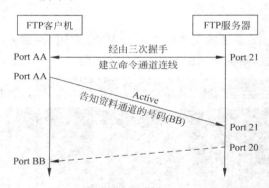

图 5-11 主动模式的 FTP 连接

主动模式连接步骤如下:

(1) 建立命令通道连接。

(2) 通知 FTP 服务器端使用 Active 且告知连接的端口号。

(3) FTP 服务器主动向客户端连接。

2) 被动模式(Passive FTP)

在被动模式下,FTP 客户端随机开启一个大于 1024 的端口 N 向服务器的 21 号端口发起连接,同时会开启 N+1 号端口;然后向服务器发送 PASV 命令,通知服务器自己处于被动模式；服务器收到命令后，会开放一个大于 1024 的端口 P 进行监听，然后用 PORT P 命令通知客户端服务器的数据端口是 P；客户端收到命令后，会通过 N＋1 号端口连接服务器的端口 P，然后在两个端口之间进行数据传输，如图 5-12 所示。

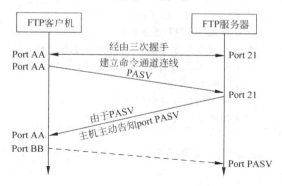

图 5-12　被动模式的 FTP 连接

被动模式连接步骤如下：

（1）建立命令通道。

（2）发出 PASV 的连接要求。

（3）FTP 服务器启动数据端口，并通知客户端连接。

（4）客户端随机取用大于 1024 的端口进行连接。

2. VSFTP 介绍

目前在 RedHat 中支持的 FTP 服务器软件为 VSFTP，其含义为 Very Secure FTP，是一个基于 GPL 发布的类 UNIX 系统上使用的 FTP 服务器软件。VSFTP 除了与生俱来的安全性之外，还具有高速、稳定的特性。

1）VSFTP 的特点

（1）它是一个安全、高速、稳定的 FTP 服务器。

（2）它可以做基于多个 IP 的虚拟 FTP 主机服务器。

（3）匿名服务设置十分方便。

（4）匿名 FTP 的根目录不需要任何特殊的目录结构、系统程序或其他系统文件。

（5）不执行任何外部程序，从而减少了安全隐患。

（6）支持虚拟用户，并且每个虚拟用户可以具有独立的属性配置。

（7）可以设置从 inetd 中启动或者独立的 FTP 服务器两种运行方式。

（8）支持两种认证方式（PAP 或 xinetd/tcp_wrappers）。

（9）支持带宽限制。

2）VSFTP 的配置文件

VSFTP 的配置文件主要有 vsftpd.conf、vsftpd、vsftp.ftpusers、vsftp.user_list 等，如表 5-3 所示。

3）VSFTP 支持的账户类型

（1）匿名账户：在登录 FTP 服务器时不需要输入密码就可以访问 FTP 服务器，匿名账户名称为 anonymous 或 ftp，匿名账户的登录目录为/var/ftp/pub。

网络环境配置及远程接入

表 5-3　VSFTP 配置文件

配置文件或路径	说　明
/etc/vsftpd/vsftpd.conf	VSFTP 服务器的主要配置文件
/etc/pam.d/vsftpd	PAM 认证文件，用来标识虚拟用户
/etc/vsftp.ftpusers	禁止使用 VSFTP 服务的用户列表
/etc/vsftp.user_list	禁止或允许使用 VSFTP 服务的用户列表，但这个文件能否生效取决于 vsftpd.conf 配置文件中的 userlist_enable 和 userlist_deny 两个参数
/usr/sbin/vsftpd	VSFTP 的主程序
/var/ftp	默认匿名用户登录的主目录
/var/ftp/pub	匿名用户的下载目录

（2）本地实体账户：具有本地权限的账户，登录 FTP 服务器时需要输入用户名、密码，登录目录为自己的主目录。

（3）虚拟账户：虚拟账户只具有从远程登录 FTP 服务器的权限，只能访问为其提供的 FTP 服务，密码和用户名都是由用户密码库指定，采用 PAM 认证。虚拟账户不能在本地登录。

3. VSFTP 的主配置文件 vsftp.con 的主要内容

```
anonymous_enable = YES/NO              #是否允许匿名者登录
local_enable = YES/NO                  #是否允许/etc/passwd 内的账户以实体用户方式登录
write_enable = YES/NO                  #是否允许本地实体账户具有上传权限
anon_upload_enable = YES/NO            #是否允许匿名者具有上传的权限
anon_mkdir_write_enable = YES/NO       #是否允许匿名者具有建立目录的权限
anon_other-write_enable = YES/NO       #是否允许匿名者改名或删除文件
dirmessage_enable = YES/NO             #当用户进入某个目录时，会显示该目录的提示信息
xferlog_enable = YES/NO                #是否记录用户上传的文件记录
connect_from_port_20 = YES/NO          #连接时打开 20 号端口
chown_uploads = YES/NO                 #上传身份是否改变
chown_username = whoever               #改变上传文件的属主身份为 whoever
xferlog_file = /var/log/vsftpd.log     #日志文件所在目录和文件名
xferlog_std_format = YES               #日志格式
idle_session_timeout = 600             #如果用户在 600 秒内都没有命令操作，则强制退出
data_connection_timeout = 120          #如果服务器与客户端的数据连接已经建立(不论主动还是
                                         被动连接)，若 120 秒内还是无法顺利完成数据传输，那么
                                         客户端的连接就会被强制剔除
nopriv_user = ftpsecure                #运行 vsftpd 需要的非特权系统用户，默认是 nobody
ascii_upload_enable = YES/NO           #client 是否可以使用 ASCII 格式上传文件
ascii_download_enable = YES/NO         #是否可以使用 ASCII 格式下载文件
ftpd_banner = Welcome to blah FTP service. #登录服务器的欢迎信息
deny_email_enable = YES/NO             #拒绝邮箱登录
banned_email_file = /etc/vsftpd.banned_emails  #如果上一项设置为 YES,可以在这个文件定义
                                         不允许登录的 E-mail 地址
chroot_local_user = YES/NO             #是否将本地用户限制在他们的默认目录中
chroot_list_enable = YES/NO            #是否将用户限制在他们的默认目录里
chroot_list_file = /etc/vsftpd.chroot_list  #如果上一项为 YES,则实体用户无法离开他们的默
                                         认目录，必须结合 chroot_list_enable = YES 使用
```

```
userlist_enable = YES/NO          #是否借助 VSFTP 的阻止机制(/etc/vsftpd/user_list 文件中
                                   的内容)来处理那些不受欢迎的账户
userlist_deny = YES               #是否禁用/etc/vsftpd/user_list 中的用户
pam_service_name = vsftpd         #认证方式
listen = YES/NO                   #若设置为 YES 表示 VSFTP 是以 stand alone 的方式启动的
tcp_wrappers = YES/NO             #是否设置为 TCP 封装
local_root = /                    #使用本地用户登录到 FTP 时的默认目录
anon_root = /                     #匿名用户登录到 FTP 时的默认目录
local_max_rate = 50000            #本地用户的传输速度为 50bps
anon_max_rate = 30000             #匿名用户的传输速度为 30bps
max_clients = 200                 #FTP 服务器最大的并发连接数为 200,若此值为 0,则说明不
                                   限制并发连接数,与服务器性能有关
max_per_ip = 4                    #单个 IP 地址最多的并发连接数为 4
```

5.4.2　FTP 的登录方式及常用命令

1. FTP 的命令格式

FTP 命令的一般格式为:

```
ftp 主机名/IP 或 ftp 用户名@主机名/IP
```

其中,主机名/IP 是所要连接的远程机的主机名或 IP 地址。在命令行中,主机名属于选项,如果指定主机名,FTP 将试图与远程机的 FTP 服务程序进行连接;如果没有指定主机名,FTP 将给出提示符"ftp >",等待用户输入命令,此时在提示符后面可以输入 FTP 的内部命令,可以用 help 命令取得可供使用的命令清单,也可以在 help 命令后面指定具体的命令名称,获得这条命令的说明。系统中默认的匿名账户为 anonymous(也称为匿名 FTP),系统各为匿名账户专门提供了两个目录:pub 目录和 incoming 目录。pub 目录用于存放供下载的文件;incoming 目录需要自己创建,目录中存放上传到该站点的文件。

2. FTP 命令提示符中常用的命令

在 FTP 的客户端提供了丰富的命令,用于对 FTP 服务器进行操作,例如上传、下载等,此处只列举出部分常用的命令。

(1) ls:列出 FTP 服务器的当前目录。

(2) cd:在 FTP 服务器上改变工作目录。

(3) lcd:在本地机上改变工作目录。

(4) ascii:设置文件传输方式为 ASCII 模式。

(5) binary:设置文件传输方式为二进制模式。

(6) close:终止当前的 FTP 会话。

(7) hash:每次传输完数据缓冲区中的数据后就显示一个#号。

(8) get(mget):下载到客户端。

(9) put(mput):上传到服务器。

(10) open:连接远程 FTP 站点。

网络环境配置及远程接入

例 5-38 启动 FTP 会话。

```
open 主机名/IP
```

如果在 FTP 会话期间要与一个以上的站点连接，通常只用不带参数的 FTP 命令。如果在会话期间只想与一台计算机连接，那么在命令行上指定 FTP 服务器的域名或 IP 地址作为 FTP 命令的参数。

例 5-39 终止 FTP 会话。

可以使用 close、disconnect 和 bye 命令终止与远程主机的会话。区别在于 close 和 disconnect 命令关闭与远程机的连接后用户仍留在本地计算机的 FTP 程序中；而 bye 命令关闭用户与远程机的连接后退出用户机上的 FTP 程序。

例 5-40 改变目录。

cd［目录］命令用于在 FTP 会话期间改变在 FTP 服务器上的目录。lcd 命令用于改变本地目录，使用户能指定查找或放置本地文件的位置。

例 5-41 列出远程目录。

使用 ls 命令，列出远程目录的内容。ls 命令的一般格式是：

```
ls [目录] [本地文件]
```

如果指定了目录作为参数，那么 ls 就列出该目录的内容；如果给出一个本地文件的名字，那么这个目录列表就被放入本地主机上指定的这个文件中。

例 5-42 从远程系统获取文件。

使用 get 命令和 mget 命令。get 命令的一般格式为：

```
get 文件名
```

mget 命令一次下载多个远程文件，其一般格式为：

```
mget 文件名列表
```

mget 命令使用空格分隔的或带通配符的文件名列表来指定要下载的文件，对其中的每个文件都要求用户确认是否下载。

例 5-43 上传文件。

put 命令和 mput 命令用于上传文件。put 命令的一般格式为：

```
put 文件名
```

mput 命令一次上传多个本地文件，其一般格式为：

```
mput 文件名列表
```

mput 命令使用空格分隔的或带通配符的文件名列表来指定要上传的文件，对其中的每个文件都要求用户确认是否上传。

例 5-44 改变文件传输模式。

默认情况下，FTP 按 ASCII 模式传输文件，用户也可以指定其他模式如 brinary 模式。ASCII 模式用于传输纯文本文件，brinary 模式用于传输二进制文件。

例 5-45 检查传输状态。

传输大型文件时，可能会发现让 FTP 提供关于传输情况的反馈信息是非常有用的。使用 hash 命令在每次传输完数据缓冲区中的数据后，就在屏幕上打印一个♯字符。本命令在发送和接收文件时都可以使用。

例 5-46 运行 Shell 命令。

字符"!"用于在 FTP 会话中向本地主机上的 Shell 发送命令。若要建立目录，可输入"!mkdir dir_name，"Linux 会在用户当前的本地目录中创建一个名为 dir_name 的目录。

5.4.3 任务 5-1：匿名账户和实体账户登录 FTP 实验

1. 任务描述

设某公司内部有一台 FTP 服务器，本地实体账户可以上传下载资源，匿名账户只能下载；FTP 客户端登录的用户不能改变登录的目录位置。设实体账户为 user1，FTP 服务器的 IP 地址为 172.17.2.1/24；客户端的 IP 地址为 172.17.2.202/24。其中 IP 地址已经配置好，此处不再详述。

2. 操作步骤

1）安装 FTP 服务软件包

在 RHEL 6.1 中默认情况下是没有安装 VSFTP 服务软件包的，查询结果如下：

```
[root@localhost 桌面]♯ rpm - qa | grep vsftp
```

安装结果为：

```
[root@localhost 桌面]♯ rpm - ivh /media/RHEL_6.1\ i386\ Disc\ 1/Packages/ * vsftp *
warning: /media/RHEL_6.1 i386 Disc 1/Packages/vsftpd - 2.2.2 - 6.el6_0.1.i686.rpm: Header V3
RSA/SHA256 Signature, key ID fd431d51: NOKEY
Preparing...        ############################### [100%]
1:vsftpd            ############################### [100%]
```

2）创建实体用户 user1

```
[root@localhost 桌面]    ♯ useradd user1
[root@localhost 桌面]    ♯ passwd user1
更改用户 user1 的密码。
新的 密码：
无效的密码：它没有包含足够的不同字符
无效的密码：是回文
重新输入新的 密码：
passwd: 所有的身份认证令牌已经成功更新。
```

3）在 FTP 服务器的默认下载目录中创建实验用文件 1.txt

```
[root@localhost 桌面]# echo how are you > /var/ftp/pub/1.txt
```

4）修改配置文件

```
[root@localhost 桌面]# vim /etc/vsftpd/vsftpd.conf
```

修改内容如下：

```
anonymous_enable = YES
local_enable = YES
write_enable = YES
local_umask = 022
ftpd_banner = You are fine!
chroot_list_enable = YES
chroot_list_file = /etc/vsftpd/chroot_list
```

5）创建/etc/vsftpd/chroot_list 文件

由于该文件默认情况是不存在的，所示需要自己创建。文件中出现的用户不允许切换登录的目录，一个用户占一行，本处只添加一个用户 user1。

```
[root@localhost 桌面]# touch /etc/vsftpd/chroot_list
```

内容如下：

```
user1
```

6）重启 FTP 服务

```
[root@localhost 桌面]# service vsftpd start
为 vsftpd 启动 vsftpd:                                        [确定]
```

7）关闭防火墙及 SELinux

```
[root@localhost 桌面]# iptables - F
[root@localhost 桌面]# setenforce 0
```

8）在客户端中进行测试（以 Windows 为例）

（1）测试匿名账户的权限。

在 IE 地址栏中输入"ftp://172.17.2.1"，结果如图 5-13 所示。双击 pub 图标可看到 FTP 上的资源 1.txt，如图 5-14 所示。

说明：在 IE 地址栏中输入 FTP 命令后，若没有用户名则默认使用匿名访问。下载文件时可直接拖动目标文件到本地目录中。

提示：若在下载文件时出现错误提示，如图 5-15 所示，则说明在本地的 IE 中不信任 FTP 服务器站点。修改方法为：单击 IE 的"工具"→"Internet 选项"→"安全"→"受信任的站点"，将 FTP 服务器的 IP 地址添加到受信任的站点中，此时刷新 IE 浏览器，就可以下载了。

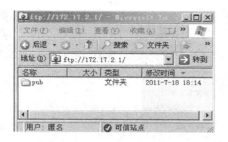

图 5-13　匿名成功访问 FTP 服务器

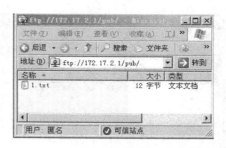

图 5-14　可供下载的资源

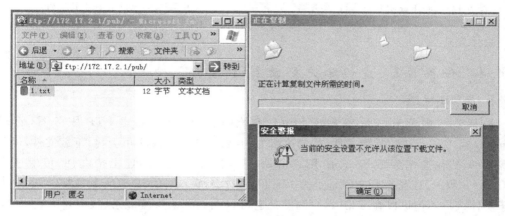

图 5-15　在 IE 中不允许下载的对话框

（2）测试实体账户 user1 的权限。

在 IE 地址栏中输入"ftp：user1@172.17.2.1"，结果如图 5-16 所示，输入 user1 的密码后，出现窗口如图 5-17 所示。user1 用户可上传/下载 FTP 服务器上的资源，下载方法同匿名访问的下载方法，上传时只需要将文件拖动到 FTP 服务器即可，结果如图 5-18 所示。

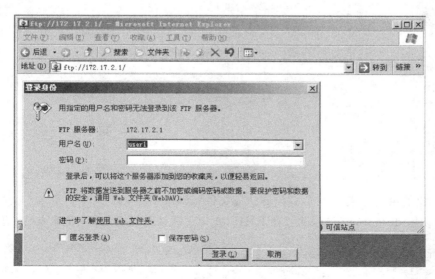

图 5-16　user1 账户登录 FTP 服务器

网络环境配置及远程接入

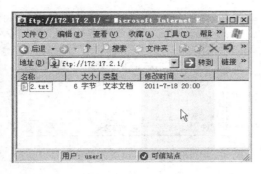
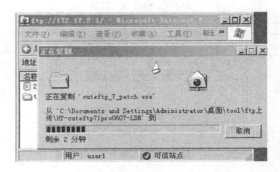

图 5-17 user1 成功登录 FTP 服务器   图 5-18 user1 正在上传文件

操作完成。

5.4.4 任务 5-2：虚拟账户登录 FTP 实验

1. 任务描述

设某公司内部有一台安装好 Linux 系统的主机，要求创建 FTP 服务器，管理员 manager 可上传/下载/删除文件，传输速率为 1Mbps；员工 user1 可上传/下载文件，但不能删除文件，传输速率为 500Kbps；用户 user2 只能下载文件，不能上传文件，传输速率为 300Kbps。设 FTP 服务器的 IP 地址为 172.17.2.1/24，客户端的 IP 地址为 172.17.2.202/24。由于实体账户不但可以在 FTP 客户端登录也可以在系统中直接登录，权限过大，会给系统带来不安全的隐患；而匿名账户只能从远程的 FTP 客户端登录，受限制较多，权限又太少，操作不灵活。所以在此任务中，使用虚拟账户。虚拟账户不能在本地登录，但可以在远程 FTP 客户端登录，可以对虚拟账户进行灵活的权限设置。

2. 操作步骤

1）建立虚拟用户密码库文件

```
[root@localhost 桌面]# vim /etc/vsftpd/vftpuser.txt
```

奇数行是用户名，偶数行是密码，不能有空格，内容如下：

```
manager
123456
user1
123456
user2
123456
```

2）创建的密码库文件生成 vsftpd 认证文件

需要使用 db4-utils 工具，此包在 RHEL 6.1 中默认已经安装好，查看结果如下：

```
[root@localhost 桌面]# rpm - qa | grep db4 - utils
db4 - utils - 4.7.25 - 16.el6.i686
```

3）创建 PAM 配置文件

```
[root@localhost 桌面]# db_load - T - t hash - f /etc/vsftpd/vftpuser.txt /etc/vsftpd/
vftpuser.db
```

其中，-T 和-t 为 db_load 命令的固有参数；hash 表示用 hash 算法对认证文件进行密码
加密；-f 为 hash 的固有参数；/etc/vsftpd/vftpuser.txt 为记录用户名密码的文本文件；
/etc/vsftpd/vftpuser.db 为生成的认证数据库文件。

4）修改认证模块文件

注释掉原有内容，在文件的最后面加上两行，内容如下：

```
[root@localhost 桌面]# vim /etc/pam.d/vsftpd
# % PAM - 1.0
# session      optional      pam_keyinit.so      force revoke
# auth               required      pam_listfile.so item = user sense = deny file = /etc/
vsftpd/ftpusers onerr = succeed
# auth         required      pam_shells.so
# auth         include      password - auth
# account      include      password - auth
# session      required       pam_loginuid.so
# session      include      password - auth
auth required /lib/security/pam_userdb.so db = /etc/vsftpd/vftpuser
account required /lib/security/pam_userdb.so db = /etc/vsftpd/vftpuser
```

5）建立一个本地用户供虚拟用户使用并设置权限

```
[root@localhost 桌面]# useradd - d /home/vftpsite - s /sbin/nologin vftpuser
```

6）设置虚拟用户主目录的访问权限

```
[root@localhost 桌面]# chmod 700 /home/vftpsite
```

7）为虚拟用户创建主目录

```
[root@localhost 桌面]# mkdir /home/vftpsite/manager
[root@localhost 桌面]# mkdir /home/vftpsite/user1
[root@localhost 桌面]# mkdir /home/vftpsite/user2
```

8）修改虚拟用户主目录权限

```
[root@localhost 桌面]# chmod 700 /home/vftpsite/manager/
[root@localhost 桌面]# chown vftpuser.vftpuser /home/vftpsite/manager/
[root@localhost 桌面]# chmod 700 /home/vftpsite/user1/
[root@localhost 桌面]# chown vftpuser.vftpuser /home/vftpsite/user1/
[root@localhost 桌面]# chmod 700 /home/vftpsite/user2/
[root@localhost 桌面]# chown vftpuser.vftpuser /home/vftpsite/user2/
```

9）修改 FTP 的配置文件

```
[root@localhost 桌面]# vim /etc/vsftpd/vsftpd.conf
```

修改内容如下：

```
pam_service_name = vsftpd
userlist_enable = YES
tcp_wrappers = YES
guest_enable = YES
guest_username = vftpuser
user_config_dir = /etc/vsftpd_user_conf
```

其中，guest_enable＝YES 作用为允许以 guest 方式访问 FTP 服务器；guest_username＝vftpuser 作用是访问 FTP 服务器时将数据库中的虚拟用户转换为 vftpuser 账户；user_config_dir＝/etc/vsftpd_user_conf 作用是指出虚拟用户权限的配置目录。若希望所有虚拟用户都使用同一个目录，可以使用 local_root＝path 参数进行指定，此处每个用户都使用自己的文件夹。

10）建立虚拟用户权限目录

```
[root@localhost 桌面]# mkdir /etc/vsftpd_user_conf
```

11）建立虚拟用户权限配置文件

在/etc/vsftpd_user_conf 目录下为每个用户建立权限配置文件，注意文件名必须与虚拟用户名称一致，"="两侧不能有空格。

（1）虚拟用户 manager 的配置文件如下：

```
[root@localhost 桌面]# vim /etc/vsftpd_user_conf/manager
local_root = /home/vftpsite/manager
anon_world_readable_only = YES
anon_upload_enable = YES
anon_mkdir_write_enable = YES
anon_other_write_enable = YES
local_max_rate = 1M
```

（2）虚拟用户 user1 的配置文件如下：

```
[root@localhost 桌面]# vim /etc/vsftpd_user_conf/user1
local_root = /home/vftpsite/user1
anon_world_readable_only = NO
anon_upload_enable = YES
anon_mkdir_write_enable = YES
local_max_rate = 500K
```

（3）虚拟用户 user2 的配置文件如下：

```
[root@localhost 桌面]# vim /etc/vsftpd_user_conf/user2
```

```
local_root = /home/vftpsite/user2
anon_world_readable_only = NO
local_max_rate = 300K
```

其中,local_root＝/home/vftpsite/username 作用是指定虚拟用户的目录;参数 anon_mkdir_
write_enable＝YES 表示用户具有建立目录的权限,不能删除目录;参数 anon_other_
write_enable＝YES 表示用户具有文件改名和删除文件的权限;参数 anon_upload_enable＝
YES 表示用户可以上传文件;参数 anon_world_readable_only＝NO 表示用户可以浏览
FTP 目录和下载文件,若此参数为 YES,则在客户端用 ls 命令访问 FTP 服务器时会出现
"226 Transfer done (but failed to open directory)"提示,这是因为/home/vftpsite 目录不允
许任意访问,但不妨碍用户上传/下载文件,若希望去掉此提示,可将参数值设置为 NO。

12) 关闭防火墙及 SELinux

```
[root@localhost 桌面]# iptables -F
[root@localhost 桌面]# setenforce 0
```

13) 重启服务

```
[root@localhost 桌面]# service vsftpd restart
关闭 vsftpd:                                    [失败]
为 vsftpd 启动 vsftpd:                          [确定]
```

14) 测试(使用 FTP 命令行方式完成)

在 Windows 中以命令行的方式对 FTP 服务器进行访问,打开 cmd 命令提示符环境,输
入"ftp 172.17.2.1"后回车,在提示符下输入虚拟用户名及密码即可。

(1) 测试 manager 的权限,结果如图 5-19 所示。

从图 5-19 中可以看出,虚拟用户 manager 可上传、下载文件,并可删除文件。

(2) 测试 user1 的权限,结果如图 5-20 所示。

从图 5-20 中可以看出,虚拟用户 user1 可以上传或下载文件,但不能删除文件。

(3) 测试 user2 的权限,结果如图 5-21 所示。

从图 5-21 中可以看出,虚拟用户 user2 可以下载文件,但不能上传文件,也不能删除
文件。

提示:启用虚拟用户后,本地用户将默认不能作为 FTP 登入账户,匿名用户不会受到
影响。若需要控制虚拟用户对 FTP 服务器的访问,可以在主配置文件/etc/vsftpd/vsftpd
.conf中添加记录:

```
userlist_enable = YES
```

或:

```
userlist_deny = YES
```

并将被允许/禁用的用户名写入/etc/vsftpd/user_list 文件。

网络环境配置及远程接入

图 5-19　虚拟用户 manager 的权限测试结果

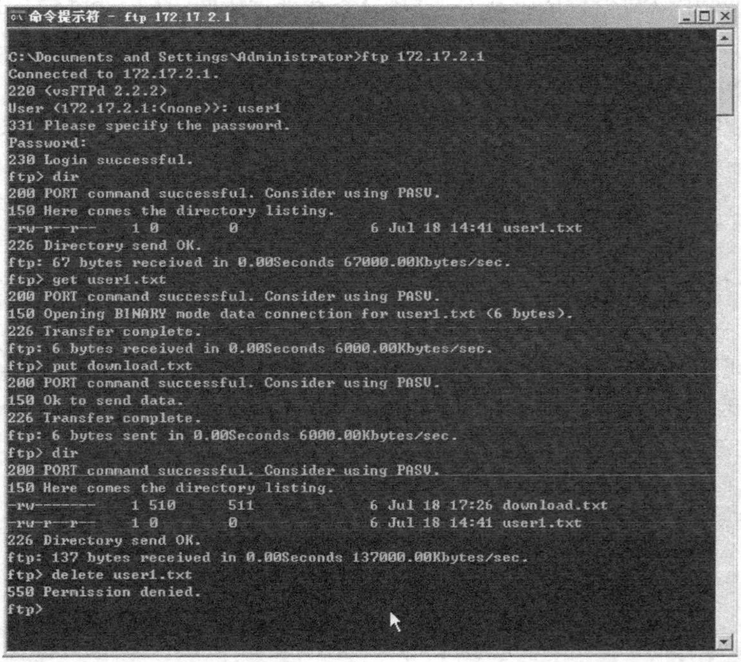

图 5-20　虚拟用户 user1 的权限测试结果

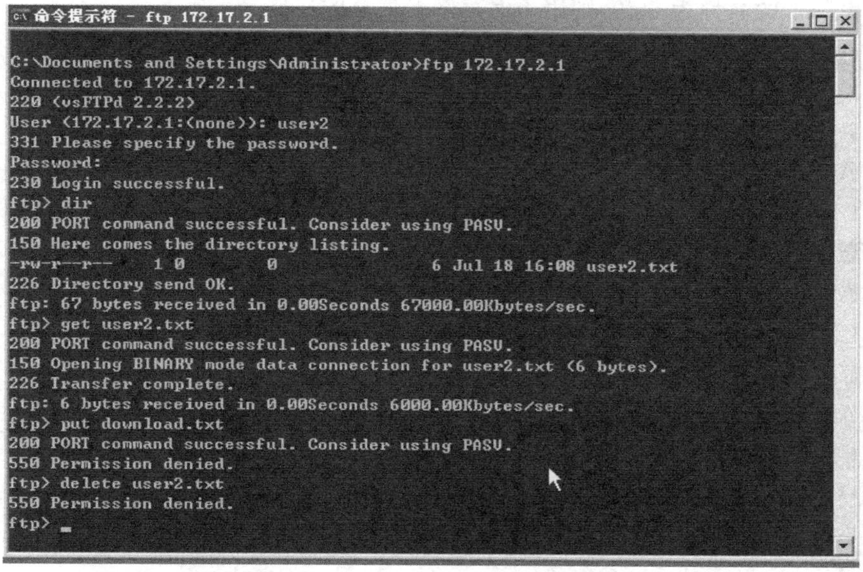

图 5-21　虚拟用户 user2 的权限测试结果

5.5　小　　结

  本章主要介绍了在 Linux 中与网络配置有关的命令及文件，着重介绍了 Telnet、SSH、VNC、FTP 服务的使用方法。作为服务器，IP 地址的配置是非常重要的，在 Linux 中可以通过命令或图形方式设置 IP 地址，若使用静态 IP，当系统重启后需要激活网卡。Telnet、SSH、VNC 都可以用来完成远程接入服务，均分为服务器端和客户端，其中 Telnet 的用户名及密码对是明文传输的，安全性较差，但 Telnet 工具在 Windows 中是默认提供的，使用方便，适用于对系统安全要求不高的情况；SSH 方式使用密文传输用户名及密码对，安全性较高，但 SSH 不是 Windows 系统自带的工具，需要自己下载安装工具软件；VNC 不同于前两种方法，提供了一种图形化的远程操作方式，更适合现代人的操作习惯，通过 VNC 可以像使用本地系统一样控制远程主机。FTP 服务是 Internet 上的一项非常重要的服务，可通过匿名访问、实体账户访问或虚拟用户账户访问，其中实体账户可以在系统中直接登录，权限不易控制；匿名账户权限过小，操作不灵活；建议使用虚拟账户，既控制了安全风险，又满足了灵活性的要求。

5.6　习　　题

1. 选择题

（1）提供了主机名与 IP 地址间映射的文件是_____。

  A. /etc/hosts　　　　　　　　　　　B. /etc/network

  C. /etc/sysconfig/network　　　　　D. /etc/host

(2) 设网卡的名称为 eth0,则用于保存网卡信息的文件是_____。

A. /etc/sysocnfig/network   B. /etc/network

C. /etc/sysconfig/network-scripts   D. /etc/resolve. conf

(3) 为网卡 eth0 设置临时 IP 地址的命令是_____。

A. ipconfig eth0   B. ifconfig eth0

C. ipconfig   D. ifconfig

(4) 激活网络卡 eth0 的方法是_____。

A. ifup eth0   B. ifconfig up eth0

C. ifup ehternet0   D. ifconfigup eth0

(5) 显示本地主机名的命令是_____。

A. hostname   B. host

C. name   D. hsname

(6) 显示网络接口状态信息的命令是_____。

A. netstat - i   B. netstat - nr

C. netstat - t   D. netstat —n

(7) Telnet 服务使用的端口号为_____。

A. 21   B. 22

C. 23   D. 24

(8) Telnet 的配置文件是_____。

A. /etc/xinetd. d/telnet   B. /etc/telnet

C. /etc/telnet/telnet   D. /etc/sysconfig/telnet

(9) 需要在运行级 5 运行 Telnet 服务,可使用_____命令。

A. chkconfig --level ＝5 telnet on   B. chkconfig --level ＝5 telnet＝on

C. chkconfig --level 5 telnet on   D. chkconfig

(10) SSH 服务主要由 3 部分组成,即_____。

A. 传输层协议、用户认证协议、连接协议

B. 传输层协议、连接协议、UDP 协议

C. 传输层协议、隧道协议、SSH 协议

D. 用户认证协议、TCP/IP 协议、Telnet 协议

(11) 远程桌面服务中,服务器与客户端通信的端口是_____。

A. 5900＋编号   B. 6100＋编号

C. 6300＋编号   D. 5700＋编号

(12) 创建 VNC 用户密码的命令是_____。

A. passwd username   B. vncpasswd username

C. vnc passwd username   D. vncpassword username

(13) FTP 服务会使用_____端口进行通信。

A. 21、20   B. 23、24

C. 21、23   D. 20、23

(14) FTP 服务器的主配置文件名是_____。

A. /etc/vsftpd/vsftpd. conf   B. /etc/vsftpd. conf

C. /etc/ftp/ftpd. conf   D. /etc/ftp/ftp. conf

（15）FTP 服务中的匿名账户是_____。

A. ftp   B. root

C. administrator   D. admin

2. 简答题

（1）简述 Telnet 的工作过程。

（2）简述 SSH 的组成。

（3）简述 FTP 服务中虚拟账户的创建方法。

第
5
章

网络环境配置及远程接入

第6章   共享服务的配置与管理

学习目标
- 能够在 Linux 中访问 Windows 的共享资源
- 掌握 Linux 中安装 NFS 服务的方法
- 掌握 Linux 中安装 Samba 服务的方法
- 可以配置 NFS 服务,实现 Linux/UNIX 之间的资源共享
- 可以配置 Samba 服务器,实现 Linux/UNIX 与 Windows 之间的资源共享
- 可以使用如 showmount、testparm 等命令访问共享资源或对共享服务进行调试

6.1   NFS 介绍

NFS(Network File System,网络文件系统)由 Sun Microsystems 公司开发,目前已经成为文件服务的一种标准(RFC1904、RFC1813),用于不同的计算机之间通过网络实现文件共享,通过对网络文件系统的支持,用户和程序可以像访问本地文件一样访问远端系统上的文件。NFS 文件系统具有的主要优点是:可以将移动设备如 CDROM、U 盘等共享于网络中,也可以共享本地磁盘中的空间;用户不必在网络中每台机器上都有一个 home 目录,home 目录可以放在 NFS 服务器上并且在网络上处处可用;可以实现对网络中共享资源的统一管理,对网络中所有共享资源在服务器中进行映射,用户可以通过 NFS 服务器中的链接使用共享资源,而不用关心共享资源所在的具体位置。

1. NFS 系统的构成

NFS 提供了除 Samba 之外 Windows 与 Linux 及 UNIX 与 Linux 之间通信的方法,一般由服务器和客户端两部分组成,如图 6-1 所示。

客户端 PC 可以挂载 NFS 服务器所提供的目录,并且在挂载之后这个目录看起来如同本地的磁盘分区一样,可以使用 cp、cd、mv、rm 及 df 等与磁盘相关的命令。NFS 有属于自己的协议与端口号,但是在传输资料或者其他相关信息时,NFS 服务器使用远程过程调用(Remote Procedure Call,RPC)协议来协助 NFS 服务器本身的运行。

2. NFS 协议

使用 NFS,客户端可以透明地访问服务器中的文件系统。第 3 版的 NFS 协议在 1993 年发布,这不同于提供文件传输的 FTP 协议。FTP 会产生文件的一个完整副本;而 NFS 只访问一个进程引用文件部分,并且一个目的就是

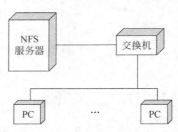

图 6-1   NFS 系统构成

使得这种访问透明,这就意味着任何能够访问本地文件的客户端程序无须做任何修改就能够访问 NFS 文件。一个 NFS 客户端和一台 NFS 服务器的典型结构如图 6-2 所示,其工作过程简述如下:

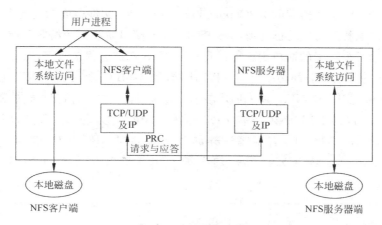

图 6-2　NFS 客户端及服务器的典型结构

(1)访问一个本地文件还是一个 NFS 文件对于客户端来说是透明的,当文件被打开时,由内核决定这一点。文件被打开之后,内核将本地文件的所有引用传递给"本地文件系统访问",而将一个 NFS 文件的所有引用传递给"NFS 客户端"。

(2)NFS 客户端通过其 TCP/IP 模块向 NFS 服务器发送 RPC 请求。

(3)NFS 服务器使用端口 2049 接收客户端的请求。

(4)当 NFS 服务器收到一个客户端请求时,它将这个请求传递给本地文件访问例程,然后访问服务器主机上的本地磁盘文件。

(5)NFS 服务器需要花一定的时间来处理一个客户端的请求,大多数的 NFS 服务器都是多线程的,即服务器的内核中实际上有多个 NFS 服务器在 NFS 本身的加锁管理程序中运行,在 Linux 中系统会为用户进程(称为 nfsd)启用多个实例,每个实例在被系统调用后都会驻留在系统内核中。

(6)NFS 客户端向服务器主机发出一个 RPC 调用,然后等待服务器的应答。

3. RPC 介绍

由于 NFS 支持的功能非常多,不同的功能会使用不同的程序来启动;每启动一个功能就会启用一些端口来传输数据,因此 NFS 的功能所对应的端口是不固定的,而是随机选取一些小于 724 的未被使用的端口;但如此一来又为客户端连接服务器造成困扰,因为客户端必须知道服务器端的相关端口。远程过程调用(RPC)服务很好地解决了上述问题。RPC 最主要的功能就是指定每个 NFS 功能所对应的端口号,并且回报给客户端,让客户端可以连接到正确的端口上。当服务器在启动 NFS 时会随机选用数个端口,并主动向 RPC 注册,因此 RPC 可以知道每个端口对应的 NFS 功能,然后 RPC 固定使用端口 111 来监听客户端的请求并回报客户端正确的端口,从而可以让 NFS 的启动更为容易。需要注意的是,启动 NFS 之前,要先启动 RPC,否则 NFS 会无法向 RPC 注册;重新启动

RPC 时原本注册的数据会丢失,因此 RPC 管理的所有程序都需要重新启动并重新向 RPC 注册。

客户端向服务器端请求数据存储的过程如下:

(1) 客户端会向服务器端的 RPC(port 111)发出 NFS 文件存取功能的询问请求。

(2) 服务器端找到对应的已注册的 NFS daemon 端口后会回传给客户端。

(3) 客户端了解正确的端口后就可以直接与 NFS 守护进程来通信。

由于 NFS 的各项功能都必须要向 RPC 注册,因此 RPC 才能了解 NFS 服务的各项功能的 port number、PID 和 NFS 在主机所监听的 IP 等,而客户端才能够通过 RPC 的询问找到正确对应的端口,即 NFS 必须要有 RPC 存在时才能成功地提供服务,因此称 NFS 为 RPC Server 的一种。事实上,有很多这样的服务器都向 RPC 注册,例如 NIS(Network Information Service)也是 RPC Server 的一种。NFS 与 RPC 的相关性示意图如图 6-3 所示。

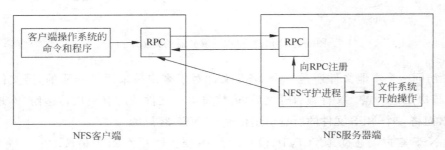

图 6-3 NFS 与 RPC 的相关性示意图

使用 NFS,至少需要启动以下 3 个系统服务。

(1) rpc.nfsd:是基本的 NFS 守护程序,主要功能是管理客户端是否能够登入服务。

(2) rpc.mountd:是 NFS 的安装守护程序,主要功能是管理 NFS 的文件系统。

(3) rpcbind:主要功能是进行端口映射,若此服务不开启,在客户端中将无法看到共享资源。在 RedHat Linux 的 fedora core 7 之前,此服务的名字为 portmap。

系统服务(1)和(2)包含在 nfs-utils 组件中。

4. NFS 的认证机制

以客户端身份确认过程为例,NFS 的认证过程如图 6-4 所示。

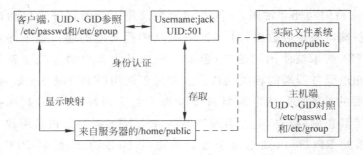

图 6-4 NFS 服务器端与客户端的用户身份认证过程

6.2 NFS 服务配置

6.2.1 NFS 服务的安装与配置

1. 安装 NFS 服务

在 Linux 中启动 NFS 服务,需要安装 nfs-utils 及 rpcbind 两个软件包。在 RHEL 6.1 中默认的软件包名称为 nfs-utils-1.2.3-7.el6.i686 和 rpcbind-0.2.0-8.el6.i686,可以使用 rpm 或 yum 命令进行安装。为了更好地解决依赖关系,建议使用以下命令安装相关服务:

```
yum install nfs-utils rpcbind
```

由于有很多服务在系统安装时已经装好,所以最好先用下面的命令查询一下系统中是否已经安装了所需要的服务。

```
[root@localhost 桌面]# rpm -qa nfs-utils rpcbind
nfs-utils-1.2.3-7.el6.i686
rpcbind-0.2.0-8.el6.i686
```

从上面的结果中可以看出,本系统中已经安装了 NFS 服务。

2. 管理配置文件

NFS 服务的主配置文件为/etc/exports。该文件决定了 NFS 所共享的资源路径、名称、权限等信息,主要是指定共享目录和共享策略,可以使用 vi 命令编辑。该文件默认是空的,共享参数需要自己写入,格式为:

```
[共享的目录][主机名 1 或 IP1(参数 1,参数 2)][主机名 2 或 IP2(参数 3,参数 4)]
```

1) 共享的目录

必须使用绝对路径;权限部分依照不同的权限共享给不同的主机;括号内是设置权限参数的位置,权限不止一个时使用","隔开;主机名和"( )"连在一起,中间没有空格。

2) 主机名

可以使用网段如 192.168.1.0/24 或完整 IP 如 192.168.1.23,也可以使用主机名称,但此主机名称需要存在于/etc/hosts 中或使用 DNS 可以找到,主机名支持通配符如"*"、"?"等。

3) 常用的权限参数如表 6-1 所示。

表 6-1 常见的权限参数

参　　数	含　　义
ro	对该共享目录有只读权限
rw	对该共享目录有读写权限
root_squash	客户端用 root 用户访问该共享文件夹时,将 root 用户映射成匿名用户
no_root_squash	客户端用 root 用户访问该共享文件夹时,不映射 root 用户

参　　数	含　　义
all_squash	客户端上的任何用户访问该共享目录时都映射成匿名用户
anonuid ×××	将客户端上的用户映射成指定的本地用户 ID
anongid ×××	将客户端上的用户映射成属于指定的本地用户组 ID
sync	资料同步写入到内存与硬盘中
async	资料会先暂存于内存中，而非直接写入硬盘
insecure	允许通过 1024 以上的端口发送数据
secure	允许通过 1024 以下的安全 TCP/IP 端口发送数据
wdelay	如果多个用户要写入 NFS 目录，则归组写入（默认）
no_wdelay	如果不是多个用户要写入 NFS 目录，则立即写入，当使用 async 时，此设置无效
hide	在 NFS 共享目录中不共享其子目录
no_hide	共享 NFS 目录的子目录
subtree_check	共享带有子目录的目录时，强制 NFS 检查父目录的权限（默认）
no_subtree_check	和前面的参数对应，不检查父目录的权限

4）权限说明：

（1）如果 NFSserver 和 NFSclient 具有相同共享文件账户和相同 UID，客户端登录 NFSserver 时，就会拥有/etc/exports 设置的权限。

（2）如果 NFSclient 不拥有 NFSserver 共享文件账户，或 NFSclient 的账户在 NFSserver 不存在，是否可以读写共享目录需要查看 NFSserver 的权限而定，其身份会变为匿名用户 nobody。

（3）默认情况下，客户端的 root 身份会被压缩成匿名用户 nobody。

5）NFS 服务器的日志文件

位于/var/lib/nfs/目录下，主要有两个，一个是 etab（记录 NFS 共享出来的完整权限设置值）；另一个是 xtab（记录联机到 NFS 服务器的客户端数据）。

例 6-1　将根目录共享，允许所有人访问，权限为只读。

```
/ * (ro,sync)
```

例 6-2　将/home 共享，主机 IP 地址为 172.17.2.1/24，对共享资源可读可写，其他主机对此资源为只读。

```
/home 172.17.2.1(rw,sync) * (ro,sync)
```

说明：举例 1.2 中的"*"代表所有，注意共享目录与主机名之间有空格。

例 6-3　将/mnt 共享，只允许 172.17.2.0/24 网段内的计算机从大于 1024 的端口读取，当客户端上的用户访问该共享目录时都映射为匿名用户。

```
/mnt 172.17.2.0/24( ro ,insecure,all_squash,no_wdelay,sync)
```

6.2.2 NFS 服务相关的命令

1. 共享目录的输出

NFS 服务在启动时会自动导出/etc/exports 文件设定的文件系统或目录,若/etc/exports 文件已被修改,此时无须重启 NFS 服务,只要使用 exportfs 命令重新扫描一次/etc/exports 即可,命令格式为:

```
exportfs [选项]
```

exportfs 命令的常见参数如表 6-2 所示。

表 6-2   exportfs 命令的参数

参　　数	含　　义
-a	输出在/etc/exports 文件中所设置的所有目录
-r	重新读取/etc/exports 文件的设置,并使设置立即生效,无须重启 NFS
-u	停止输出某一目录
-v	输出目录时显示到屏幕上
-i	忽略/etc/exports 文件中列出的信息,取命令行中指定的导出选项

例 6-4　导出/etc/exports 文件中所有的目录。

```
[root@localhost 桌面]# cat /etc/exports
/home * (ro,sync)
/mnt 172.17.2.0/24(ro,sync)
[root@localhost 桌面]# exportfs - av
exporting 172.17.2.0/24:/mnt
exporting * :/home
```

例 6-5　当/etc/exports 文件发生变化时,重新输出该文件中的所有内容。

```
[root@localhost 桌面]# exportfs - rv
exporting 172.17.2.0/24:/mnt
exporting * :/home
```

例 6-6　停止输出共享目录。

```
[root@localhost 桌面]# exportfs - auv
```

2. 启动/关闭 NFS 服务

1) 启动 NFS 服务

```
[root@localhost 桌面]# service nfs start
启动 NFS 服务:                        [确定]
关掉 NFS 配额:                        [确定]
启动 NFS 守护进程:                    [确定]
启动 NFS mountd:                      [确定]
```

共享服务的配置与管理

2）关闭 NFS 服务

```
[root@localhost 桌面]# service nfs stop
关闭 NFS mountd:                         [确定]
关闭 NFS 守护进程:                        [确定]
关闭 NFS quotas:                         [确定]
关闭 NFS 服务:                           [确定]
```

3）重启 NFS 服务

```
[root@localhost 桌面]# service nfs restart
关闭 NFS mountd:                         [确定]
关闭 NFS 守护进程:                        [确定]
关闭 NFS quotas:                         [确定]
关闭 NFS 服务:                           [确定]
启动 NFS 服务:                           [确定]
关掉 NFS 配额:                           [确定]
启动 NFS 守护进程:                        [确定]
启动 NFS mountd:                         [确定]
```

3. 查看 NFS 服务器的运行状态

```
[root@localhost 桌面]# service nfs status
rpc.svcgssd 已停
rpc.mountd (pid 4159) 正在运行...
nfsd (pid 4156 4155 4154 4153 4152 4151 4150 4149) 正在运行...
rpc.rquotad (pid 4143) 正在运行...
```

从上面的结果可以看出，系统中正在运行的 NFS 进程有 8 个，这些进程的具体信息可通过下面的命令查看。

```
[root@localhost 桌面]# ps - aux | grep nfsd
Warning: bad syntax, perhaps a bogus ' - '? See /usr/share/doc/procps - 3.2.8/FAQ
root     4147  0.0  0.0    0    0 ?       S   00:10  0:00 [nfsd4]
root     4148  0.0  0.0    0    0 ?       S   00:10  0:00 [nfsd4_callbacks]
root     4149  0.0  0.0    0    0 ?       S   00:10  0:00 [nfsd]
root     4150  0.0  0.0    0    0 ?       S   00:10  0:00 [nfsd]
root     4151  0.0  0.0    0    0 ?       S   00:10  0:00 [nfsd]
root     4152  0.0  0.0    0    0 ?       S   00:10  0:00 [nfsd]
root     4153  0.0  0.0    0    0 ?       S   00:10  0:00 [nfsd]
root     4154  0.0  0.0    0    0 ?       S   00:10  0:00 [nfsd]
root     4155  0.0  0.0    0    0 ?       S   00:10  0:00 [nfsd]
root     4156  0.0  0.0    0    0 ?       S   00:10  0:00 [nfsd]
```

4. 查看 RPC 的运行状态

```
[root@localhost 桌面]# netstat - tl| grep rpc
tcp        0    0 *:sunrpc      *:*                LISTEN
```

5. 测试 NFS 服务器

使用 rpcinfo 命令可测试 RPC 服务和端口对应是否正确。

```
[root@localhost 桌面]# rpcinfo -p
   program vers proto   port  service
    100000    4   tcp    111  portmapper
    100000    3   tcp    111  portmapper
    100000    2   tcp    111  portmapper
    100000    4   udp    111  portmapper
    100000    3   udp    111  portmapper
    100000    2   udp    111  portmapper
```

说明：NFS 的端口是 2049，但是它基于 portmap；portmap 的端口是 111，禁止其中任何一个端口都能达到禁止 NFS 服务器的目的；客户端挂载 NFS 共享资源时会随机使用大于 10 000 的端口。

6. 显示 NFS 服务器的统计信息

使用 nfsstat 命令可以显示 NFS 服务到内核的远程过程调用（RPC）接口的统计信息，也可以使用此命令重新初始化该信息。常用参数如下。

（1）-c：显示客户端端的 NFS 和 RPC 信息，允许用户查看客户端数据的报告。如果只需要显示客户端的 NFS 或者 RPC 信息，可将此参数与-n 或者-r 参数结合使用。

（2）-n：显示客户端及服务器上的 NFS 及 RPC 统计信息。

（3）-r：只显示服务器及客户端上的 RPC 统计信息。

（4）-s：显示 NFS 服务器的统计信息。若不加该参数，默认显示服务器及客户端的统计信息。

```
[root@localhost 桌面]# nfsstat -s
Server rpc stats:
calls       badcalls    badauth     badclnt     xdrcall
34          2           2           0           0
Server nfs v2:
null        getattr     setattr     root        lookup        readlink
2         100% 0        0% 0        0% 0        0% 0          0% 0          0%
read        wrcache     write       create      remove        rename
0           0% 0        0% 0        0% 0        0% 0          0% 0          0%
link        symlink     mkdir       rmdir       readdir       fsstat
0           0% 0        0% 0        0% 0        0% 0          0% 0          0%
Server nfs v3:
null        getattr     setattr     lookup      access        readlink
2         100% 0        0% 0        0% 0        0% 0          0% 0          0%
read        write       create      mkdir       symlink       mknod
0           0% 0        0% 0        0% 0        0% 0          0% 0          0%
remove      rmdir       rename      link        readdir       readdirplus
0           0% 0        0% 0        0% 0        0% 0          0% 0          0%
fsstat      fsinfo      pathconf    commit
0           0% 0        0% 0        0% 0        0%
```

共享服务的配置与管理

```
Server nfs v4:
null          compound
3        10 % 27        90 %
Server nfs v4 operations:
op0 - unused    op1 - unused    op2 - future    access          close           commit
0          0 % 0          0 % 0          0 % 4          6 % 0          0 % 0          0 %
create          delegpurge      delegreturn     getattr         getfh           link
0          0 % 0          0 % 0          0 % 25         39 % 3         4 % 0          0 %
lock            lockt           locku           lookup          lookup_root     nverify
0          0 % 0          0 % 0          0 % 3          4 % 0          0 % 0          0 %
open            openattr        open_conf       open_dgrd       putfh           putpubfh
0          0 % 0          0 % 0          0 % 0          0 % 26         41 % 0          0 %
putrootfh       read            readdir         readlink        remove          rename
1          1 % 0          0 % 1          1 % 0          0 % 0          0 % 0          0 %
renew           restorefh       savefh          secinfo         setattr         setcltid
0          0 % 0          0 % 0          0 % 0          0 % 0          0 % 0          0 %
setcltidconf verify           write           rellockowner bc_ctl            bind_conn
0          0 % 0          0 % 0          0 % 0          0 % 0          0 % 0          0 %
exchange_id create_ses      destroy_ses     free_stateid getdirdeleg         getdevinfo
0          0 % 0          0 % 0          0 % 0          0 % 0          0 % 0          0 %
getdevlist   layoutcommit layoutget        layoutreturn secinfononam sequence
0          0 % 0          0 % 0          0 % 0          0 % 0          0 % 0          0 %
set_ssv         test_stateid want_deleg   destroy_clid reclaim_comp
0          0 % 0          0 % 0          0 % 0          0 % 0          0 %
```

6.2.3 NFS 客户端操作

Linux 下的 NFS 客户端无须配置。当 NFS 服务器启动成功后,在客户端可以使用 showmount 命令查看 NFS 服务器上的共享资源,使用 mount 命令将服务器上的共享资源挂载到本地,使用 umount 命令卸载共享资源。若希望每次开机都能访问共享资源,可将挂载命令写入到本地的/etc/fstab 文件中。

1. 检查 NFS 服务器是否启动

在客户端上可以使用 rpcinfo 命令。NFS 服务是基于 RPC 调用的,rpcinfo 命令用于确定 RPC 服务的信息,用法如下。

```
rpcinfo - p [host]
```

或:

```
rpcinfo [ - n port] - u | - t host program [version]
```

或:

```
rpcinfo - b | - d program version
```

rpcinfo 命令的参数如下。

（1）-p(probe,探测)：列出所有在 host 用 portmap 注册的 RPC 程序,如果没有指定 host,就查找本机上的 RPC 程序。

（2）-n：即 port number(端口号)。根据参数-t 或者-u,使用编号为 port 的端口,而不是由 portmap 指定的端口号。

（3）-u：即 UDP。UDP RPC 调用 host 上程序 program 的 version 版本(如果指定的话),并报告是否接收到响应。

（4）-t：即 TCP。TCP RPC 调用 host 上程序 program 的 version 版本(如果指定的话),并报告是否接收到响应。

（5）-b：即 Broadcast(广播)。向程序 program 的 version 版本进行 RPC 广播,并列出响应的主机。

（6）-d：即 Delete(删除)。将程序 program 的 version 版本从本机的 RPC 注册表中删除。只有具有 root 特权的用户才可以使用这个选项。

下面针对 NFS 服务器上的 3 个系统服务进行检查,设服务器的 IP 地址为 172.17.2.220/24。

（1）扫描服务器上的 rpcbind 服务是否启动：

```
[root@localhost 桌面]# rpcinfo － u 172.17.2.220 portmap
program 100000 version 2 ready and waiting
program 100000 version 3 ready and waiting
program 100000 version 4 ready and waiting
```

（2）扫描服务器上的 rpc.nfsd 服务是否启动：

```
[root@localhost 桌面]# rpcinfo － u 172.17.2.220 nfs
program 100003 version 2 ready and waiting
program 100003 version 3 ready and waiting
program 100003 version 4 ready and waiting
```

（3）扫描服务器上的 rpc.mountd 服务是否启动：

```
[root@localhost 桌面]# rpcinfo － u 172.17.2.220 mountd
program 100005 version 1 ready and waiting
program 100005 version 2 ready and waiting
program 100005 version 3 ready and waiting
```

上面的信息表明与 RPC 相关的 3 个服务已经启动。若未启动则显示结果如下：

```
[root@localhost 桌面]# rpcinfo － u 172.17.2.220 nfs
rpcinfo: RPC: Program not registered
program 100003 is not available
```

在有些情况下,与 RPC 相关的服务都启动了,可仍无法查看 NFS 服务器上的共享资源,显示如下信息：

```
[root@localhost 桌面]# showmount － e 172.17.2.220
clnt_create: RPC: Port mapper failure － Unable to receive: errno 113 (No route to host)
```

共享服务的配置与管理

出现上面错误的原因主要是由于 NFS 服务器受到了 Iptables 或 SELinux 的限制,此时需要在服务器上开放 NFS 服务使用的端口。

2. 扫描 NFS 服务器上的共享资源

showmount 命令用于在远程主机上查询关于 NFS 服务器的挂载进程状态,若不使用参数则显示所有从该服务器上挂载到本地的客户清单,命令格式为:

```
showmount [参数] 主机名或 IP 地址
```

showmount 命令的常见参数如表 6-3 所示。

表 6-3   showmount 命令的常见参数

参 数	含 义
-a 或--all	以 host:dir 的格式显示客户主机名和挂载点目录
-d 或--directories	仅显示被客户挂载的目录名
-e 或--exports	显示 NFS 服务器的输出清单
-h 或--help	显示帮助信息
-v 或 version	显示版本信息
--no-headers	禁止输出描述头部信息

例 6-7   显示 172.17.2.220 主机上的共享资源信息。

```
[root@localhost 桌面]# showmount - e 172.17.2.220
Export list for 172.17.2.220:
/home *
/mnt 172.17.2. *
```

3. 挂载服务器中的共享资源

使用 mount 命令完成(此命令的用法详见 4.1.4 节),即

```
[root@localhost 桌面]# mount - t nfs 172.17.2.220:/home /mnt
[root@localhost 桌面]# ls /mnt
u1   zk
```

可以看出,在客户端已经成功访问到了服务器上的 home 文件夹。

6.2.4   任务 6-1：NFS 实验

1. 任务描述

某公司内有一台安装好 Linux 的计算机,为了方便管理,需要建立 NFS 服务器实现资源的共享。公司内员工使用的系统均为 Linux。具体要求如下:

(1) NFS 服务器的 IP 地址为 172.17.2.1/24,设客户端的 IP 地址为 172.17.2.20/24,经理计算机的 IP 地址为 172.17.2.200/24。

(2) 公司内的员工账户为 user+num(例如 user1),经理账户为 manager。

(3) 在 NFS 服务器上有两个共享资源,分别为 share 和 manage。所有员工在访问 share 及 manage 资源时将被映射为账户 myuser,组被映射为 usergroup。所有员工对 share

资源有写入权限。经理对 share 及 manage 资源均可写入。

2. 在 NFS 服务器端的操作

1）在 NFS 服务器上创建用户并配置 IP 地址，地址为 172.17.2.1/24

```
[root@localhost 桌面]# setup
```

激活网卡：

```
[root@localhost 桌面]# ifup eth1
活跃连接状态：激活的
活跃连接路径：/org/freedesktop/NetworkManager/ActiveConnection/2
```

2）创建用户及组

```
[root@localhost 桌面]# useradd myuser
[root@localhost 桌面]# passwd myuser
更改用户 myuser 的密码。
新的 密码：
无效的密码：它没有包含足够的不同字符
无效的密码：是回文
重新输入新的 密码：
passwd：所有的身份认证令牌已经成功更新。
[root@localhost 桌面]# groupadd usergroup
```

3）查看用户及组的 ID

```
[root@localhost 桌面]# cat /etc/passwd | grep myuser
myuser:x:504:504::/home/myuser:/bin/bash
[root@localhost 桌面]# cat /etc/passwd | grep manager
manager:x:503:503::/home/manager:/bin/bash
[root@localhost 桌面]# cat /etc/group | grep usergroup
usergroup:x:506:
```

4）检查并安装 NFS 服务

```
[root@localhost 桌面]# rpm – qa nfs – utils rpcbind
nfs – utils – 1.2.3 – 7.el6.i686
rpcbind – 0.2.0 – 8.el6.i686
```

5）建立共享资源

```
[root@localhost 桌面]# mkdir /share
[root@localhost 桌面]# mkdir /manage
```

6）设置本地资源的权限

```
[root@localhost 桌面]# chmod o + w /share/
[root@localhost 桌面]# chmod o + w /manage/
```

共享服务的配置与管理

7）配置 NFS 服务

```
[root@localhost 桌面]# vim /etc/exports
/share 172.17.2.20(rw,sync,all_squash,anonuid = 504,anongid = 506)
/share 172.17.2.200(rw,sync,all_squash,anonuid = 503,anongid = 503)
/manage 172.17.2.20(ro,sync,all_squash,anonuid = 504,anongid = 506)
/manage 172.17.2.200(rw,sync,all_squash,anonuid = 503,anongid = 503)
```

8）启动 NFS 服务

```
[root@localhost 桌面]# service nfs restart
关闭 NFS mountd:                          [确定]
关闭 NFS 守护进程:                        [确定]
关闭 NFS quotas:                          [确定]
关闭 NFS 服务:                            [确定]
启动 NFS 服务:                            [确定]
关掉 NFS 配额:                            [确定]
启动 NFS 守护进程:                        [确定]
启动 NFS mountd:                          [确定]
```

9）关闭 Iptables 及 SELinux

```
[root@localhost 桌面]# iptables - F
[root@localhost 桌面]# setenforce 0
```

3. 在 NFS 客户端的操作

1）在 NFS 客户端上配置 IP 地址，地址为 172.17.2.200/24

```
[root@localhost 桌面]# setup
```

激活网卡：

```
[root@localhost 桌面]# ifup eth1
活跃连接状态: 激活的
活跃连接路径: /org/freedesktop/NetworkManager/ActiveConnection/2
```

2）建立挂载点

```
[root@localhost 桌面]# mkdir /share
[root@localhost 桌面]# mkdir /manage
```

3）查看 NFS 服务器端的目录列表

```
[root@localhost 桌面]# showmount - e 172.17.2.1
Export list for 172.17.2.1:
/manage 172.17.2.20
/share 172.17.2.20
```

4）挂载共享资源

```
[root@localhost 桌面]# mount - t nfs 172.17.2.1:/share /share
[root@localhost 桌面]# mount - t nfs 172.17.2.1:/manage /manage
```

5）测试

（1）以 172.17.2.200/24 测试：

```
[root@localhost 桌面]# su - manager
[manager@localhost ~]$ mkdir /manage/111
[manager@localhost ~]$ mkdir /share/2222
```

在服务器端的显示结果如下：

```
[root@localhost 桌面]# ll /manage/
总用量 4
drwxrwxr - x. 2 manager manager 4096 7 月 13 01:24 111
[root@localhost 桌面]# ll /share
总用量 4
drwxrwxr - x. 2 manager manager 4096 7 月 13 01:25 2222
```

（2）以 172.17.2.20/24 测试：

```
[root@localhost 桌面]# su - user1
[user1@localhost ~]$ mkdir /share/33333
[user1@localhost ~]$ mkdir /manage/4444
mkdir: 无法创建目录"/manage/4444"：只读文件系统
```

在服务器端的显示结果如下：

```
[root@localhost 桌面]# ll /share/
总用量 4
drwxrwxr - x. 2 myuser usergroup 4096 7 月 13 01:31 33333
```

操作完成。

6.3 Samba 服务介绍

6.3.1 Samba 服务简介

Samba 是在 Linux 及 UNIX 上实现 SMB（Server Message Block）协议的一个免费软件，由服务器及客户端程序构成。SMB 协议是建立在 NetBIOS 协议之上的应用协议，是基于 TCP138、139 两个端口的服务。NetBIOS 出现之后，Microsoft 就使用 NetBIOS 实现了一个网络文件/打印服务系统。这个系统基于 NetBIOS 设定了一套文件共享协议，Microsoft 称之为 SMB（Server Message Block）协议。这个协议被用于 Lan Manager 和 Windows 服务器系统中，实现不同计算机之间共享打印机和文件等。因此，为了让

共享服务的配置与管理

Windows 和 UNIX/Linux 计算机相集成,最好的办法就是在 UNIX/Linux 计算机中安装支持 SMB 协议的软件,这样使得使用 Windows 的客户端无须更改设置,就能像使用 Windows 服务器一样使用 UNIX/Linux 计算机上的共享资源了。

Samba 的服务器程序可以实现以下主要功能:

(1) 文件和打印机共享。文件和打印机共享是 Samba 的主要功能,SMB 进程实现资源共享,将文件和打印机发布到网络之中,以供用户访问。

(2) 身份认证和权限设置。smbd 服务支持 user mode 和 domain mode 等身份认证和权限设置模式,通过加密方式可以保护共享的文件和打印机。

(3) 名称解析。Samba 通过 nmbd 服务可以搭建 NBNS(NetBIOS Name Service)服务器,提供名称解析,将计算机的 NetBIOS 名解析为 IP 地址。

(4) 浏览服务。局域网中,Samba 服务器可以成为本地主浏览服务器,保存可用资源列表,当使用客户端访问 Windows 网上邻居时,会提供浏览列表,显示共享目录、打印机等资源。

6.3.2 Samba 的工作原理

Samba 服务功能强大,这与其通信基于 SMB 协议有关。SMB 不仅提供目录和打印机共享,还支持认证、权限设置。早期的 SMB 运行于 NBT 协议(NetBIOS over TCP/IP)上,使用 UDP 协议的 137、138 及 TCP 协议的 139 端口。改进后的 SMB 可以直接运行于 TCP/IP 协议上,使用 TCP 协议的 445 端口。

1. Samba 工作流程

当客户端访问服务器时,信息通过 SMB 协议进行传输,其工作过程可以分成以下 4 个步骤:

1) 协议协商

客户端在访问 Samba 服务器时,发送 negprot 指令数据包,告知目标计算机其支持的 SMB 类型。Samba 服务器根据客户端的情况选择最优的 SMB 类型,并做出回应,如图 6-5 所示。

2) 建立连接

当 SMB 类型确认后,客户端会发送 session setup 指令数据包,提交账户和密码,请求与 Samba 服务器建立连接,如果客户端通过身份认证,Samba 服务器会对 session setup 报文作出回应,并为用户分配唯一的 UID,在客户端与其通信时使用,如图 6-6 所示。

图 6-5　协议协商　　　　　　　　　　　图 6-6　建立连接

3) 访问共享资源

客户端访问 Samba 共享资源时,发送 tree connect 指令数据包,通知服务器需要访问的共享资源名,如果设置允许,Samba 服务器会为每个客户端与共享资源连接分配 TID,客户端即可访问需要的共享资源,如图 6-7 所示。

4) 断开连接

共享使用完毕,客户端向服务器发送 tree disconnect 报文关闭共享,与服务器断开连接,如图 6-8 所示。

图 6-7　访问共享资源　　　　　　　图 6-8　断开连接

2. Samba 的相关进程

Samba 的核心是两个守护进程 smbd 和 nmbd。smbd 用于管理 Samba 服务器上的共享目录、打印机等,主要是针对网络上的共享资源进行管理的服务;nmbd 功能是进行 NetBIOS 名解析,并提供浏览服务显示网络上的共享资源列表。

6.4　Samba 服务的安装与配置方法

6.4.1　Samba 服务的安装与常用命令

1. Samba 服务的安装

在 RHEL 6.1 中默认情况下是没有安装 Samba 服务器软件包的,只安装了与客户端有关的 3 个软件包,可以使用查询软件包命令查看,结果如下:

```
[root@localhost 桌面]# rpm - qa | grep samba
samba - client - 3.5.6 - 86.el6.i686
samba - common - 3.5.6 - 86.el6.i686
samba - winbind - clients - 3.5.6 - 86.el6.i686
```

Samba 服务器的软件包名称为 samba-3.5.6-86.el6.i686.rpm,可使用 rpm 命令或 yum 命令进行安装。以 yum 为例(设 yum 服务器已经配置好),命令格式如下:

```
[root@localhost 桌面]# yum install samba
```

2. 配置步骤

在 Samba 服务安装完毕之后,并不能直接使用 Windows 或 Linux 的客户端访问 Samba 服务器,必须对服务器进行设置。基本的 Samba 服务器的搭建流程主要分为 4 个步骤:

(1) 编辑主配置文件 smb.conf,指定需要共享的目录,并为共享目录设置共享权限。

(2) 在 smb.conf 文件中指定日志文件名称和存放路径。

(3) 设置共享目录的本地系统权限。

(4) 重新加载配置文件或重新启动 SMB 服务,使配置生效。

3. 相关配置命令

1) SMB 服务的状态控制

(1) SMB 服务的停止,结果如下:

```
[root@localhost 桌面]# service smb stop
关闭 SMB 服务:                           [确定]
```

共享服务的配置与管理

（2）SMB 服务的启动，结果如下：

```
[root@localhost 桌面]# service smb start
启动 SMB 服务：                                    [确定]
```

（3）SMB 服务的重启，结果如下：

```
[root@localhost 桌面]# service smb restart
关闭 SMB 服务：                                    [确定]
启动 SMB 服务：                                    [确定]
```

（4）查看 SMB 服务的运行状态，结果如下：

```
[root@localhost 桌面]# service smb status
smbd（pid 2454）正在运行...
```

2）smbclient 命令

该命令用于在客户端访问服务器端的共享资源，其格式为：

```
smbclient [参数] 网络资源 - U 用户名 % password
```

注意：-U 后面可以直接跟用户名及密码，也可以只写用户名，系统会提示输入访问共享资源的密码；网络资源的格式为//IP/共享资源名称。

smbclient 命令中常见的参数如下。

（1）-L：显示服务器端所分享出来的所有资源。

（2）-T：备份服务器端分享的全部文件，并打包成 tar 格式的文件。

（3）-h：显示帮助。

（4）-N：不用询问密码。

例 6-8 使用 administrator 用户身份查看 IP 地址为 172.17.2.202 的主机上的共享资源，结果如下：

```
[root@localhost 桌面]# smbclient - L //172.17.2.202 - U administrator
Enter administrator's password:
Domain = [DKY - TEACHER] OS = [Windows Server 2003 3790 Service Pack 2] Server = [Windows Server
2003 5.2]
  Sharename        Type      Comment
  ------           ---       ----
  win              Disk
  C $              Disk      默认共享
  111              Disk
  IPC $            IPC       远程 IPC
  ADMIN $          Disk      远程管理
session request to 172.17.2.202 failed (Called name not present)
session request to 172 failed (Called name not present)
Domain = [DKY - TEACHER] OS = [Windows Server 2003 3790 Service Pack 2] Server = [Windows Server
2003 5.2]
```

```
    Server              Comment
    ---                 ----
    Workgroup           Master
    ----                ----
```

例 6-9 以 administrator 用户访问 IP 地址为 172.17.2.202 上的共享资源,结果如下:

```
[root@localhost 桌面]# smbclient //172.17.2.202/win - U administrator
Enter administrator's password:
Domain = [DKY - TEACHER] OS = [Windows Server 2003 3790 Service Pack 2] Server = [Windows Server
2003 5.2]
    smb: \>
```

在 smb 命令提示符(smb:\>)后面输入"?",可显示在此命令状态下的所有可用命令。部分命令含义如表 6-4 所示。

表 6-4 smb 命令提示符下的部分命令

命　　令	含　　义
? 或 help	提供关于帮助或某个命令的帮助
! [shell command]	执行所用的 Shell 命令,或让用户进入 Shell 提示符
cd [目录]	切换到服务器端的指定目录,若未指定则 smbclient 返回当前本地目录
lcd [目录]	切换到客户端指定的目录
dir 或 ls	列出当前目录下的文件
exit 或 quit	退出 smbclient
get	例如:get f1 f2 从服务器上下载 f1,并以文件名 f2 存在本地机上;如果不想改名,可以把 f2 省略
mget	例如:mget f1　f2　f3　fn 从服务器上下载多个文件
md 或 mkdir	在服务器上创建目录
rd 或 rmdir 目录	删除服务器上的目录
put	例如:put f1 [f2] 向服务器上传一个文件 f1,传到服务器上改名为 f2
mput	例如:mput f1 f2 fn 向服务器上传多个文件

注意:此命令中的 IP 地址后面一定要加上共享资源名称,否则系统会报错。

3)smbpasswd 命令

该命令用于修改或设置 Samba 用户密码、增加 Samba 用户,命令格式为:

```
smbpasswd [参数] [用户名]
```

常用参数如下。

(1)-a:增加用户。

(2)-d:冻结用户。

(3)-e:恢复用户。

(4)-n:把用户的密码设置成空,当在 global 中写入 null passwords-true 时,此参数

185

第 6 章

共享服务的配置与管理

有效。

(5) -x：删除用户。

例 6-10　创建 Samba 用户 user1。

```
[root@localhost 桌面]# smbpasswd - a user1
New SMB password:
Retype new SMB password:
Added user user1.
```

例 6-11　删除 Samba 用户 user1。

```
[root@localhost 桌面]# smbpasswd - x user1
Deleted user user1.
```

4）pdbedit 命令

该命令用于管理 SAM 数据库（Samba 用户数据库），格式为：

```
pdbedit [参数] [用户名]
```

此命令参数较多，部分参数如下。

(1) -L：列出 SMB 中的账户。

(2) -a：增加一个账户。

(3) -x：删除一个账户。

(4) -v：列出 Samba 用户列表详细信息，需要和参数-L 一起使用。

(5) -w：列出 Smbpasswd 格式的密码。

(6) -u：指定操作（显示、添加、删除）的用户。

(7) -f：显示用户全名。

(8) -p：指定用户配置文件的位置。

例 6-12　添加一个 Samba 账户 user1。

```
[root@localhost 桌面]# pdbedit - a user1
params.c:Parameter() - Ignoring badly formed line in configuration file: null passwords - true
new password:
retype new password:
UNIX username:          user1
NT username:
Account Flags:          [U           ]
User SID:               S - 1 - 5 - 21 - 1940376895 - 1081242554 - 3232642694 - 1003
Primary Group SID:      S - 1 - 5 - 21 - 1940376895 - 1081242554 - 3232642694 - 513
Full Name:
Home Directory:         \\localhost\user1
HomeDir Drive:
Logon Script:
Profile Path:           \\localhost\user1\profile
Domain:                 LOCALHOST
```

```
Account desc:
Workstations:
Munged dial:
Logon time:            0
Logoff time:             never
Kickoff time:          never
Password last set:     —, 16 7月 2012 22:25:59 CST
Password can change:   —, 16 7月 2012 22:25:59 CST
Password must change: never
Last bad password   : 0
Bad password count  : 0
Logon hours           : FFFFFFFFFFFFFFFFFFFFFFFFFFFFFFFFFFFFFFFFFFFFFF
```

例 6-13 显示系统中所有的 Samba 账户。

```
[root@localhost 桌面]# pdbedit - L
params.c:Parameter() - Ignoring badly formed line in configuration file: null passwords - true
user1:505:
```

例 6-14 删除 Samba 账户 user1。

```
[root@localhost 桌面]# pdbedit - x - u user1
params.c:Parameter() - Ignoring badly formed line in configuration file: null passwords - true
```

5）nmblookup 命令

该命令用于查询主机的 NetBIOS 名，用法为：

```
nmblookup [参数] [主机的 netbios 名]
```

nmblookup 命令的常见参数如下。

（1）-R：递归查询。

（2）-S：通过名称查询返回 IP 及节点详细信息。

（3）-r：使用 137 端口发送和接收 UDP 报文。

（4）-A：把 NetBIOS 名翻译为 IP 地址。

（5）-i：指定查询的 NetBIOS 的范围。

（6）-W：设置用户的 SMB 域。

（7）-B：使用广播地址查询。

（8）-U：使用单播地址查询。

（9）-V：显示版本信息。

例 6-15 查看目标 IP 地址对应的机器名和 MAC 地址。

```
[root@localhost 桌面]# nmblookup - A 172.17.2.202
params.c:Parameter() - Ignoring badly formed line in configuration file: null passwords - true
Looking up status of 172.17.2.202
    DKY - TEACHER     < 00 > -          B < ACTIVE >
    WORKGROUP         < 00 > - < GROUP > B < ACTIVE >
```

共享服务的配置与管理

```
DKY - TEACHER        <20> -              B <ACTIVE>
WORKGROUP            <1e> - <GROUP>     B <ACTIVE>
WORKGROUP            <1d> -              B <ACTIVE>
__MSBROWSE__. <01> - <GROUP> B <ACTIVE>
MAC Address = 00 - 0C - 29 - 76 - 29 - 7B
```

例 6-16 查询目标 NetBIOS 名称对应的 IP 地址。

```
[root@localhost 桌面]# nmblookup dky - teacher
params.c:Parameter() - Ignoring badly formed line in configuration file: null passwords - true
querying dky - teacher on 172.17.2.255
172.17.2.202 dky - teacher <00>
```

6）Smbtree 命令

该命令用于显示局域网中所有共享主机和目录列表。其用法为：

```
smbtree [ - b] [ - D] [ - U username % password]
```

该命令的常见参数如下。

(1) -b：以广播的形式来检测。

(2) -D：显示 Domain。

(3) -U：以 username 登录，%后边是密码。

例 6-17 显示当前用户所在的域。

```
[root@localhost 桌面]# smbtree - D
params.c:Parameter() - Ignoring badly formed line in configuration file: null passwords - true
Enter root's password:
WORKGROUP
```

例 6-18 显示指定用户所在主机的共享资源。

```
[root@localhost 桌面]# smbtree - U administrator
params.c:Parameter() - Ignoring badly formed line in configuration file: null passwords - true
Enter administrator's password:
WORKGROUP
    \\DKY - TEACHER
      \\DKY - TEACHER\ADMIN $          远程管理
      \\DKY - TEACHER\IPC $            远程 IPC
      \\DKY - TEACHER\111
      \\DKY - TEACHER\C $              默认共享
      \\DKY - TEACHER\win
```

7）testparam 命令

该命令用于检查配置文件中的参数设置是否正确。应用举例如下：

```
[root@localhost 桌面]# testparm
Load smb config files from /etc/samba/smb.conf
```

```
rlimit_max: rlimit_max (1024) below minimum Windows limit (16384)
params.c:Parameter() - Ignoring badly formed line in configuration file: null passwords - true
Processing section "[homes]"
Processing section "[printers]"
Loaded services file OK.
Server role: ROLE_STANDALONE
Press enter to see a dump of your service definitions
[global]
        workgroup = MYGROUP
        server string = Samba Server Version % v
        log file = /var/log/samba/log. % m
        max log size = 50
        cups options = raw
[homes]
        comment = Home Directories
        read only = No
        browseable = No
[printers]
        comment = All Printers
        path = /var/spool/samba
        printable = Yes
        browseable = No
```

6.4.2 配置文件简介

与 Samba 配置有关的文件主要有 3 个,分别是 smbusers、smbpasswd 和 smb.conf,均位于 /etc/samba 目录下。

1. smbusers 文件

该文件用于保存 SMB 用户账户。默认的文件内容如下:

```
nobody = guest pcguest smbguest
```

2. smbpasswd 文件

该文件用于保存 SMB 用户的密码。默认是不存在的,当创建 Samba 用户后自动产生。

3. smb.conf 文件

Samba 的主配置文件。由于此文件内容较多,建议在安装后将其复制到/etc/samba 目录作为备份,使用命令 cp smb.conf /etc/samba/smbback.conf,用于将来对主配置的恢复。

smb.conf 文件有两个部分:一个是 Global Settings,即全局配置段,用于设置整个系统的全局参数和规则;另一个是 Share Definitions,即共享定义段,用于设置共享目录和打印机以及相应的权限,文件中行首"♯"表示说明,";"是注释,中括号"[×××]"中的是共享名,其中[homes]是一个特殊的共享名,动态地映射每一个用户的用户目录。

在 Samba 配置文件中涉及很多环境变量,其含义如表 6-5 所示。

共享服务的配置与管理

表 6-5　Samba 中的环境变量

环境变量	说　明	环境变量	说　明	环境变量	说　明
%S	共享名	%G	当前对话的用户的主工作组	%L	服务器 NetBIOS 名称
%P	共享的主目录	%H	用户的共享主目录	%M	客户端的主机名
%u	共享的用户名	%v	Samba 服务器的版本号	%N	NIS 服务器名
%g	用户所在的工作组	%h	Samba 服务器的主机名	%p	NIS 服务器的 home 目录
%U	用户名	%m	客户端 NetBIOS 名称	%I	客户端的 IP
%T	系统当前日期和时间				

1）Samaba 全局配置

下面以 smb.conf 文件为例进行说明。Samba 全局配置部分如下：

```
# ================ Global Settings ==================
workgroup = net        # 指定工作组名
server string = Samba Server
netbios name = sambalx
# 与 NT 域描述信息等价的服务器信息,用于对服务器进行描述
hosts allow = 127. 192.168.12. 192.168.13
# 在局域网络中,用于指定允许访问 Samba 服务器的计算机 IP 地址范围
printcap name = /etc/printcap
# 覆盖原有的 printcap 文件
load printers = yes
# 允许自动加载打印机列表,而无须单独设置每一台打印机
printing = cups
# 定义了打印系统的类型,有 lprng、sysv、plp、bsd、aix 和 hpux 等几个可选项
guest account = nobody
# 定义 Samba 默认的用户账户,这个账户必须在/etc/passwd 中
log file = /var/log/samba/log. %m
# 指定日志文件的位置
max log size = 50
# 指定日志文件最大尺寸的上限,以 KB 为单位,默认为 50KB,若为 0 则不限大小
security = security_level
# 定义 Samba 的安全级别
passdb backend = tdbsam
# 用户后台
password server = < NT - Server - Name >
# 当前面的 security 设定为 server 或者 domain 的时候才有必要设定它
smb passwd file = /etc/samba/smbpasswd
# 设置存放 Samba 用户密码的文件 smbPasswordFile(一般是/etc/samba/smbpasswd)
```

说明 1：Samba 的安全级别按从低到高分为 4 级：share，user，server，domain。它们对应的认证方式如下。

（1）share：没有安全性的级别,任何用户都可以不用用户名和密码访问服务器上的资源。

（2）user：Samba 的默认配置,要求用户在访问共享资源之前必须先提供用户名和密码进行认证,如果共享部分设置为 guest ok＝yes,此时退到 share 级别。

（3）server：和 user 安全级别类似,但用户名和密码是递交到另外一个服务器去认证。如果递交失败,就退到 user 安全级。

（4）domain：这个安全级别要求网络上存在一台主域控制器，Samba 把用户名和密码递交给它去认证。

说明 2：目前有 3 种用户后台：smbpasswd、tdbsam 和 ldapsam。sam 即 security account manager。

（1）smbpasswd：该方式是使用 SMB 工具 smbpasswd 给系统用户（真实用户或者虚拟用户）设置一个 Samba 密码，客户端就用此密码访问 Samba 资源。

（2）tdbsam：使用数据库文件创建用户数据库。数据库文件叫 passdb.tdb，在/etc/samba 中，可使用 smbpasswd - a 创建 Samba 用户，也可使用 pdbedit 创建 Samba 账户（注意：要创建的 Samba 用户必须先是系统用户）。

（3）ldapsam：基于 LDAP 账户管理方式验证用户。首先要建立 LDAP 服务，然后设置：

```
passdb backend = ldapsam: ldap: //Ldap Serv
```

2）Samba 服务的共享定义部分

```
# =================== Share Definitions ================
[MyShare]
    comment = jack's file
    path = /home/jack
    allow hosts = host(subnet)
    deny hosts = host(subnet)
    writable = yes|no
    user = user(@group)
    valid users = user(@group)
    invalid users = user(@group)
    read list = user(@group)
    write list = user(@group)
    admin list = user(@group)
    public = yes|no
    hide dot files = yes|no
    create mask = 0644
    directory mask = 0755
    sync always = yes|no
    short preserve case = yes|no
    preserve case = yes|no
    case sensitive = yes|no
    mangle case = yes|no
    default case = upper|lower
    force user = jack
    wide links = yes|no
    max connections = 100
    delete readonly = yes|no
```

其中：

（1）[]里面的 MyShare 是指定的共享名，一般就是网络邻居里面可以看见的文件夹的

191

第 6 章

共享服务的配置与管理

名字。

（2）comment 指的是对共享的备注或说明。

（3）path 指定共享的路径，其中可以配合 Samba 变量使用。例如可以指定 path ＝ /data/％m，这样如果一台机器的 NetBIOS 名字是 jack，它访问 MyShare 这个共享的时候就是进入/data/jack 目录，而对于 NetBIOS 名是 glass 的机器则进入 /data/glass 目录。

（4）allow hosts 和 deny hosts 与前面的全局设置的方法一样。

（5）writable 指定了这个目录默认是否可写，也可以用 readonly ＝ no 来设置可写。

（6）user 设置所有可能使用该共享资源的用户，也可以用@group 代表 group 这个组的所有成员，不同的项目之间用空格或者逗号隔开。

（7）valid users 指定能够使用该共享资源的用户和组。

（8）invalid users 指定不能够使用该共享资源的用户和组。

（9）read list 指定只能读取该共享资源的用户和组。

（10）write list 指定能读取和写该共享资源的用户和组。

（11）admin list 指定能管理该共享资源（包括读写和权限赋予等）的用户和组。

（12）public 指明该共享资源是否能给游客账户访问，这个开关有时候也叫 guest ok，所以有的配置文件中出现 guest ok ＝ yes 其实和 public ＝ yes 是一样的。

（13）hide dot files 指明是不是像 UNIX 那样隐藏以“.”号开头的文件。

（14）create mask 指明新建立的文件的属性，一般是 0644。

（15）directory mask 指明新建立的目录的属性，一般是 0755。

（16）sync always 指明对该共享资源进行写操作后是否进行同步操作。

（17）short preserve case 指明不管文件名大小写。

（18）preserve case 指明保持大小写。

（19）case sensitive 指明是否对大小写敏感，一般选 no，不然可能引起错误。

（20）mangle case 指明混合大小写。

（21）default case 指明默认的文件名是全部大写还是小写。

（22）force user 强制把建立文件的属主设置成谁。如果有一个目录让 guest 可以写，那么 guest 就可以删除；如果用 force user ＝ jack 强制建立文件的属主是 jack，同时限制 create mask ＝ 0644，这样 guest 就不能删除了。

（23）wide links 指明是否允许共享外符号链接。例如共享资源里面有个链接指向非共享资源里面的文件或者目录，如果设置 wide links ＝ no 将使该链接不可用。

（24）max connections ＝ n 设定同时链接数是 n。

（25）delete readonly 指明能否删除共享资源里面已经被定义为只读的文件。

例 6-19　光驱的共享设置。

```
[cdrom]
    comment = jack's cdrom
    path = /mnt/cdrom
    public = yes
    browseable = yes
    root preexec = /bin/mount - t iso9660 /dev/cd0 /mnt/cdrom
    root postexec = /bin/umount /mnt/cdrom
```

这里 root preexec 指明了连接时用 root 的身份运行 mount 命令,而 root postexec 则指明了断开时用 root 身份运行 umount,有效实现了对光驱的共享。

例 6-20 打印机共享的设置。

```
[printers]
    path = /var/spool/samba
    writeable = no
    guest ok = yes
    printable = yes
    printer driver = HP LaserJet 6L
```

这里 printable 指明该打印机可以打印,guest ok 说明游客也能打印,path 指明打印的文件队列暂时放到/var/spool/samba 目录下。printer driver 的作用是指明该打印机的类型,这样在安装网络打印机的时候可以直接自动安装驱动而不必选择。

例 6-21 普通文件夹 linuxsir 共享资源的设置。

```
[linuxsir]                             ♯方括号中的内容为共享名,自己写的内容
    comment = linuxsir samba server
    path = /home/samba                 ♯在 Linux 系统中,共享文件夹所在位置
    create mask = 0664                 ♯用户创建文件时的权限
    directory mask = 0775              ♯创建目录时的权限,被创建目录的权限为 rwxrwxr_x
    writeable = yes                    ♯可写
    valid users = @siradm,@sirmas,@siruser,nobody   ♯有效用户和用户组,用户和用户组之
间以“,”号隔开,用户组前面要加@符号,nobody 是匿名用户
    browseable = yes                   ♯是否可以浏览,是
    guest ok = yes                     ♯匿名用户是否可以访问,是
```

6.5 Samba 实 验

6.5.1 任务 6-2:在 Linux 中访问 Windows 共享资源

1. 任务描述

在 Windows 系统中有一个共享文件夹,共享名为 11,其 IP 地址为 10.1.1.2,要求在 Linux 中将 Windows 共享文件夹中的 1.txt 文件下载到本地。完成此任务可以使用 SMB 客户端方式,也可以使用 mount 命令挂载共享资源的方式。

2. 操作步骤

本例中使用 SMB 客户端命令方式,在 Linux 中的操作如下:

1) 配置本地 IP 地址为 10.1.1.1/24

使用 setup 命令,此处不再详述。

2) 激活网卡

```
[root@localhost 桌面]♯ ifup eth1
活跃连接状态:激活中
```

```
活跃连接路径：/org/freedesktop/NetworkManager/ActiveConnection/1
状态：激活中
状态：激活的
连接被激活
```

3）测试连通性

```
[root@localhost 桌面]# ping 10.1.1.2
PING 10.1.1.2 (10.1.1.2) 56(84) bytes of data.
64 bytes from 10.1.1.2: icmp_seq = 1 ttl = 128 time = 1.49 ms
64 bytes from 10.1.1.2: icmp_seq = 2 ttl = 128 time = 0.201 ms
--- 10.1.1.2 ping statistics ---
2 packets transmitted, 2 received, 0 % packet loss, time 1859ms
rtt min/avg/max/mdev = 0.201/0.845/1.490/0.645 ms
```

4）查看 Windows 服务器的共享资源

```
[root@localhost 桌面]# smbclient - L //10.1.1.2 - U administrator
Enter administrator's password:
Domain = [计算机系] OS = [Windows Server 2003 3790 Service Pack 2] Server = [Windows Server 2003
5.2]
    Sharename       Type        Comment
    -----           ---         ----
    C $             Disk        默认共享
    11              Disk
    IPC $           IPC         远程 IPC
    ADMIN $         Disk        远程管理
    E $             Disk        默认共享
session request to 10.1.1.2 failed (Called name not present)
session request to 10 failed (Called name not present)
Domain = [计算机系] OS = [Windows Server 2003 3790 Service Pack 2] Server = [Windows Server 2003
5.2]
    Server          Comment
    ---             ----
    Workgroup       Master
    ---             ----
```

5）连接共享服务器

```
[root@localhost 桌面]# smbclient //10.1.1.2/11 - U administrator
Enter administrator's password:
Domain = [计算机系] OS = [Windows Server 2003 3790 Service Pack 2] Server = [Windows Server 2003 5.2]
```

6）查看共享资源

```
smb: \> ls
  .                         D        0 Tue May 22 09:15:03 2012
  ..                        D        0 Tue May 22 09:15:03 2012
  1.txt                     A        4 Tue May 22 09:15:08 2012
```

7）下载文件

```
smb: \> get 1.txt
getting file \1.txt of size 4 as 1.txt (3.9 KiloBytes/sec) (average 3.9 KiloBytes/sec)
```

8）退出 smb 客户端

```
smb: \> exit
```

若希望使用 mount 挂载命令实现上述任务,操作如下:

```
[root@localhost 桌面]# mount - t cifs - o username = administrator,password = admin //10.1.
1.2/11 /winshare/
[root@localhost 桌面]# ls /winshare/
1.txt
[root@localhost 桌面]# umount /winshare/
```

6.5.2　任务 6-3:在 Windows 中匿名访问 Linux 资源

1. 任务描述

设公司内部有一台已经安装好 Linux 操作系统的计算机,现要求将 Linux 中的 /myshare 文件夹共享,共享名为 share,所有人都可以访问此文件夹。设 Linux 服务器的 IP 地址为 172.17.2.1/24,Windows 客户端的 IP 地址为 172.17.2.202/24。

2. 操作步骤

1）检查 Linux 系统中是否安装了 Samba 软件包

```
[root@localhost 桌面]# rpm - qa | grep samba
samba - client - 3.5.6 - 86.el6.i686
samba - common - 3.5.6 - 86.el6.i686
samba - winbind - clients - 3.5.6 - 86.el6.i686
```

从上面的结果可以看出,系统中没有安装 Samba 服务器端的软件包。

2）安装 Samba 软件包

```
[root@localhost 桌面]# yum install samba
Loaded plugins: product - id, refresh - packagekit, subscription - manager
Updating Red Hat repositories.
Setting up Install Process
… …
Running Transaction
   Installing : samba - 3.5.6 - 86.el6.i686                              1/1
rhel - source/productid                     | 1.7 kB      00:00 …
duration: 149(ms)
Installed products updated.
Installed:
   samba.i686 0:3.5.6 - 86.el6
Complete!
```

3）建立 myshare 文件夹及文件

```
[root@localhost 桌面]# mkdir /myshare
[root@localhost 桌面]# echo how are you > /myshare/1.txt
```

4）修改 Samba 配置文件

```
[root@localhost 桌面]# vim /etc/samba/smb.conf
```

修改内容如下：

```
security = share
[share]
comment = this is linux share
path = /myshare
guest ok = yes
browseable = yes
```

5）启动 SMB 服务

```
[root@localhost 桌面]# service smb restart
关闭 SMB 服务：                              [失败]
启动 SMB 服务：                              [确定]
```

6）关闭防火墙及 SELinux

```
[root@localhost 桌面]# iptables - F
[root@localhost 桌面]# setenforce 0
```

7）在 Windows 中测试

单击"开始"→"运行"命令，输入"\\172.17.2.1"，弹出窗口如图 6-9 所示。

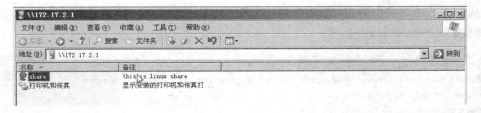

图 6-9　成功访问到 Linux 的共享资源

6.5.3　任务 6-4：在 Windows 中实名访问 Linux 资源

1. 任务描述

设某公司内部有一台 Linux 服务器，现在需要在服务器中建立两个共享文件夹 userdir 及 managedir，所有人都可以访问并向 userdir 共享资源中写入自己的文档，员工可以访问 managedir 共享资源，但只有经理用户可读可写。设员工账户为 user＋n，n 为员工编号，所

有员工都在 group 组中,经理账户为 manager,服务器的 IP 地址为 172.17.2.1/24,员工的
地址为 172.17.2.202/24。

2. 操作步骤

1）安装 Samba 软件包

操作见任务 6-3 中操作步骤的 1）和 2）。

2）建立文件夹

```
[root@localhost 桌面]# mkdir /userdir
[root@localhost 桌面]# mkdir /managedir
```

3）创建用户及组（此处以 user1、user2 及 manager 账户为例）

```
[root@localhost 桌面]# groupadd group
[root@localhost 桌面]# useradd manager
[root@localhost 桌面]# useradd user1 - G group
[root@localhost 桌面]# useradd user2 - G group
```

4）设置本地文件夹权限

首先设置员工的共享文件夹权限。由于员工对 userdir 文件夹可读可写,出于安全考
虑,只允许员工删除自己的文件夹,而不能删除别人的文件夹,所以在权限中加入了特殊权
限 t。

```
[root@localhost 桌面]# chmod o + wt /userdir/
[root@localhost 桌面]# ll / | grep user
drwxr - xrwt. 2 root root 4096 7 月 17 23:22 userdir
```

对于 managedir 共享资源而言,员工账户可读取,但允许管理员写入,出于安全考虑,为
该文件夹设置了 ACL 权限,添加了 manager 账户对此文件夹的读写权限。

```
[root@localhost 桌面]# setfacl - m u:manager:rwx /managedir/
[root@localhost 桌面]# getfacl - c /managedir
user::rwx
user:manager:rwx
group::r - x
mask::rwx
other::r - x
```

5）修改配置文件

```
[root@localhost 桌面]# vim /etc/samba/smb.conf
```

（1）首先设置员工账户的共享权限,所有人均可读、写此文件夹。注意,此处设置的只
是共享权限,要想实现题目要求,还要结合本地安全权限才可以。修改内容如下：

```
[userdir]
comment = this is user's share
```

```
path = /userdir
guest ok = yes
browseable = yes
writeable = yes
```

（2）设置 manager 的共享资源，文档中的@代表组，合法用户对此资源拥有读取权限，根据题目要求，只能 manager 账户拥有写权限。修改内容如下：

```
[managedir]
comment = this is manager's share
path = /managedir
valid users = @group,manager
write list = manager
```

6）创建 Samba 用户

以 user1 为例，user2 及 manager 的创建方法与 user1 相同。

```
[root@localhost 桌面]# smbpasswd - a user1
New SMB password:
Retype new SMB password:
Added user user1.
```

7）启动 SMB 服务

```
[root@localhost 桌面]# service smb restart
关闭 SMB 服务：                        [失败]
启动 SMB 服务：                        [确定]
```

8）关闭防火墙及 SELinux

```
[root@localhost 桌面]# iptables - F
[root@localhost 桌面]# setenforce 0
```

9）在地址为 172.17.2.202/24 的 Windows 主机中进行测试

在 Windows 中选择"开始"→"运行"命令，输入目标服务器的 IP 地址，例如"\\172.17.2.1"，弹出如图 6-10 所示对话框。

（1）以 user1 身份登录进行测试。

在图 6-10 中输入用户名（user1）及该用户的 SMB 密码，确定后出现窗口如图 6-11 所示。测试 user1 对共享资源 userdir 的权限，结果如图 6-12 所示。测试 user1 对共享资源 managedir 的权限，结果如图 6-13

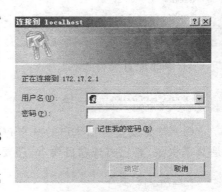

图 6-10　登录对话框

所示。

由此可见,员工 user1 对 userdir 共享资源拥有读写权限,但对 managedir 共享资源只拥有读权限,满足题目要求。

(2) 以 manager 身份登录进行测试。

在图 6-10 中输入用户名(manager)及其密码,弹出窗口如图 6-14 所示。manager 可读写共享资源 userdir,结果如图 6-15 所示。但不能删除别人创建的文件(例如 user1 创建的文件),结果如图 6-16 所示。测试 manager 对共享资源 managedir 的权限,结果如图 6-17 所示。

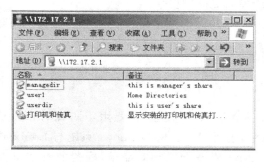

图 6-11　user1 成功登录后的窗口

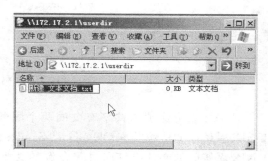

图 6-12　user1 成功读写 userdir 共享资源

图 6-13　user1 向 managedir 中写入失败

图 6-14　manager 成功登录后的窗口

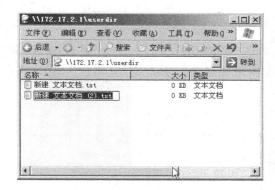

图 6-15　manager 成功读写 userdir 资源

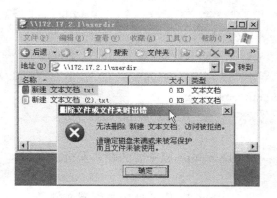

图 6-16　删除 user1 的文件失败

共享服务的配置与管理

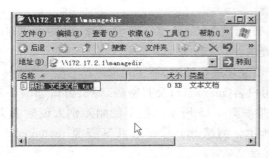

图 6-17   manager 成功读写 managedir 资源

实验结果符合题目的要求,操作完成。

6.6   小   结

本章主要介绍了与共享有关的两个服务,一个是 NFS 服务,主要用于实现 Linux 或 UNIX 系统间的资源共享;另一个是 Samba 服务,主要用于实现 Windows 系统与 Linux 或 UNIX 系统间的文件或打印机等资源的共享。NFS 服务配置相对简单,配置的参数也较少,NFS 客户端可以通过 SMB 的命令行模式也可以通过 mount 命令挂载方式实现对 NFS 资源的访问。Samba 服务配置参数较多,可以对 Samba 服务器做较详细的设置。若希望在 Linux 中访问 Windows 的共享资源,可以在 Linux 中直接使用 mount 命令挂载实现。无论以哪种方式访问哪种资源,都要注意权限的设置情况。在网络中权限是由两部分叠加而成的,一部分是共享权限;另一部分是本地安全权限。权限的认证是在被访问的系统中完成的,即访问谁,谁认证,权限值取共享权限与本地安全权限叠加后的最小值。

6.7   习   题

1. 选择题

(1) NFS 服务使用的端口号是_____。

    A. 21　　　　　　　　B. 202　　　　　　　　C. 2049　　　　　　　　D. 2040

(2) NFS 提供的服务是_____。

    A. 远程登录　　　B. 文件服务　　　C. 共享服务　　　　D. 配置 IP 地址

(3) 用 Samba 共享的目录,但在 Windows 网上邻居中却看不到,应该在/etc/samba/smb.conf 中设置_____。

    A. Allow Windows Clents＝yes　　　　B. Browseable＝yes

    C. Hidden＝no　　　　　　　　　　　D. Allow all client＝yes

(4) Samba 服务器的默认安全级别是_____。

    A. share　　　　B. user　　　　C. domain　　　　D. server

(5) Samba 服务器的主配置文件是_____。

    A. /etc/samba/smb.conf　　　　B. /etc/smb.conf

    C. /var/smb.conf　　　　　　　　D. /etc/samba.conf

（6）Samba 主配置文件由_____组成。

    A. global 参数和 share 参数   B. directory share 和 file share

    C. applications share   D. virtual share

（7）启动 Samba 服务的命令是_____。

    A. service smb start   B. /sbin/smb start

    C. service samba start   D. /sbin/samba start

（8）NFS 服务的成功运行与否主要依赖于_____服务。

    A. RPC   B. SMB   C. FTP   D. DNS

（9）NFS 中默认的匿名账户是_____。

    A. user   B. nfsnobody   C. anonymous   D. guest

（10）NFS 服务的配置文件名为_____。

    A. /var/ftp/pub   B. /etc/vsftpd   C. /etc/exports   D. /etc/rc. d

（11）NFS 工作站要 mount 远程 NFS 服务器上的一个目录，服务器端必须设置_____。

    A. 共享目录必须加到/etc/exports   B. NFS 服务必须启动

    C. portmap 必须启动   D. 以上全部需要

（12）查看 NFS 服务器（IP 地址为 192.168.100.1）中共享目录的命令是_____。

    A. show //192.168.100.1   B. showmount -e 192.168.100.1

    C. show -e 192.168.100.1   D. showmount -l 192.168.100.1

（13）装载 NFS 服务器（IP 地址为 10.10.10.1）中共享目录/share 到本地目录/mnt/share 的命令是_____。

    A. mount 10.10.10.1/share /mnt/share

    B. mount -t nfs 10.10.10.1/share /mnt/share

    C. mount -t nfs 10.10.10.1:/share /mnt/share

    D. mount -t nfs //10.10.10.1/share /mnt/share

（14）在 NFS 中关于用户 IP 映射描述正确的是_____。

    A. 默认情况下，anonuid 不需要密码

    B. 服务器上的 root 用户默认值与客户端的不一样

    C. root 不会被映射成 nfsnobody 用户

    D. root 会被映射成 nfsnobody 用户

（15）将用户 tom 变为 SMB 用户的方法是_____。

    A. smbpasswd -a tom   B. smbadd tom

    C. smbpasswd -a user tom   D. smbuser -a tom

2. 简答题

（1）简述 NFS 系统的构成。

（2）如何在客户端查看 NFS 的共享资源列表？

（3）如何利用 SMB 实现资源的安全共享？

第 7 章　DNS 服务的配置与管理

学习目标
- 了解 DNS 的定义
- 了解 DNS 的作用
- 了解 DNS 的工作原理
- 会安装 DNS 软件包
- 能够正确配置 DNS 服务器
- 能够正确配置 DNS 的客户端
- 会调试 DNS 服务

7.1　DNS 简 介

DNS(Domain Name System,域名系统)是 Internet 的一项核心服务,最早于 1983 年由 Paul Mockapetris 发明,原始的技术规范在 882 号 Internet 标准草案(RFC 882)中发布,1987 年发布的第 1034 号和第 1035 号草案修正了 DNS 技术规范,并废除了之前的第 882 号和第 883 号草案,域名长度的限制是 63 个字符,其中不包括 www. 和. com 或者其他的一级域名。

DNS 用于命名组织到域层次结构中的计算机和网络服务,定义了 Internet 上使用的主机名字的语法、名字的授权规则,以及为了定义名字和 IP 地址的对应关系,系统需要进行的设置等内容。可以把 DNS 理解为一个可以将域名和 IP 地址相互映射的分布式数据库。在 Internet 上域名与 IP 地址之间是一一对应的,域名虽然便于人们记忆,但机器之间只能互相认识 IP 地址,它们之间的转换工作称为域名解析。域名解析需要由专门的域名解析服务器来完成,DNS 就是进行域名解析的服务器。有了 DNS,人们通过访问域名定位到相应的主机,而不用去管那些不易记忆的 IP 地址。

7.1.1　DNS 与 hosts 文件的区别

目前 Internet 上使用的 IP 地址版本为 IPv4,由 32 个二进制位组成,每 8 位二进制数分成一段,中间用".＂隔开,以十进制形式表示,例如 1.1.1.1。每个 IP 地址都有一个相对应的子网掩码。常见的子网掩码有三类,分别为/8、/16、/24,其中"/＂后面的数字代表子网掩码中 1(二进制形式)的个数。

无论是在 Linux 中还是在 Windows 中都会存在一个用于保存 IP 地址与主机名对应关系的文件,例如在 Linux 中 IP 地址与主机名的对应关系保存在/etc/hosts 文件中。hosts

文件不仅包含了 IP 地址和主机名之间的映射,还包括主机名的别名,在没有域名服务器的情况下,系统中的所有网络程序都通过查询该文件来解析对应于某个主机名的 IP 地址,通常可以将常用的域名和 IP 地址映射加入到 hosts 文件中,实现快速方便的访问。hosts 文件的格式为:

> IP 地址 主机名 别名……

例如:

> 1.1.1.1 myhost myhost.com

其中,myhost 为主机名,myhost.com 为别名。在正常情况下,ping myhost 和 ping myhost.com 的操作均是成功的。

虽然通过在 hosts 文件中加入 IP 及主机名可以实现 IP 与主机名间的映射,但 hosts 只是一个纯文本文件,结构比较简单,存储的容量较小,在网络规范较大的情况下并不适用。所以 hosts 文件更多是在单机或计算机数量较少的情况下使用,在更多的时候,域名解析工作还是要由 DNS 来完成。

7.1.2 DNS 的结构

DNS 是一个层次分明的分散式名称对应系统,有点像计算机中的目录树结构,以三级域名的 DNS 结构为例,如图 7-1 所示。在最顶端的是整个 DNS 系统的根,即根域名,用一个"."表示;其下分为好几个基本类别名称如 com、org、edu 等,这些名称被称为一级域名或顶级域名;再下面是组织机构名称如 sohu、sina 等;最下面的一层是主机名如 www、mail、news 等。因为当初 Internet 从美国发起时并没有国家名称,但随着后来 Internet 的蓬勃发展,全世界都加入了 Internet,为了更好地区分彼此,DNS 中也加进了诸如 cn、au、uk 等国家名称,所以一个完整 DNS 名称格式为"主机名.n 级域名.n-1 级域名.一级域名"(根域名是不需要写的),例如 www.sohu.com,完整的名称对应的就是一个 IP 地址了。

图 7-1   DNS 结构示意图

目前 DNS 采用分布式的解析方案,Internet 管理委员会规定,域名空间的解析权都归根服务器所有,根服务器再将解析请求委派到下一级服务器,逐层委派,直到找到目标主机或查询超时。根服务器把以 .net、.com、.gov 等结尾的域名都进行了委派,这些被委派的域名被称为顶级域名或一级域名,每个域名都有预设的用途,具体如表 7-1 所示。

表 7-1　常见的一级域名

一级域名	描　述	举　例
.arpa	属于美国国防部高级研究计划局（ARPA），由 IANA 管理，负责 IPv4 版本中域名的反向解析	用于表示 in-addr.arpa 域
.com	商业组织使用	营利性质的公司，例如百度
.edu	教育机构使用	学校、培训机构
.gov	政府机构使用	政府行政部门
.int	保留供国际组织使用，用于 IPv6 版本中 DNS 的反向解析	ip6.int 域
.mil	军事机构	军队使用
.net	供提供大规模 Internet 或电话服务的组织使用	InterNIC、AT&T 和其他大规模 Internet 和电话服务提供商
.org	非营利单位使用	例如慈善机构
.uk	代表英国	
.cn	代表中国	

7.1.3　DNS 的分类

根据 DNS 区域的不同，DNS 服务器的类型也不尽相同。域名服务器分为 4 种，分别为主域名服务器、辅助域名服务器、存根服务器、转发服务器。

1. 主域名服务器

主域名服务器（master）也称为主服务器，是特定域所有信息的权威性信息源。它从域管理员构造的本地磁盘文件中加载域信息，该文件（区域文件）包含着该服务器具有管理权的一部分域结构的最精确信息。主服务器是一种权威性服务器，因为它以绝对的权威去回答对其他域的任何查询。主 DNS 服务器是主区域的集中更新源，只有主 DNS 服务器可以管理此 DNS 区域。配置主服务器需要一整套配置文件，包括正向域的区域文件和反向域的区域文件、引导文件、高速缓存和回送文件，其他类型的服务器配置都不需要这样一整套文件。

2. 辅助域名服务器

辅助域名服务器（slave）可从主域名服务器中转移一整套区域信息，区域文件是从主服务器中转移出来后作为本地磁盘文件存储在辅助服务器中的，这种转移称为区域文件转移。在辅助域名服务器中有一个所有区域信息的完整复制，可以权威地回答对该域的查询，因此辅助域名服务器也称作权威性服务器。在 DNS 服务设计中，针对每一个区域，建议用户至少部署两台 DNS 服务器来进行域名的解析工作。其中一台作为主 DNS 服务器，而另外一台作为辅助 DNS 服务器，主 DNS 服务器与辅助 DNS 服务的内容是完全一致的，当主 DNS 的内容发生变化后，辅助 DNS 中的记录也会进行更新。

配置辅助域名服务器不需要生成本地区域文件，因为可以从主服务器中下载该区域文件，然而引导文件、高速缓存文件和回送文件是必须要有的。

3. 存根服务器

存根服务器（hint）可运行域名服务器软件但是没有域名数据库系统。每次进行域名查询时，它把从某个远程服务器得到的回答存放在高速缓存中，而不是将这些资源记录存储在存根区域中,唯一例外的是返回的内容为 A 记录时,它会存储在存根区域中。存储在缓存中的资源记录按照每个资源记录中的生存时间(TTL)的值进行缓存;而存放在存根区域中的 SOA、NS 和 A 资源记录按照 SOA 记录中指定的过期间隔过期(该过期间隔是在创建存根区域期间创建的,从原始主要区域复制时更新)。以后查询相同的信息时就用缓存中的信息予以回答。存根服务器不是权威性服务器,因为它提供的所有信息都是间接信息。

4. 转发服务器

转发服务器(forward)对应于一个转换程序,是一段要求域名服务器提供区域信息的程序,在 Linux 系统中,它是作为一个库程序来实现的,不是一个单独的客户程序。在转发服务器系统中,仅使用转换程序,并不运行域名服务器,这种系统是很容易配置的,最多只需要设置/etc/resolv.conf 文件,其他 3 个 BIND 配置选项都需要使用 named 服务软件。

7.1.4 DNS 中的术语

(1) 域:代表网络一部分的逻辑实体或组织。

(2) 域名:主机名的一部分,表示包含这个主机的域,可以和域交换使用。

(3) 主机:网络上的一台计算机。

(4) 节点:网络上的一台计算机。

(5) 域名服务器:提供 DNS 服务的计算机,它可以实现域名与 IP 地址的相互转换。在域名服务器中保持并维护域名空间中的数据库程序,每个域名服务器含有一个域名空间子集的完整信息,并保存其他有关部分的信息。域名服务器拥有其控制范围的完整信息,控制的信息按区进行划分,区可以分布在不同的域名服务器上,以便为每个区提供服务。每个域名服务器都知道每个负责其他区的域名服务器。

(6) 正向解析:把域名转换成与其对应的 IP 地址的过程。

(7) 解析器:从域名服务器中提取 DNS 信息的程序。

(8) 反向解析:将给出的 IP 地址转化为其对应的域名。

(9) 域名空间:是标识一组主机并提供他们有关信息的树型结构的详细说明,树上的每一个节点都有它控制下的主机有关信息的数据库。查询命令在这个数据库中提取适当的信息,这些信息包括域名、IP 地址、邮件别名以及那些在 DNS 系统中能查到的内容。

(10) DNS 区域:在 DNS 中区域(zone)分为正向查询区域和反向查询区域两大类。正向查询区域用于全称域名(Full Qualified Domain Name,FQDN)到 IP 地址的映射,当 DNS 客户端请求解析某个 FQDN 时,DNS 服务器在正向查找区域中进行查找,并返回给 DNS 客户端查找到的对应的 IP 地址。反向查找区域用于 IP 地址到 FQDN 的映射,当 DNS 客户端请求解析某个 IP 地址时,DNS 服务器在反向查询区域中进行查找,并返回给 DNS 客户端对应的 FQDN 信息。

7.1.5 DNS 的工作原理

1. DNS 的工作过程

DNS 分为客户端和服务器端,客户端向服务器端查询一个域名,而服务器端需要回答此域名对应的真正 IP 地址。首先在当地的 DNS 中查询数据库,如果在自己的数据库中没有,则会到该机上所设的 DNS 服务器中查询,得到答案之后,将查到的名称及相对的 IP 地址记录保存在高速缓存区（Cache）中，当下一次还有另外一个客户端到此服务器上去查询相同的名称时，服务器就不用再到别的主机上去寻找，可直接从缓存区中找到该条记录资料，传回给客户端，加速客户端对名称查询的速度。具体过程如图 7-2 所示。

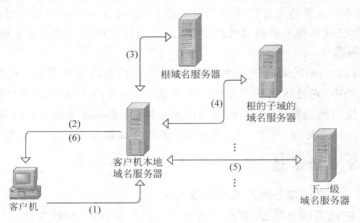

图 7-2　DNS 的工作过程示意图

DNS 查询的具体过程如下：

（1）DNS 客户端提出域名解析请求，并将该请求发送给本地的域名服务器。

（2）当本地的域名服务器收到请求后，就先查询本地的缓存，如果有该记录项，则本地的域名服务器就直接把查询的结果返回。

（3）如果本地的缓存中没有该记录，则本地域名服务器就直接把请求发给根域名服务器，然后根域名服务器再返回给本地域名服务器一个所查询域（根的子域）的主域名服务器的地址。

（4）本地服务器再向上一步返回的域名服务器发送请求，然后接受请求的服务器查询自己的缓存，如果没有该记录，则返回相关的下级的域名服务器的地址。

（5）重复第（4）步，直到找到正确的记录。

（6）本地域名服务器把返回的结果保存到缓存，以备下一次使用，同时还将结果返回给客户端。

2．DNS 使用的端口

DNS 作为一种网络中的核心服务，使用频率非常高，经常需要进行网络查询。众所周知，一个网络程序的正常运行离不开端口，DNS 使用的端口号为 53，此端口在 /etc/services 文件中可以查到。通常在 DNS 查询时，会使用速度较快的 UDP 协议完成查询，当无法查询到完整的信息时，才会使用 TCP 协议重新查询，所以 DNS 会使用 TCP 和 UDP 两种协议。

3．DNS 中的查询方法

1）递归查询

一般情况下，客户端和服务器之间属于递归查询，即当客户端向 DNS 服务器发出请求后，若 DNS 服务器本身不能解析，则会向另外的 DNS 服务器发出查询请求，得到结果后转交给客户端。

2）迭代查询

一般情况下，DNS 服务器之间属于迭代查询。例如，若 DNS 1 不能响应 DNS 2 的请求，则它会将 DNS 3 的 IP 给 DNS 1，以便其再向 DNS 3 发出请求。

3）反向查询

利用 IP 地址解析主机名称的过程。

7.2　DNS 服务的配置文件

在 RHEL 6.1 中，DNS 是不会被默认安装的。DNS 的软件包为 bind-9.7.3-2.el6.i686。BIND(Berkeley Internet Name Domain Service)由 Kevin Dunlap 为伯克利的 BSD UNIX 4.3 操作系统编写。BIND 是目前最为常见的 DNS 服务软件实现，也是迄今为止最流行的 DNS 服务软件，它已经被移植到大多数 UNIX/Linux 变种上，并且被作为许多供应商的 UNIX/Linux 标准配置封装在产品中。

BIND 在 RedHat Enterprise Linux 系统中的服务名为 named，可以通过服务管理工具来进行设置。

在 RHEL 6.1 系统中已经包含了 BIND9，该版本有如下重要特性：

(1) 支持 DNSSEC 和 TSIG，增强了安全性。

(2) 支持 IPv6 域名解析。

(3) 改进了 DNS 协议，包括 IXFR、DDNS、Notify 和 EDNS0，提高了性能。

(4) 支持视图技术，可以针对不同的用户提供不同的解析数据。

(5) 改进了软件结构，可移植性好。

BIND 软件包的安装方法如下：

```
[root@localhost ~]# yum install bind
```

DNS 服务安装完成后，会在/etc 文件夹及/var/named 文件夹下产生 DNS 的配置文件，详细情况如表 7-2 所示。

表 7-2　DNS 部分配置文件

名　　称	含　　义	作　　用
/etc/named.conf	DNS 的主配置文件	配置一般的 name 参数，指向该服务器使用的域数据库的信息源
/etc/named/named.rfc1912.zones	区域清单文件	用于声明 DNS 的区域文件
/etc/named/named.root.key	Root 区域的 DNS 安全密钥	更新被发布 Root 的 DNS 区域
/etc/named/named.iscdlv.key	BIND 的安全密钥	覆盖 DNS 区域内置的信任锚点
/var/named/named.ca	根域服务器信息文件	指向根域服务器，用于服务器缓存的初始化
/var/named/named.localhost	Localhost 区域正向域名解析文件	用于将本地回路 IP 地址(127.0.0.1)转换为 localhost 名字
/var/named/named.loopback	Localhost 区域反向域名解析文件	用于将 localhost 名字转换为本地回路 IP 地址(127.0.0.1)

DNS 服务的配置与管理

续表

名　　称	含　　义	作　　用
/var/named/nametoip.conf	用户配置区域的正向解析文件	将主机名映射为 IP 地址的区域文件
/var/named/iptoname.conf	用户配置区域的反向解析文件	将 IP 地址映射为主机名称的区域文件

7.2.1 /etc/named.conf 文件介绍

在 Linux 中,named.conf 是 DNS 的主配置文件,在此文件中需要声明 DNS 服务监听的端口、工作目录等信息。

1. 文件中的主要参数

1) zone

zone 用于声明一个区域,是主配置文件中非常常用且重要的部分,一般包括域名、服务器类型以及域信息源 3 个部分。其语法为:

```
zone "zone_name" IN {
type 子语句;
file 子语句;
其他子语句;
};
```

区域声明中的 type 有 4 种,分别为 master(主域名服务器)、slave(辅助域名服务器)、hint(存根服务器)和 forward(转发服务器)。

区域声明中的 file 后接文件路径,主要说明一个区域信息源的路径。

2) options

options 用于定义全局配置选项,其语法为:

```
options {
        配置子语句 1;
        配置子语句 2;
        ……
            }
```

其配置子语句常用的主要有以下几类。

(1) listen-on port:表示 DNS 默认监听的地址范围,默认为 localhost,即只监听本机的53 号端口。

(2) directory:该子语句后接目录路径,主要用于定义服务器区域配置文件的工作目录,例如/etc 等。

(3) dump-file:指定 DNS 数据镜像文件名及路径。

(4) statistics-file:指定静态文件的文件名及路径。

(5) memstatistics-file:指定内存统计文件名及路径。

(6) recursion yes:允许递归查询。

（7）dnssec-enable yes：允许 DNS 安全扩展。

（8）dnssec-validation yes：允许 DNS 安全扩展认证。

（9）dnssec-lookaside auto：后备 DNS 安全扩展。

（10）bindkeys-file"/etc/named.iscdlv.key"：设置保存 BIND 关键字的文件名及位置。

（11）forwarders：该子语句后接 IP 地址或网络地址，用于定义转发区域，即将本 DNS 服务器上的信息转发到指定网络或主机中。

3）logging

logging 用于定义 DNS 的日志，从而实现对 DNS 的更好管理，其格式如下：

```
logging {
        channel 存储通道名称 {
                file 日志文件；
                severity 安全级别；
        };
```

logging 中的安全级别有以下几种。

（1）critical：最严重的级别。

（2）error：错误级别。

（3）warning：警告级别。

（4）notice：一般重要级别。

（5）info：普通级别。

（6）debug［level］：调试级别。

（7）dynamic：静态级别。

上述日志的安全级别中 critical 最高，dynamic 最低。

日志文件也分为两类，named.run 为调试日志，message 为正常消息日志。

4）include

include 用于将其他文件包括到 DNS 的配置文件中。

5）ACL

ACL 是 Access Control List 的缩写，即访问控制列表，就是一个被命名的地址匹配列表。使用访问控制列表可以使配置简单而清晰，一次定义之后可以在多处使用，不会使配置文件因为大量的 IP 地址而变得混乱。ACL 语句的语法为：

```
acl acl_name {
address_match_list;
};
```

BIND 里默认预定义了 4 个名称的地址匹配列表，分别如下。

（1）Any：表示所有主机。

（2）Localhost：表示本机。

（3）Localnets：表示本地网络上的所有主机。

（4）None：表示不匹配任何主机。

需要注意的是，ACL 语句是 named.conf 中的顶级语句，不能将其嵌入其他语句，要使用用户自己定义的访问控制列表,必须在使用之前进行定义。因为可以在 options 语句里使用访问控制列表,所以定义访问控制列表的 ACL 语句应该位于 options 语句之前。

另外,为了便于维护管理员定义的访问控制列表,可以将所有定义 ACL 的语句存放在单独的文件/etc/named.conf.acls 中,然后在主配置文件/etc/named.conf 最后一行内容,即:

```
include "/etc/named.rfc1912.zones";
```

前面加入:

```
include "/etc/named.conf.acls";
```

意思是将 named.conf.acls 包括到 DNS 配置文件中。

定义了 ACL 之后,可以在如下的子句中使用。

(1) allow-query:指定哪台主机或网络可以查询本服务器,默认的是允许所有主机进行查询。

(2) allow-transfer:此指令的作用是指定哪个 IP 地址或网段可以复制此 DNS 的区域信息,一般在主从服务器中使用。若不加此参数,则允许所有人复制主 DNS 区域信息。若只希望 IP 地址为 192.168.1.200/24 的从 DNS 服务器复制主 DNS 服务器的区域信息,则在主 DNS 服务器中的设置方法为:

```
allow-transfer{192.168.1.200/24;};
```

(3) allow-recursion:指定哪些主机可以进行递归查询。如果没有设定,默认是允许所有主机进行递归查询的。注意,禁止一台主机的递归查询,并不能阻止这台主机查询已经存在于服务器缓存中的数据。

(4) allow-update:指定哪些主机允许为主域名服务器提交动态 DNS 更新,默认为拒绝任何主机进行更新。

(5) blackhole:指定不接收来自哪些主机的查询请求和地址解析,默认值是 none。上面列出的一些配置子句既可以出现在全局配置 options 语句里,又可以出现在 zone 声明语句里,当在两处同时出现时,zone 声明语句中的配置将会覆盖全局配置 options 语句中的配置。

6) VIEW

VIEW 用于分隔 DNS。在日常工作中经常需要变更工作位置,有时会在公司(内网),有时会在家里(外网),在 DNS 中使用 VIEW 可以允许客户变换工作位置而不影响客户端的域名解析,VIEW 的作用如图 7-3 所示。在没有 VIEW 指令的情况下,整个 named.conf 中的内容默认属于一个 VIEW。

VIEW 的访问顺序为:全局参数(例如 acl、options 等)→view1(zone1、zone2、…、zoneN)→view2→…→view*n*。

例 7-1 用户家所处的公网地址为 121.1.1.1/16,在单位使用的 IP 地址为 192.168.1.0/24。当用户变换工作位置时希望工作不受 DNS 解析的影响,此时就可以在 DNS 服务器中使用 VIEW 指令,具体方法如下:

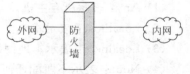

图 7-3　VIEW 的作用

```
acl "public_list" { 121.1.1.1/16; };
acl "private_list" { 192.168.1.0/24; };
view "public" {
match - clients{ public_list; };
zone "myzone.com" IN {
        type master;
        file "myzone.zone";
        };
};
view "private"{
match - clients{ private_list; };
zone "myzone.com" IN {
        type master;
        file "myzone.zone";
        };
};
```

注意：所有的 zone 必须在某一个 VIEW 中。

2. 文件的内容

RHEL 6.1 中默认的 DNS 主配置文件 named.conf 的内容如下：

```
[root@localhost 桌面]# vim /etc/named.conf
options {
        listen - on port 53 { localhost; };
        directory          "/var/named";
        dump - file        "/var/named/data/cache_dump.db";
        statistics - file "/var/named/data/named_stats.txt";
        memstatistics - file "/var/named/data/named_mem_stats.txt";
        allow - query { localhost; };
        recursion yes;
        dnssec - enable yes;
        dnssec - validation yes;
        dnssec - lookaside auto;
        / *  Path to ISC DLV key  * /
        bindkeys - file "/etc/named.iscdlv.key";
};
logging {
        channel default_debug {
                file "data/named.run";
                severity dynamic;
        };
};
zone "." IN {
        type hint;
        file "named.ca";
};
include "/etc/named.rfc1912.zones";
```

7.2.2 /etc/named.rfc1912.zones 文件介绍

在 RHEL 6.1 中有一个区域清单文件,名为 named.rfc1912.zones,在该文件中定义了两个正向区域和两个反向区域,正向区域为 zone "localhost.localdomain" 和 zone "localhost",反向区域为 zone"1.0.0.0.0.0.0.0.0.0.0.0.0.0.0.0.0.0.0.0.0.0.0.0.0.0.0.0.0.0.0.0.ip6.arpa"和 zone"1.0.0.127.in-addr.arpa"。这 4 个区域文件用于实现本地域名 localhost.localdomain 及 localhost 与 127.0.0.1(包括 IPv6 版本下的回路地址)间的映射。文件中参数的含义同/etc/named/named.conf 中的参数含义,此处不再进行说明。文件具体内容如下:

```
[root@localhost 桌面]♯vim /etc/named.rfc1912.zones
zone "localhost.localdomain" IN {
      type master;
      file "named.localhost";
      allow-update { none; };
};
zone "localhost" IN {
      type master;
      file "named.localhost";
      allow-update { none; };
};

zone "1.0.0.0.0.0.0.0.0.0.0.0.0.0.0.0.0.0.0.0.0.0.0.0.0.0.0.0.0.0.0.0.ip6.arpa" IN {
      type master;
      file "named.loopback";
      allow-update { none; };
};

zone "1.0.0.127.in-addr.arpa" IN {
      type master;
      file "named.loopback";
      allow-update { none; };
};

zone "0.in-addr.arpa" IN {
      type master;
      file "named.empty";
      allow-update { none; };
};
```

注意:在 named.conf 及 named.rfc1912.zones 中出现的"{}"一定要配对,每个子语句结束都要以";"结束,右大括号"}"后面也要有";"。

7.2.3 区域文件介绍

区域文件定义了一个区的域名信息,通常也称域名数据库文件。每个区域文件都是由若干个资源记录(Resource Records,RR)和区域文件指令所组成的。

1. 资源记录

每个区域文件都是由 SOA 资源记录开始,同时包括 NS 资源记录。对于正向解析文件还包括 A 资源记录、MX 资源记录、CNAME 资源记录等;而对于反向解析文件包括 PTR 资源记录。资源记录有标准的格式,DNS 中的资源记录由以下几个字段组成,分别为 name TTL、IN、type 及 tdata。

1) name 字段

资源记录引用的区域对象名称,可以是一台单独的计算机,也可以是整个域,其取值如表 7-3 所示。

表 7-3　name 字段取值说明

name 字段取值	说　　明
.	代表根区域
@	默认域,可以在文件中使用 $ ORIGIN domain 来说明默认域
标准域名	是一个相对域名,也可以是一个以".".结束的域名
空	该记录适用于最后一个带有名字的域对象

2) TTL

TTL 的全称为 Time To Live,即生存周期,以秒为单位,定义该资源记录中的信息存放在高速缓存中的时间长度。通常该字段值为空,表示采用 SOA 中最小的 TTL 值。

3) IN

IN 是 DNS 文件中的一个关键字,用于将记录标识为一个 DNS 资源记录。

4) type 字段

type 字段用于标识被标识对象的资源类型,常见类型如表 7-4 所示。

表 7-4　type 字段中的常见类型

记　录　类　型	功　能　说　明
A(Address)	用于将主机名转换为 IP 地址
CNAME(Canonical NAME)	A 记录中主机的别名
HINFO(Host INF Ormstion)	主机描述信息
MX(Mail eXchanger)	邮件交换记录
NS(Name Server)	标识一个域的服务器名称
PTR(domain name PoinTeR)	指针记录,将地址转换为主机名
SOA(Start Of Authority)	SOA 记录表示一个授权区域的开始,配置文件的第一个记录必须是 SOA 记录,SOA 记录后面的信息是用于控制这个域的,每个配置文件都必须有一个 SOA 记录,以标识服务器所管理的起始地方

5) tdata 字段

tdata 字段用于与指定资源记录有关的数据,具体内容如表 7-5 所示。

2. 区域指令

在 DNS 的文件中,为简化操作还可以使用一些区域指令,具体指令如表 7-6 所示。

213

第 7 章

DNS 服务的配置与管理

表 7-5　tdata 字段说明

记录类型	数　据	说　　明
A	IP 地址	主机记录，对应于一个 IP 地址
CNAME	别名，是一个字符串	A 记录的别名
HINFO	硬件设备	硬件名称
	操作系统	操作系统名称
MX	最优值	邮件服务器的优先级别（用数字表示，值越小级别越高）
	邮件交换记录	邮件服务器的名称
NS	名称服务	域名服务器的名字
PTR	主机名，是一个字符串	主机的真实名字
SOA	主机名	本系统的主机名
	联系方式	管理员的邮件地址，由于 @ 在文件中另有定义，所以此处的邮件地址形式为 a.b.c
	时间字段　serial	此域名信息文件的版本号，由最少 10 个数字组成，文件被修改一次，此值加一次 1，默认值为 0，一般这个值用当前的时间表示，截止到小时，例如 2012101823
	refresh	辅助域名服务器更新数据库数据的时间间隔，默认单位为 D，即以天为单位，默认值为 1 天
	retry	当辅助域名服务器更新数据失败时，再次进行数据更新的时间间隔，默认单位为 H，即以小时为单位，默认值为 1 小时
	expire	当辅助域名服务器无法从主机上更新数据时，原有数据失效的时间，默认单位为 W，即以周为单位，默认值为 1 周
	minimum	若资源记录未设置 TTL，则以此值为准，默认单位为 H，即以小时为单位，默认值为 3 小时

表 7-6　区域指令

区域指令	说　　明
$ INCLUDE	用于简化区域文件结构，可以使用此指令读取一个外部文件并包含它
$ GENERATE	用于简化区域文件结构，可以使用此指令创建一组名称资源、别名或指针类型的资源记录
$ ORIGIN	此指令会在资源记录中使用，用于设置管理源
$ TTL	此指令会在资源记录中使用，用于定义默认的 TTL 值

3. 正向区域文件介绍

在 RHEL 6.1 中默认的正向区域文件名为/var/named/named.localhost，在该文件中只有最基本的信息，例如本地回路 IP 地址的记录等。具体内容如下：

```
[root@localhost 桌面]#vim /var/named/named.localhost
$ TTL 1D
@        IN SOA @ rname.invalid. (
                                    0       ; serial
                                    1D      ; refresh
                                    1H      ; retry
                                    1W      ; expire
                                    3H )    ; minimum
```

```
            NS      @
            A       127.0.0.1
            AAAA    ::1
```

文件中的"AAAA ::1"为 IPv6 模式下回路地址的 A 记录。

4. 反向区域文件介绍

在 Linux 中默认的反向区域文件名为/var/named/named.loopback。与正向文件相同,在该文件中只有最基本的信息,例如本地回路 IP 地址的记录等。具体内容如下:

```
[root@localhost 桌面]# vim /var/named/named.loopback
TTL 1D
@         IN SOA    @ rname.invalid. (
                                    0       ; serial
                                    1D      ; refresh
                                    1H      ; retry
                                    1W      ; expire
                                    3H )    ; minimum
            NS      @
            A       127.0.0.1
            AAAA    ::1
            PTR     localhost.
```

7.3 配置 DNS 服务

配置 DNS 服务需要涉及 4 个文件,分别为/etc/named.conf、/etc/ named.rfc1912
.zones、/var/named/正向文件、/var/named/反向文件。
若对 DNS 没有过多要求,反向文件可以省略。DNS 的
守护进程首先会读取 named.conf 文件的内容,再从
named.rfc1912.zones 获取正向区域文件及反向区域文
件的信息,最后读取正向文件及反向文件的内容,并对
内容进行相应的处理。这几个文件间的关系如图 7-4
所示。

图 7-4　DNS 配置文件间的关系

7.3.1　DNS 守护进程操作

在 DNS 中的守护进程名为 named,可以通过 service 命令＋进程名＋具体操作实现对
DNS 守护进程的控制。

1. 启动 DNS 服务

```
[root@localhost ~]# service named start
启动 named:                                    [确定]
```

2. 重新启动 DNS 服务

```
[root@localhost ~]# service named restart
停止 named:.                                        [确定]
启动 named:                                         [确定]
```

3. 停止 DNS 服务

```
[root@localhost ~]# service named stop
停止 named:.                                        [确定]
```

4. 查询 DNS 的工作状态

```
[root@localhost ~]# service named status
rndc:neither /etc/rndc.conf nor /etc/rndc.key was found
named 已停
```

5. 重新加载 named 进程

```
[root@localhost ~]# service named reload
重新载入 named:                                     [确定]
```

6. 强制重载 named 进程

```
[root@localhost ~]# service named force - reload
重新载入 named:                                     [确定]
停止 named:                                         [确定]
启动 named:                                         [确定]
```

7.3.2 主 DNS 服务器的配置

主 DNS 服务负责管理主 DNS 中的区域,其类型为 master,配置方法如下。

1. 修改/etc/named/named.conf

(1) 将 options 中的 listen-on port 53 {localhost}改为 listen-on port 53 {any},允许 DNS 监听所有机器的 53 号端口。在默认情况下,DNS 只会监听本机的 53 号端口,DNS 客户端无法使用 DNS 服务。

(2) 将 options 中的 allow-query{localhost}改为 allow-query{any},允许 DNS 查询所有机器。在默认情况下,DNS 只会查询本机上的资源信息,当本机无法解析 DNS 请求时便会给出无法解析的错误信息。

(3) 如果希望使用自己定义的区域列表文件,可以在文件的末尾加入"include 自定义的区域列表文件",当然也可以在系统自带的区域列表文件中进行修改,加入自定义的正向区域名称及反向区域名称。

2. 修改区域列表文件

在默认情况下,DNS 的区域列表文件存放在/etc 文件夹下,名为 named.rfc1912

.zones。在该文件中加入正向区域声明及反向区域声明。要注意：反向区域声明不是必需的。

例7-2 正向区域声明举例如下：

```
zone "正向区域名称" IN {
        type master;
        file "正向区域文件";
        allow - update { none; };
};
```

正向区域名称可以自己定义，一般的表示形式为字符串；主 DNS 服务器的类型一定是 master；一般情况下是不允许动态更新的，所以 allow-update 的值为 none。

例7-3 反向区域声明举例如下：

```
zone "反向区域名称" IN {
        type master;
        file "反向区域文件";
        allow - update { none; };
};
```

反向区域名称的构成不同于正向区域名称，在反向区域名称中要体现出目标 IP 所在的网络地址信息，具体形式为网络号的倒序加上 . in-addr. arpa，例如目标 IP 地址为 192.168.1.100/24，其网络地址为 192.168.1.0/24，则此地址对应的反向区域名称为 1.168.192.in-addr.arpa。在主 DNS 服务器中的反向区域类型也必须为 master，一般情况下也是不能动态更新的。

3. 创建区域文件

DNS 系统的区域文件默认存放在/var/named 文件夹下，针对自定义的区域，需要自己创建区域文件，区域文件的结构可参考/var/named/named. localhost 及/var/named/named. loopback 文件。建议通过复制 named. localhost 及 named. loopback 来生成自定义的区域文件，复制过程中要注意加上参数-p，目的是带着原文件的属性一起复制；因为 DNS 的区域文件的所有者为 root，所属组要求必须为 named，但用户自己创建的文件所有者及所属组为当前的用户名及所在的组，会由于 DNS 读写文件时权限不足而出现错误。

4. 修改区域文件

在正向区域文件中，需要声明 DNS 记录与 IP 地址之间的对应关系，需要修改以下内容：

1）SOA 后面的参数

此内容不是必须修改的。此处参数的含义是声明一个邮件地址，可以根据需要将邮件地址设置为自己常用的 E-mail 地址，以便当 DNS 服务器出现异常时能及时收到相关信息的邮件，从而使管理员更加从容地应对 DNS 服务器出现的问题。

2）serial

此参数是 DNS 服务器的序列号，前面介绍过，当 DNS 更新一次后，此参数会自动加 1。

此参数要求长度≥10 位,为了便于记忆及区分,建议此处使用"年月日时"来表示,例如 2012091922。

3) NS

默认为本机。建议修改为自己定义的服务器名字,例如 server.dky.bjedu.cn。

4) 资源记录

默认只有本机与回路地址的对应关系,建议将记录信息修改为自己的内容。对于正向区域文件,其格式为:

```
主机名   A   IP 地址
```

例如:

```
server   A   192.168.1.100
```

资源记录可以有多条,允许一个主机名对应多个 IP 地址(负载均衡),或多个主机名对应一个 IP 地址。根据需要还可以在正向区域文件中加入邮件记录,用于标识邮件服务器信息,邮件记录的格式为:

```
邮件服务器名称   MX 邮件优先级   IP 地址
```

例如:

```
mail.dky.bjedu.cn MX 10 192.168.1.100
```

反向区域文件中的指针对 PTR 表示,反向记录格式为:

```
主机号   PTR   邮件服务器名
```

例如,与

```
server   A   192.168.1.100
```

对应的反向记录为:

```
100   PTR server.
```

注意:反向记录中邮件服务器名后面的"."不要省略。

对于 IPv6 格式的资源记录,若系统中不使用 IPv6 的地址,建立将其删除,以免其影响 DNS 服务器的正常工作。

5. 修改本地的名称转换文件

本地的名称转换文件为/etc/resolve.conf,需要在此文件中声明查询的 DNS 服务器的 IP 地址及查询区域,格式为:

```
nameserver DNS 服务器的 IP 地址
search 搜索区域
```

6. 重启 DNS 服务

前文已介绍,这里不再赘述

7.3.3　从 DNS 服务器的配置

从 DNS 服务器本身不需要配置区域文件,当 DNS 服务重启后,它会从主 DNS 区域中复制区域文件到指定的位置,并保持与主 DNS 服务器信息的同步,配置方法如下。

1. 修改 /etc/named/named.conf

此操作与主 DNS 服务器配置内容相同,此处不再重复。

2. 修改区域列表文件

在从 DNS 服务器中也需要使用区域列表文件,最好是和主 DNS 服务器使用同一个列表文件,在列表文件中加入从 DNS 的区域信息。从 DNS 的类型为 slave,在从 DNS 服务器中必须要指明此从 DNS 服务器所对应的主 DNS 服务器的 IP 地址及从 DNS 服务器所对应的区域文件名称。

例 7-4　从 DNS 服务器的正向区域声明举例如下:

```
zone "正向区域名称" IN {
        type slave;
        master { 主 DNS 服务器的 IP 地址; };
        file "正向区域文件";
};
```

正向区域名称可以自己定义,一般的表示形式为字符串;从 DNS 服务器的类型一定是 slave,使用 master 指令来绑定主 DNS 服务器。

例 7-5　反向区域声明举例如下:

```
zone "反向区域名称" IN {
        type slave;
        master { 主 DNS 服务器的 IP 地址; };
        file "反向区域文件";
};
```

从 DNS 服务器的反向区域名称构成方法与主 DNS 服务器反向区域名称构成方法相同,但类型改为 slave,同样用 master 指令绑定主 DNS 服务器。

注意:不论是主 DNS 服务器还是从 DNS 服务器的配置文件中语句都应以";"结束;在 DNS 服务没有启动前,从 DNS 是没有区域文件的,只有 DNS 服务成功启动后,从 DNS 服务器才会从主 DNS 服务器处将区域文件复制到从 DNS 服务器的指定文件夹中。

3. 修改本地的名称转换文件

此操作与主 DNS 服务器过程中的方法相同,此处不再重复。

4. 重启 DNS 服务

前文已介绍,此处不再重复。

7.4 测 试 DNS

DNS 服务器配置完成后,需要对所配置内容进行测试,以保证 DNS 服务的正常运行。DNS 系统中提供了专门的测试工具,例如 nslookup、dig 等,也可以使用 ping 命令进行测试。

7.4.1 named-checkconf 命令

named-checkconf 命令用于检查 named.conf 文件中语法的正确性,其语法格为:

```
named – checkconf [options] [ – t directory] {filename}
```

常见的参数如下。

(1) -h:打印汇总信息后退出工具。

(2) -t directory:用于指明配置文件的路径。

(3) -v:输出该工具的版本。

(4) -p:当配置文件中没有错误时用标准格式输出 named.conf 文件的内容。

(5) -z:测试 named.conf 文件中的所有主区域。

(6) -j:如果有日志文件,在加载区域文件时读取日志文件。

在不加其他参数的情况下,如果配置正确,named-checkconf 不会显示任何信息;如果 named.conf 文件中有语法错误,则会显示出错误的位置,例如:

```
[root@localhost ~]# named – checkconf /etc/named.conf
/etc/named.conf:42: missing ';' before 'file'
```

上面的信息说明在第 42 行有一个错误语句,错误的原因是缺少分号。

7.4.2 nslookup 工具的使用

nslookup 工具的功能是查询一台机器的 IP 地址和其对应的域名,其格式为:

```
nslookup [IP 地址/域名]
```

如果在 nslookup 后面没有加上任何域名称或 IP 地址,那将进入 nslookup 的查询功能。在 nslookup 的查询功能当中,可以输入其他参数来进行特殊查询,具体如下。

(1) set type=any:设置类型为任意。

(2) set type=mx:设置类型为邮件。

(3) set type=ns:设置类型为名称服务。

(4) set type=cname:设置类型为别名。

注意:命令中的 type 处也可以使用 q 代替,例如 set q=any,q 的意思是 query(查询)。默认的类型为 ns,除 any 外一旦设置了查询类型,对于其他类型的数据将不予解析。设邮件服务器的名称为 mail,当查询记录类型为 ns 时,查询将失败,结果如下所示:

```
[root@localhost ~]# nslookup
> set type = ns
> mail
> Server 172.17.2.200
> Address 172.17.2.200#53
 *** can't find mail:No answer
>
```

为了保证查询的效率,建议将 type 的类型设置为 any,即所有类型都可以识别。退出 nslookup 可以使用 Exit 命令或按 Ctrl+Z 键。命令 Exit 用于正常退出 nslookup,Ctrl+Z 将终止 nslookup 的执行,退回到 Shell 中。

7.4.3 dig 工具的使用

1. 什么是 dig

dig(域信息搜索器)命令是用于询问 DNS 域名服务器的工具,执行 DNS 搜索,显示从受请求的域名服务器返回的答复。因为其灵活性好、易用、输出清楚,多数 DNS 管理员利用 dig 作为 DNS 问题的故障诊断。虽然通常情况下 dig 使用命令行参数,但也能够按批处理模式从文档读取搜索请求。与早期版本不同,BIND9 中的 dig 在没有被告知请求特定域名服务器时,可以从命令行发出多个查询,dig 将查询/etc/resolv.conf 中列举的任何服务器。当未指定任何命令行参数或选项时,dig 将对".""执行 NS 查询。

2. dig 的语法格式

1) 格式 1

```
dig [@server] [-b address] [-c class] [-f filename] [-k filename] [-n] [-p port#]
[-t type] [-x addr] [-y name:key] [name] [type] [class] [queryopt...]
```

(1) -b address:配置所要询问地址的源 IP 地址。这必须是主机网络接口上的某一合法的地址。

(2) -c class:默认查询类(IN for internet)由选项-c 重设。class 能够是任何合法类。

(3) -f filename:使 dig 在批处理模式下运行,通过从文档 filename 读取一系列搜索请求加以处理。文档包含许多查询,每行一个。文档中的每一项都应该以和使用命令行接口对 dig 的查询相同的方法来组织。

(4) -k filename:要签署由 dig 发送的 DNS 查询连同对他们使用事务签名(TSIG)的响应,用选项-k 指定 TSIG 密钥文档。

(5) -n:默认情况下,使用 IP6.ARPA 域和 RFC2874 定义的二进制标号搜索 IPv6 地址。

(6) -p port#:假如需要查询一个非标准的端口号,则使用选项-p。port#是 dig 将要发送查询的端口号,而不是标准的 DNS 端口号 53。该选项可用于测试已在非标准端口号上配置成监听查询的域名服务器。

(7) -t type:配置查询类型为 type。可以是 BIND9 中支持的任意有效查询类型,默认查询类型是 A,除非使用-x 选项指示了一个逆向查询。通过指定 AXFR 的 type 能够请求一个区域传输。

（8）-x addr：逆向查询（将地址映射到名称）能够通过-x 选项加以简化。addr 是个以小数点为界的 IPv4 地址或冒号为界的 IPv6 地址，当使用这个选项时，无须提供 name、class 和 type 参数，dig 自动运行类似 1.1.1.in-addr.arpa 的域名查询，并将配置查询类型和类分别设置为 PTR 和 IN。

（9）-y name:key：通过命令行中的-y 选项指定 TSIG 密钥，name 是 TSIG 密码的名称，key 是 64 位加密的实际密码，通常由 dnssec-keygen 生成。当在多用户系统上使用选项-y 时应该谨慎，因为密码在 ps 命令的输出或 Shell 的历史文档中可能是可见的，同时使用 dig 和 TSCG 认证时，被查询的名称服务器需要知道密码和解码规则，上述内容在 BIND 中是通过提供正确的密码和 named.conf 中的服务器声明实现的。

2）格式 2

```
dig [ - h]
```

当使用选项-h 时，显示一个简短的命令行帮助。

3）格式 3

```
dig [global - queryopt...] [query...]
```

其中：global-queryopt 为全局查询选项，dig 提供查询选项号，它影响搜索方式和结果显示。每个查询选项前面会带前缀"＋"的关键字标识，可以在关键字标识后面加上前缀 no，用于对关键字取反。常见查询选项如下。

（1）＋keyword＝value：设置超时时间间隔。

（2）＋[no]tcp：查询域名服务器时使用[不使用]TCP。默认行为是使用 UDP，除非是 AXFR 或 IXFR 请求，才使用 TCP 连接。

（3）＋[no]ignore：忽略 UDP 响应的中断，而不是用 TCP 重试。默认情况运行 TCP 重试。

（4）＋domain＝mydomain：设定包含单个域 mydomain 的搜索列表。

（5）＋[no]search：使用[不使用]搜索列表或 resolv.conf 中的域伪指令（假如有的话）定义的搜索列表。默认情况不使用搜索列表。

（6）＋[no]recursive：转换查询中的 RD（需要递归）位配置。在默认情况下配置该位，也就是说 dig 正常情形下发送递归查询，当使用查询选项＋nssearch 或＋trace 时，递归自动禁用。

（7）＋[no]trace：转换为待查询名称从根名称服务器开始的代理路径跟踪。默认情况不使用跟踪，一旦启用跟踪，dig 将使用迭代查询解析待查询的名称。

（8）＋[no]cmd：设定在输出中显示指出 dig 版本及其所用的查询选项的初始注释。默认情况下显示注释。

（9）＋[no]short：提供简要答复。默认值是以冗长格式显示答复信息。

（10）＋[no]identify：当启用＋short 选项时，显示[或不显示]提供应答的 IP 地址和端口号，假如请求简短格式应答。默认情况不显示提供应答的服务器的源地址和端口号。

（11）+[no]qr：显示[不显示]发送的查询请求。默认不显示。

（12）+[no]question：当返回应答时，显示[不显示]查询请求的问题部分。默认情况下问题部分作为注释显示。

（13）+[no]answer：显示[不显示]应答的回答部分。默认显示。

（14）+[no]authority：显示[不显示]应答的权限部分。默认显示。

（15）+[no]additional：显示[不显示]应答的附加部分。默认显示。

（16）+[no]all：配置或清除所有显示标志。

（17）+time＝T：为查询配置超时时间为 T 秒。默认是 5 秒。假如将 T 配置为小于 1 的数，则以 1 秒作为查询超时时间。

（18）+tries＝A：配置向服务器发送 UDP 查询请求的重试次数为 A。默认值为 3 次。假如 A 值小于或等于 0，则采用 1 作为重试次数。

（19）+bufsize＝B：配置使用 EDNS0 的 UDP 消息缓冲区大小为 B 字节，缓冲区的最大值和最小值分别为 65 535 和 0，超出这个范围的值自动舍入到最近的有效值。

（20）+[no]multiline：以多行格式显示 SOA 的记录，并附带可读注释。默认值是每行显示一条记录。

3. dig 的用法

dig 的经典用法为：

```
dig @server name type
```

其中：

（1）server：待查询名称服务器的名称或 IP 地址。由主机提供服务器参数时，dig 在查询域名服务器前先解析那个名称，假如没有提供服务器参数，dig 将参考/etc/resolv.conf，然后查询列举在那里的域名服务器，显示来自域名服务器的应答。

（2）name：要查询的资源记录的名称。

（3）type：显示所需的查询类型，例如 ANY、A、MX、SIG 等，假如不提供任何类型参数，dig 将对记录 A 执行查询。

例 7-6　查询 172.17.2.200 中的别名为 abc 的记录。

```
[root@localhost 桌面]# dig @server.example.com abc.example.com cname
; <<>> DiG 9.7.3 - RedHat - 9.7.3 - 2.el6 <<>> @server.example.com abc.example.com cname
; (1 server found)
;; global options: +cmd
;; Got answer:
;; - >> HEADER << - opcode: QUERY, status: NOERROR, id: 60468
;; flags: qr aa rd ra; QUERY: 1, ANSWER: 1, AUTHORITY: 1, ADDITIONAL: 1
;; QUESTION SECTION:
;abc.example.com.      IN  CNAME
;; ANSWER SECTION:
abc.example.com.  86400  IN  CNAME  server.example.com.
;; AUTHORITY SECTION:
```

DNS 服务的配置与管理

```
example.com.      86400  IN  NS  server.example.com.
;; ADDITIONAL SECTION:
server.example.com.   86400   IN  A  172.17.2.200
;; Query time: 0 msec
;; SERVER: 172.17.2.200#53(172.17.2.200)
;; WHEN: Thu Sep 20 23:54:03 2012
;; MSG SIZE rcvd: 84
```

例 7-7 使用 dig 进行多条件查询，BIND9 中支持在命令行上指定多个查询，每条查询可以使用自己的标志位、选项和查询选项。例如使用 dig 命令发出 3 个查询：一个针对 mail.example.com 的任意查询，一个是 172.17.2.200 的反向查询；另一个是针对 server.example.com 的 ns 记录查询。操作如下：

```
[root@localhost 桌面]# dig +qr mail.example.com -x 172.17.2.200 server.example.com ns +noqr
; <<>> DiG 9.7.3-RedHat-9.7.3-2.el6 <<>> +qr mail.example.com -x 172.17.2.200 server.
example.com ns +noqr
;; global options: +cmd
;; Got answer:
;; ->>HEADER<<- opcode: QUERY, status: NOERROR, id: 8258
;; flags: qr aa rd ra; QUERY: 1, ANSWER: 0, AUTHORITY: 1, ADDITIONAL: 0
;; QUESTION SECTION:
;mail.example.com.       IN  A
;; AUTHORITY SECTION:
example.com.    10800   IN  SOA  server.example.com. root. 2012092016 86400 3600 604800 10800
;; Query time: 0 msec
;; SERVER: 172.17.2.200#53(172.17.2.200)
;; WHEN: Thu Sep 20 23:57:17 2012
;; MSG SIZE rcvd: 81
;; Got answer:
;; ->>HEADER<<- opcode: QUERY, status: NOERROR, id: 52818
;; flags: qr aa rd ra; QUERY: 1, ANSWER: 2, AUTHORITY: 1, ADDITIONAL: 1
;; QUESTION SECTION:
;200.2.17.172.in-addr.arpa.   IN  PTR
;; ANSWER SECTION:
200.2.17.172.in-addr.arpa. 86400 IN  PTR   server1.2.17.172.in-addr.arpa.
200.2.17.172.in-addr.arpa. 86400 IN  PTR   server.2.17.172.in-addr.arpa.
;; AUTHORITY SECTION:
2.17.172.in-addr.arpa.  86400   IN  NS  server.example.com.
;; ADDITIONAL SECTION:
server.example.com.  86400   IN  A  172.17.2.200
;; Query time: 0 msec
;; SERVER: 172.17.2.200#53(172.17.2.200)
;; WHEN: Thu Sep 20 23:57:17 2012
;; MSG SIZE rcvd: 134
;; Got answer:
;; ->>HEADER<<- opcode: QUERY, status: NOERROR, id: 38778
;; flags: qr aa rd ra; QUERY: 1, ANSWER: 0, AUTHORITY: 1, ADDITIONAL: 0
;; QUESTION SECTION:
```

```
;server.example.com.     IN  NS
;; AUTHORITY SECTION:
example.com.    10800   IN  SOA  server.example.com. root. 2012092016 86400 3600 604800 10800
;; Query time: 0 msec
;; SERVER: 172.17.2.200♯53(172.17.2.200)
;; WHEN: Thu Sep 20 23:57:17 2012
;; MSG SIZE rcvd: 76
```

命令中的＋qr 和＋noqr 是全局查询选项，＋qr 显示每条查询的初始查询信息，＋noqr 表示搜索 server.example.com 的 NS 记录时不显示初始查询信息。

7.5 DNS 客户端的配置

对于 DNS 的客户端而言，只要配置正确 DNS 服务器的信息就可以使用 DNS 的服务，与所使用的操作系统无关。

7.5.1 Linux 客户端的配置

设置 Linux 客户端可以有两种方法，第一种为直接修改/etc/resolve.conf 文件实现，用文件中的 nameserver 指定 DNS 的 IP 地址，用 search 指定搜索的区域名称。第二种方法使用 system-config-network 命令实现，在弹出的界面中选择 DNS→"下一步"，在弹出的界面（如图 7-5 所示）中输入相关信息后存盘退出。

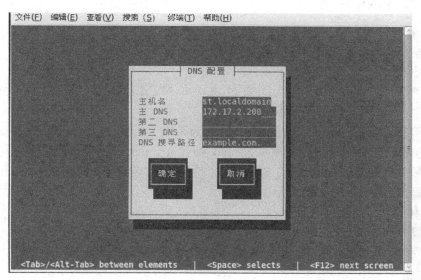

图 7-5 在 Linux 下设置 DNS 客户端

7.5.2 Windows 客户端的配置

Windows 客户端的设置主要是通过修改本地连接中的参数实现的，操作方法如下：在"网络连接"中右击"本地连接"→"属性"→"Internet 协议"→"属性"，在弹出的对话框中输

DNS 服务的配置与管理

入相关信息即可。例如 DNS 服务器的 IP 地址为 172.17.2.200,如图 7-6 所示。

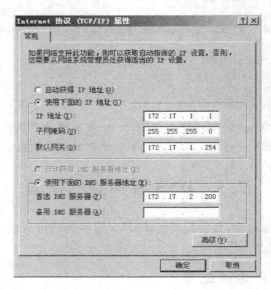

图 7-6　Windows 下的 DNS 客户端设置

7.6　任务: DNS 服务配置实例

7.6.1　主 DNS 配置

1. 任务描述

在某单位内部构建 DNS 服务器,实现单位内部的域名服务。

2. 具体要求

(1) DNS 服务器的 IP 地址为 172.17.2.200/24,域名为 dky.bjedu.cn;公司内部有 FTP 服务器、邮件服务器及 Web 服务器。

(2) FTP 服务器与邮件服务器的 IP 地址为 172.17.2.201/24,FTP 服务器的域名为 ftp.dky.bjedu.cn,邮件服务器的域名为 mail.dky.bjedu.cn。

(3) Web 服务器的 IP 地址为 172.17.2.202/24,域名为 www.dky.bjedu.cn,为 Web 服务器设置别名 intrawww。

3. 具体操作

设各服务器的 IP 地址已经设置好,yum 服务器已经配置好。

1) 安装 DNS 服务

```
[root@localhost ~]#yum install bind
```

2) 配置 DNS 服务器

(1) 修改/etc/named.conf:

```
[root@localhost 桌面]#vim /etc/named.conf
options {
```

```
            listen – on port 53 { any; };
    …
            allow – query { any; };
            …
};
…
include "/etc/named.rfc1912.zones";
include "/etc/named.zones";
```

（2）生成并修改/etc/named.zones 文件：

```
[root@localhost 桌面]# cp /etc/named.rfc1912.zones /etc/named.zones – p
[root@localhost 桌面]# vim /etc/named.zones
zone "dky.bjedu.cn" IN {
type master;
file "zx.dky";
allow – update{ none; };
};

zone "2.17.172.in – addr.arpa" IN {
   type master;
   file "fx.dky";
   allow – update{ none; };
   };
```

（3）生成正向及反向配置文件：

```
[root@localhost 桌面]# cp /var/named/named.localhost /var/named/zx.dky   – p
[root@localhost 桌面]# cp /var/named/named.loopback /var/named/fx.dky   – p
```

（4）修改正向配置文件：

```
[root@localhost 桌面]# vim /var/named/zx.dky
$ TTL 1D
@        IN SOA    server.dky.bjedu.cn. root. (
                                     2012092110   ; serial
                                     1D           ; refresh
                                     1H           ; retry
                                     1W           ; expire
                                     3H )         ; minimum
         NS           server.dky.bjedu.cn.
@        MX        10 mail.dky.bjedu.cn.
mail     IN MX    10 mail.dky.bjedu.cn.
server   IN A      172.17.2.200
ftp      IN A      172.17.2.201
www      IN A      172.17.2.202
intrawww   CNAME   www
```

（5）修改反向配置文件：

```
[root@localhost 桌面]# vim /var/named/fx.dky
$ TTL 1D
@        IN SOA   server.dky.bjedu.cn. root. (
                                      2012092110  ; serial
                                      1D          ; refresh
                                      1H          ; retry
                                      1W          ; expire
                                      3H )        ; minimum
         NS       server.dky.bjedu.cn.
         A        172.17.2.200
         PTR      server.dky.bjedu.cn.
200      PTR      server.
201      PTR      ftp.
201      PTR      mail.
202      PTR      www.
```

（6）修改 resolve.conf 文件：

```
[root@localhost 桌面]# vim /etc/resolv.conf
# Generated by NetworkManager
nameserver 172.17.2.200
search     dky.bjedu.cn.
```

（7）重启服务：

```
[root@localhost 桌面]# service named restart
停止 named:                          [确定]
启动 named:                          [确定]
```

3）测试

```
[root@localhost 桌面]# nslookup
> set type = any                 ←设置类型为任意类型
> ftp                            ←测试 FTP 域名
Server:    172.17.2.200
Address:   172.17.2.200#53
Name:  ftp.dky.bjedu.cn
Address: 172.17.2.201
> mail                           ←测试 mail 域名
Server:    172.17.2.200
Address:   172.17.2.200#53
mail.dky.bjedu.cn   mail exchanger = 10 mail.dky.bjedu.cn.
> www                            ←测试 www 域名
Server:    172.17.2.200
Address:   172.17.2.200#53
Name:  www.dky.bjedu.cn
Address: 172.17.2.202
```

```
> intrawww                                    ←测试 www 的别名
Server:      172.17.2.200
Address:    172.17.2.200♯53
intrawww.dky.bjedu.cn  canonical name = www.dky.bjedu.cn.
> www.dky.bjedu.cn                            ←测试 www.dky.bjedu.cn
Server:      172.17.2.200
Address:    172.17.2.200♯53
Name:   www.dky.bjedu.cn
Address: 172.17.2.202
> 172.17.2.200                                ←测试 172.17.2.200
Server:      172.17.2.200
Address:    172.17.2.200♯53
200.2.17.172.in－addr.arpa  name = server.
> 172.17.2.201                                ←测试 172.17.2.201
Server:      172.17.2.200
Address:    172.17.2.200♯53
201.2.17.172.in－addr.arpa  name = ftp.
201.2.17.172.in－addr.arpa  name = mail.
> 172.17.2.202                                ←测试 172.17.2.202
Server:      172.17.2.200
Address:    172.17.2.200♯53
202.2.17.172.in－addr.arpa  name = www.
```

7.6.2　从 DNS 服务器实现

为了提高 DNS 的可用性及安全性,创建主 DNS 服务器的辅助 DNS 服务器。设主 DNS 服务器的 IP 地址为 172.17.2.200/24,辅助 DNS 服务器的 IP 地址为 172.17.2.210/24,具体操作如下。

1. 修改/etc/named.conf

在 named.conf 文件中添加:

```
include "/etc/slavenamed.zones ";
```

修改方法同主 DNS 服务器的配置。

2. 修改正向区域文件/etc/slavenamed.zones

```
[root@localhost 桌面]♯vim /etc/slavenamed.zones
zone "dky.bjedu.cn" IN {              ♯正向辅助区域
        type slave;
        master { 172.17.2.200; };
        file "slave/zxslave.dky";
};
zone "2.17.172.in－addr.arpa" IN {     ♯反向辅助区域
        type slave;
        master { 172.17.2.200; };
file "slave/fxslave.dky";
};
```

3. 修改/etc/resolve.conf

修改方法同主 DNS 服务器。

4. 重启服务

```
[root@localhost 桌面]# service named restart
停止 named:                            [确定]
启动 named:                            [确定]
```

7.7 小 结

本章主要介绍了 DNS 的结构、分类、工作原理、配置文件及配置方法。在 DNS 中有明确的层次结构,典型的顶级域名有.com、.edu、.cn 等。DNS 的区域类型有 4 种,分别为主域名服务器、辅助域名服务器、存根服务器和转发服务器,注意在/etc/named.conf 中出现的区域应该是存根区域,主区域或辅助区域出现在区域列表文件(/etc/named.rfc1912.zones)中,而不能出现在主配置文件(named.conf)中。配置 DNS 服务需要涉及 4 个文件,分别为/etc/named.conf、/etc/named.rfc1912.zones、/var/named/正向文件及/var/named/反向文件,在 named.conf 中可以配置 DNS 服务的监听范围、日志及视图等操作,在 named.rfc1912.zones 中配置查询区域,在正向文件中声明 A 记录、MX 记录等,在反向文件中声明与正向记录中对应的反向查询记录。DNS 服务配置好后可以使用 nslookup 及 dig 等工具进行测试,在 nslookup 工具中要注意资源记录的类型,是 A 记录还是邮件记录等,记录的类型需要用 type 关键字指定。主 DNS 服务器用 master 标识,辅助 DNS 服务器用 slave 标识,在辅助 DNS 服务器中不需要指定正向区域文件及反向区域文件,它会自动从主 DNS 服务器中复制中述区域文件。

7.8 习 题

1. 选择题

(1) DNS 的作用是_____。

    A. 域名解析   B. 将 IP 地址转换为域名

    C. 将域名转换为 IP 地址   D. 寻找域名

(2) Linux 中负责本地名称解析的文件是_____。

    A. /etc/hosts   B. /etc/host.allow

    C. /etc/host.deny   D. /etc/host.key

(3) DNS 的根域用_____表示。

    A. .   B. ,   C. :   D. ;

(4) _____是顶级域名。

    A. edu   B. shou   C. yahoo   D. sina

(5) DNS 服务器中_____在配置时需要整套配置文件,包括正向域的区域文件和反向域的区域文件、引导文件、高速缓存和回送文件。

A. 主域名服务器　　　　　　　　　B. 辅助域名服务器

C. 高速缓存服务器　　　　　　　　D. 转发服务器

(6) _____服务器中的区域是从主域名服务器中复制而来的。

A. 主域名服务器　　　　　　　　　B. 辅助域名服务器

C. 高速缓存服务器　　　　　　　　D. 转发服务器

(7) _____不需要 BIND 软件。

A. 主域名服务器　　B. 辅助域名服务器　　C. 高速缓存服务器　　D. 转发服务器

(8) 将域名转换为 IP 地址的过程称为_____。

A. 正向解析　　　　　　　　　　　B. 反向解析

C. 纵向解析　　　　　　　　　　　D. 横向解析

(9) 将 IP 地址转换为域名的过程称为_____。

A. 正向解析　　　B. 反向解析　　　C. 纵向解析　　　　D. 横向解析

(10) DNS 的_____区域包含 DNS 命名空间所有的资源记录。

A. 主区域　　　　B. 辅助区域　　　C. 存根区域　　　D. 缓存区域

(11) DNS 使用的端口是_____。

A. 52　　　　　　B. 53　　　　　　C. 83　　　　　　D. 82

(12) 在 Linux 中实现 DNS 服务的软件包是_____。

A. named　　　　B. bind-9.×.×　　C. sync　　　　　D. security

(13) DNS 的守护进程是_____。

A. name　　　　　B. named　　　　C. bind　　　　　D. binded

(14) DNS 的主配置文件是_____。

A. /etc/named.conf　　　　　　　　B. /etc/named.zones

C. /var/named.conf　　　　　　　　D. /var/name.zones

(15) 在 /etc/named.conf 中用于标识区域的关键字是_____。

A. directory　　　B. zone　　　　　C. option　　　　D. type

(16) 在 DNS 中使用_____表示所有主机。

A. all　　　　　　B. any　　　　　　C. none　　　　　D. many

(17) 在 DNS 中使用_____表示不匹配任何主机。

A. all　　　　　　B. any　　　　　　C. none　　　　　D. many

(18) DNS 资源记录中 A 表示_____。

A. IP 地址　　　　B. 主机名　　　　C. 域名　　　　　D. 区域名称

(19) 下面的_____工具用于测试 DNS 是否工作正常。

A. netstat　　　　　　　　　　　　B. ifconfig

C. system-config-network　　　　　　D. nslookup

(20) 从 DNS 中使用_____指令标识主 DNS 的 IP 地址。

A. type　　　　　B. master　　　　C. slave　　　　　D. file

2. 简答题

(1) 简述 DNS 的工作原理。

(2) 简述配置主 DNS 服务器的过程。

第8章　WWW 服务的配置与管理

学习目标

- 了解什么是 WWW 服务
- 了解 Apache 服务的工作原理
- 掌握 Apache 服务的配置方法
- 掌握访问 WWW 服务的方法
- 可以实现 Apache 服务的安全管理

8.1　WWW 服务介绍

WWW 是 World Wide Web 的缩写,中文称为万维网或环球网等,常简称为 Web,分为 Web 客户端和 Web 服务器程序,Web 客户端使用浏览器可以访问 Web 服务器上的页面。 WWW 提供了丰富的文本、图形、音频和视频等多媒体信息,这些内容被集合在一起,并提供了强大的导航功能,使得用户可以方便地在各个页面之间进行浏览。由于 WWW 内容丰富,浏览方便,目前已经成为 Internet 最重要的服务。

最早的 WWW 构想可以追溯到 1980 年 Tim Berners-Lee 构建的 ENQUIRE 项目,这是一个类似维基百科的超文本在线编辑数据库。在 Tim Berners-Lee 撰写的《关于信息化管理的建议》一文中提及 ENQUIRE 并且描述了一个更加精巧的管理模型,他和 Robert Cailliau 合作提出了一个更加正式的关于 WWW 的建议。在 1990 年他在一台工作站上写了第一个网页并制作了使一个网络工作所必需的所有工具以实现他文中的想法,第一个 WWW 浏览器(同时也是编辑器)和第一个网页服务器诞生了。WWW 是全球最大的超文本系统,默认端口号为 80。在 WWW 中有两个核心技术,一个是超文本传输协议 HTTP, 另一个是超文本标记语言 HTML,在 WWW 中需要使用 URL 进行资源的定位。

8.1.1　HTTP

HTTP(Hyper Text Transfer Protocol,超文本传输协议)的发展是 WWW 协会(World Wide Web Consortium)和 Internet 工作小组 IETF(Internet Engineering Task Force)合作的结果,最终发布了一系列的 RFC,RFC1945 定义了 HTTP/1.0 版本,最著名的 RFC2616 定义了当前普遍使用的 HTTP/1.1 版本。

HTTP 协议的作用是从 WWW 服务器传输超文本到本地浏览器,它可以提高浏览器效率,减少网络传输量,保证了超文本文档的快速传输,并确定传输文档中的哪一部分,以及哪部分内容首先显示(例如文本先于图形)等。

1. HTTP 协议的主要特点

(1) 支持客户端/服务器模式。

(2) 简单快速。客户端向服务器请求服务时,只需要传输请求方法和路径,请求方法常用的有 GET、HEAD、POST 等,每种方法规定了客户端与服务器联系的类型不同。

(3) 灵活。HTTP 允许传输任意类型的数据对象。

(4) 无连接。其含义是限制每次连接,只处理一个请求,服务器处理完客户端的请求并收到客户端的应答后,即断开连接,采用这种方式可以节省传输时间。

(5) 无状态。HTTP 协议是无状态协议,无状态是指协议对于事务处理没有记忆能力,这意味着如果后续处理需要前面的信息,则必须重传,这样可能导致每次连接传输的数据量增大;另外,在服务器不需要先前信息时它的应答就较快。

2. HTTP 的请求响应模型及工作流程

HTTP 协议永远都是客户端发起请求,服务器回送响应,其响应模型如图 8-1 所示。

一次 HTTP 操作的工作流程如下:

(1) 首先客户端与服务器需要建立连接,只要单击某个超级链接,HTTP 就会开始工作,建立连接后,客户端发送一个请求给服务器。

图 8-1　HTTP 的响应模型

(2) 服务器接到请求后,给予相应的响应信息,其格式为一个状态行,包括信息协议版本号、一个成功或错误的代码,后面是 MIME 信息,包括服务器信息、实体信息等。

(3) 客户端接收服务器所返回的信息并通过浏览器显示在用户的显示屏上,然后客户端与服务器断开连接。

如果上述过程的某一步出现错误,则产生错误的信息将返回到客户端的屏幕上。

8.1.2　HTML

HTML(HyperText Markup Language,超文本标记语言)是 WWW 的描述语言。设计 HTML 语言的目的是为了能把存放在一台计算机中的文本或图形与另一台计算机中的文本或图形方便地联系在一起,形成有机的整体,而不用考虑具体信息是在当前计算机上还是在网络的其他计算机上,只需单击某一文档中的一个图标,Internet 就会马上转到与此图标相关的内容上去,而这些信息可能存放在网络的另一台计算机中。HTML 作为一种简单、通用的全置标记语言允许网页制作人员建立文本与图片相结合的复杂页面,这些页面可以被网络上任何其他人浏览到。

HTML 文本是由 HTML 命令组成的描述性文本,HTML 命令可以说明文字、图形、动画、声音、表格、链接等,HTML 的结构包括头部(Head)、主体(Body)两大部分,其中头部描述浏览器所需的信息,而主体则包含所要说明的具体内容。

8.1.3　URL

URL(Uniform Resource Locator,统一资源定位符)是 Internet 上用来标识某一处资源的地址,协议标准如下:

```
scheme://domain:port/path?query_string#fragment_id
```

协议中的各部分说明如下。

(1) scheme：传输协议。常见的传输协议有 3 种，分别是 HTTP、HTTPS、FTP。

(2) domain：域名或 IP 地址。

(3) port：服务器端口。

(4) path：服务器路径。

(5)？query_string：查询参数，以"？"为起点，每个参数通过"&"分隔开，再以"＝"分割参数中的 key 和 value。一般情况下，查询的字符串使用 UTF-8 进行编码。根据 RFC 1738 文档规定，URL 必须由英文符号、数字和某些标点符号组成，不能出现其他文字，若在 URL 中出现中文，会被视为非法字符。为了实现在 URL 中传递中文字符，可以提前对 URL 里的中文进行编码，但由于 RFC 1738 没有规定具体的中文编码类型，所以这一块处于未定义状态。

目前，URL 中的字符串由 Web 服务商和浏览器独立定义，例如百度会将中文转化成 GBK 编码，Google 会将中文转化成 RTF8 编码，再如 Firefox 会将中文转化成 GBK 编码，而 IE 不对非 ASCII 码的 URL 进行编码，会直接按照操作系统默认编码进行发送。为了减少错误的发生，目前业内通行的做法是对中文进行一次 UTF-8 编码。

8.2　Apache 的体系结构

8.2.1　Apache 介绍

Apache HTTP 服务器是一个模块化的软件，源于 NCSAhttpd 服务器，经过多次修改，成为世界上最流行的 Web 服务器软件之一。Apache 取自 A Patchy Server 的读音，意思是充满补丁的服务器。因为它是自由软件，所以不断有人来为它开发新的功能、新的特性、修改原来的缺陷。管理者可以选择核心中包含的模块以决定软件的具体功能，在编译时既可以选择被静态包含进 httpd 二进制映像的模块，也可以编译成独立于主 httpd 二进制映像的动态共享对象 DSO。Apache 拥有以下特性：

(1) 支持最新的 HTTP/1.1 通信协议。

(2) 拥有简单而强有力的基于文件的配置过程。

(3) 支持通用网关接口。

(4) 支持基于 IP 和基于域名的虚拟主机。

(5) 支持多种方式的 HTTP 认证。

(6) 集成 Perl 处理模块。

(7) 集成代理服务器模块。

(8) 支持实时监视服务器状态和定制服务器日志。

(9) 支持服务器端包含指令(SSI)。

(10) 支持安全 Socket 层(SSL)。

(11) 提供用户会话过程的跟踪。

(12) 支持 FastCGI。

(13) 通过第三方模块可以支持 Java Servlets。

8.2.2 Apache 的功能模块

Apache 本身是一个很复杂的五层结构,其功能模块分层如图 8-2 所示。

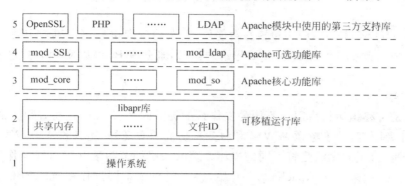

图 8-2 Apache 功能模块分层

1. 第五层

第五层是用 Apache 模块开发的第三方库,例如 Open SSL。一般来说在 Apache 的官方发行版中这层是空的,但是在实际的 Apache 结构中这些库构成的层结构肯定是存在的。

2. 第四层

第四层是一些可选的附加功能模块,例如 mod_SSL,mod_perl。这一层的每个模块通常用于实现 Apache 的一个独立的分离功能,当运行最小的 Apache 时,可以不加载此层的任何一个模块。

3. 第三层

第三层是 Apache 的基本功能库,这也是 Apache 的核心功能层,包括两大部分,分别为 Apache 核心程序和 Apache 核心模块。

1) Apache 核心程序

Apache 的核心程序主要用于实现 Apache 作为 HTTP 服务器的基本功能,这些基本功能包括启动和停止 Apache、处理配置文件、接收和处理 HTTP 连接、读取 HTTP 请求并对该访求进行处理、处理 HTTP 协议等。

2) Apache 核心模块

Apache 中有两个模块(核心模块)是必须选的,即 mod_core 和 mod_so,这两个模块必须静态编译。前者负责处理配置文件中的大部分配置指令,并根据这些指令运行 Apache;后者负责动态加载其余的模块,缺少了该模块,其余模块就无法使用。除此之外的大部分模块都是可选择的,这些模块的缺失至多影响 Apache 功能的完整性,并不影响运行,例如 mod_alias 等。

对于 Apache 而言,另外一个重要的模块就是 MPM,即多进程处理模块,尽管 MPM 属于可选择的模块,但它通常负责处理 Apache 中的并发模型或 Prefork 或线程池等,在绝大多数情况下,该模块是会被加载的,因此也可以将其视为核心模块。

3) 作用

Apache 核心层主要有以下两个作用:

（1）基本的 HTTP 服务功能。Apache 核心层必须提供最基本的资源处理或通过文件描述符等来提供如维护多进程运行模型、监听配置好的虚拟主机的 TCP/IP 套接字、将接收到的客户端请求传递给特定的处理进程、处理 HTTP 协议状态、基本的读和写缓冲区等功能。

（2）Apache Module API。除核心功能外，其余功能则由模块提供，API 是每个模块中包含一系列的函数及一系列的以 apr 开始的函数，通过 API 可以实现对这些模块的完全控制。

4. 第二层

第二层是可移植运行库层。不同的操作系统提供的底层 API 存在着很大的差异，对于 Apache 设计者而言，除了考虑 WWW 和服务器功能的实现外，还必须考虑不同操作系统的 API 细节问题，合理的做法是将不同的操作系统的底层细节封装起来形成操作系统 API 的适配并将其隐藏起来。从 Apache 2.0 开始，将专门封装不同操作系统 API 的任务独立出来形成一个新的项目 APR，全称为 Apache 可移植运行库（Apache Portable Runtime，APR）。APR 的任务就是屏蔽底层的操作系统 API 细节，对于所有操作系统，提供一个完全相同的函数接口，最终形成一个独立的可移植运行库。

5. 第一层

第一层为操作系统支持层。操作系统本身提供的底层功能，例如进程和线程、线程间的通信、网络套接字通信、文件操作等，这些操作系统可以是不同 UNIX 的变种，也可以是 Win32、OS/2、MacOS，甚至可以是一个 POSIX 子系统。

8.3 Apache 的配置

8.3.1 Apache 的配置文件

1. 配置文件介绍

Apache 的主配置文件为 httpd. conf，位于/etc/httpd/conf 文件夹下，对于 Apache 的绝大多数操作均可通过修改此文件实现。此文件中的内容不区分大小写。除此之外，还有一些其他文件，详细情况如表 8-1 所示。

表 8-1　Apache 的配置文件

配置文件	说　明
/etc/httpd/conf/httpd. conf	Apache 的主配置文件
/usr/lib/httpd/modules/	Apache 支持很多模块，默认存放模块的文件夹
/var/www/html/	默认用于存放首页的文件夹
/var/www/error/	如果服务配置错误，浏览器输出错误信息放置的文件夹
/var/www/icons/	用于存放 Apache 中使用的图标
/var/www/cgi-bin/	用于存放可执行 CGI(通用网关接口)程序的文件夹
/var/log/httpd/	默认存放 Apache 日志的文件夹
/usr/sbin/apachectl	主要执行文件
/usr/sbin/httpd	主要的二进制执行文件，是 Apache 的守护进程
/usr/bin/htpasswd	设置对 Apache 的密码保护，当登录某些网页时，需要输入账户和密码

在 Apache 的主配置文件中包括服务器指令及目录设置,由以下三部分内容组成。

（1）Global Environment：用于控制 Apache 的服务进程。

（2）Main Server configuration：用于定义 Apache 服务器主要参数的默认值。

（3）Virtual Hosts：用于定义虚拟主机,可以基于 IP 地址、端口或域名进行设置,注意,若此部分设置的内容与（2）中的内容重复,则此处设置的内容生效。

注意：在 Apache 中所有的路径都是以"/"开始,服务器需要使用这些绝对路径,如果出现类似 logs/foo.log 的文件,设服务器的根目录是/var/apache,那么服务器将会把此文件的路径解释为/var/apache/logs/foo.log。

2. 主配置文件中的文件夹设置

在主配置文件中,文件夹的定义格式如下所示：

```
< Directory    "文件夹">
    Options ……
    AllowOverride ……
    Order ……
    Allow from ……
</Directory>
```

文件夹的定义必须以< Directory"文件夹">开头,以</Directory>结尾。

1）Options 设置选项

（1）None：不启用任何额外特性。

（2）All：除 MultiViews 之外的所有特性。

（3）Indexes：如果一个映射到目录的 URL 被请求,而此目录中又没有 DirectoryIndex（例如 index.html）,那么服务器会返回一个格式化后的目录列表。

（4）Includes：允许服务器端包含。

（5）FollowSymLinks：服务器可以在此目录中使用符号链接。注意：即便服务器使用符号链接,但它不会改变用于匹配< Directory >配置段的路径名。

（6）SymLinksifOwnerMatch：服务器仅在符号链接与其目的目录或文件拥有者具有同样的用户 ID 时才使用它。注意：如果此配置出现在< Location >配置段中,此选项将被忽略。

（7）ExecCGI：允许执行 CGI 脚本。

（8）MultiViews：允许内容协商的多重视图。

一般来说,如果一个目录被多次设置了 Options,则最特殊的一个会被完全接受,而各个可选项的设定彼此并不融合,但是如果所有 Options 指令的可选项前都加有"＋"或"－"符号,此可选项将被合并。所有前面加有"＋"号的可选项将强制添加当前可选项设置,而所有前面有"－"号的可选项将强制从当前可选项设置中去除。

例 8-1　没有任何"＋"和"－"符号情况。设/www/html 的设置如下：

```
< Directory /www/html >
Options Indexes FollowSymLinks
</Directory>
```

设/www/html/doc 的设置如下：

```
<Directory /www/html/doc>
Options Includes
</Directory>
```

此时只有 Includes 会应用到/www/html/doc 文件夹上。

例 8-2 在 Options 中含有＋"和"－"的情况。设/www/html 的设置如下：

```
<Directory /www/html>
Options Indexes FollowSymLinks
</Directory>
```

设/www/html/doc 的设置如下：

```
<Directory /www/html/doc>
Options + Includes - Indexes
</Directory>
```

此时 FollowSymLinks 和 Includes 都会应用到/www/html/doc 文件夹上。

2) AllowOverride 设置选项

（1）AuthConfig：允许使用与认证授权相关的指令，例如 AuthDBMGroupFile、AuthDBMUserFile、AuthGroupFile、AuthName、AuthType、AuthUserFile 和 Require 等。

（2）FileInfo：允许使用控制文档类型的指令（DefaultType、ErrorDocument、ForceType、LanguagePriority、SetHandler、SetInputFilter、SetOutputFilter、mod_mime 中的 Add * 和 Remove * 指令等）、控制文档数据的指令（Header、RequestHeader、SetEnvIf、SetEnvIfNoCase、BrowserMatch、CookieExpires、CookieDomain、CookieStyle、CookieTracking 和 CookieName 等）、mod_rewrite 中的指令（RewriteEngine、RewriteOptions、RewriteBase、RewriteCond 和 RewriteRule 等）和 mod_actions 中的 Action 指令。

（3）Indexes：允许使用控制目录索引的指令（AddDescription、AddIcon、AddIconByEncoding、AddIconByType、DefaultIcon、DirectoryIndex、FancyIndexing、HeaderName、IndexIgnore、IndexOptions 和 ReadmeName 等）。

（4）Limit：允许使用控制主机访问的指令（Allow、Deny 和 Order）。

通常利用 Apache 的 rewrite 模块对 URL 进行重写的时候，rewrite 规则会写在.htaccess 文件里，但要使 Apache 能够正常地读取.htaccess 文件的内容，就必须对.htaccess 所在文件夹进行配置。从安全性考虑，根文件夹的 AllowOverride 属性一般都配置成不允许任何重载，即：

```
<Directory 文件夹>
    AllowOverride None
</Directory>
```

在 AllowOverride 设置为 None 时,.htaccess 文件将被完全忽略，当此指令设置为 All

时,所有具有.htaccess 作用域的指令都允许出现在.htaccess 文件中。

而对于 URL rewrite 来说,建议把目录设置为如下样式:

```
<Directory 文件夹>
    AllowOverride FileInfo
</Directory>
```

3)Order、Allow、Deny 的设置

Allow 和 Deny 可以用于 Apache 的 conf 文件或者.htaccess 文件中(配合 Directory、Location、Files 等),用来控制目录和文件的访问授权。order 用于决定 Allow 及 Deny 的顺序。最常见的是:

```
Order Deny,Allow
Allow from All
```

注意:Deny 与 Allow 中间只有一个逗号,也只能有一个逗号,有空格都会出错,单词不区分大小写。

上面配置的含义是:先检查禁止设定,没有禁止的全部允许。而第二句没有 Deny,也就是没有禁止访问的设定,直接就是允许所有访问,主要是用来确保或者覆盖上级目录的设置,开放所有内容的访问权。

例 8-3   无条件禁止对/myname 文件夹的访问。

```
<Directory /myname>
    Order Allow,Deny
    Deny from All
</Directory>
```

例 8-4   禁止 IP1、IP2 对/myname 的访问,其他的全部开放。

```
<Directory /myname>
    Order Allow,Deny
    Allow from all
    Deny from ip1 ip2
</Directory>
```

Apache 会按照 Order 规定的顺序决定最后使用哪一条规则,例如在举例 2 中,虽然第二句 Allow 允许了访问,但由于在 Order 中 Allow 不是最后规则,因此还需要看有没有 Deny 规则,所以到了第三句,符合 IP1 和 IP2 的访问就被禁止了。注意,Order 决定的"最后"规则非常重要,下面是两个错误的例子和改正方式:

例 8-5   常见错误举例,禁止来自 mydomain.com 对/myname 文件夹的访问。

```
<Directory /myname>
    Order Deny,Allow
    Allow from all
    Deny from mydomain.com
</Directory>
```

分析错误：按 Order 规定的顺序，Deny 不是最后规则，Apache 在处理到第二句 Allow 的时候就已经匹配成功，根本就不会去看第三句，所以对 mydomain.com 的限制是无效的。

改正方法：调换 Order 的顺序，即 Order Allow,Deny，后面两句不动。

例 8-6 常见错误举例，允许 IP1 对/myname 文件夹的访问。

```
< Directory /myname >
    Order Allow,Deny
    Allow from ip1
    Deny from all
</Directory>
```

分析错误：只允许来自 IP1 的访问，虽然第二句中设定了 Allow 规则，但是由于 Order 规定的顺序中 Deny 在后，所以会以第三句 Deny 为准，而第三句的范围中又明显包含了 IP1，所以所有的访问都被禁止了。

改正方法 1：直接去掉 Deny from all。

改正方法 2：调整语句顺序，如下所示：

```
< Directory /myname >
    Order Deny,Allow
    Deny from all
    Allow from ip1
</Directory>
```

注意：在 Order Deny,Allow 中，后一个是一定会被执行的（有相应的 Allow 或 Deny 语句时），如果没有则按照语义分析。

3. Apache 中的用户访问控制

1. 进行 Auth Config 设置

对用户访问控制的严格、有效方法是基于用户和密码形式浏览网页，通过对目录进行强制性的保护，浏览器用户必须输入合法的用户名和正确的密码才能浏览网页。

实现上述功能需要进行 AuthConfig 的设置，为目录指定 AuthName、Required Volid-User，AuthType 和 AuthUserFile 等指令。

（1）AuthUserFile：是一个密码文件。

（2）Require Valid-User：需要合法用户即输入用户名和正确的密码后才能访问网页。

（3）AuthName：定义认证的标识，用于返回给浏览器用户，起到提示作用。

（4）AuthType：定义使用的认证加密类型，通常使用 Basic，即使用 UNIX 的标准加密算法进行加密。

例 8-7 对访问/some/dir 文件夹内容的用户进行认证。

```
< Directory /some/dir >
    AuthType Basic
    AuthName "My Auth File"
    AuthUserFile /some/file/passfile
    Require valid - user
</Directory >
```

这个例子里,密码文件为/some/file/passfile,使用 Basic 的加密认证方法,认证的名称为 My Auth File。

当客户端访问服务器上的网页时,需要输入用户名和密码,服务器会用输入的用户名及密码与服务器中存储的用户名及密码进行对比,如果匹配则允许登录网页,否则将拒绝访问请求。浏览器在访问使用这种认证方式保护的网页时需要进行认证,为了避免每次访问相同网页时重复输入用户名及密码信息,浏览器会将用户输入的用户名及密码数据保存起来,每次需要认证的时候就自动进行认证操作。由于认证是通过 HEAD 请求来完成的,因此它不会影响浏览器显示的网页内容。当用户访问多个需要认证的网页时,浏览器就会保存多个不同的用户和密码对,每个连接都会有一个 AuthName 值,自动进行认证时,通过不同的 AuthName 值,浏览器就可以区分出应该使用哪个用户名和密码进行认证。

访问需要身份认证的 Web 网页时,最好不要直接使用系统密码对用户进行认证,更不要直接使用管理员账户登录,这样做会给系统带来严重的安全隐患。

为了便于管理,可以进一步将这些用户分组,组文件的每一行定义了一个组及其成员的名字,然后在.htaccess 中使用 AuthGroupFile 指定这个目录使用的组文件名,例如:

```
group1: user1 user2 user3 user4
```

这条内容创建了一个密码组 group1,包括 user1、user2、user3 和 user4 成员。除了可以使用 Require valid-user 要求输入的用户必须为密码文件中的合法用户之外,也可以使用 Require user 或 Require group 指令,设置只有特定的合法用户才能访问目录。例如 Require user user1 的意思是只有 user1 用户才能访问,使用 Require group group1 就要求必须是 group1 组的合法成员才能访问,针对具体用户和组的访问控制进一步增加了访问控制的灵活性。

4. htpasswd 命令

创建密码文件的命令为 htpasswd,常见的格式为:

```
htpasswd [options] 密码文件 用户名
```

其中,常见的参数如下。

(1) -c:创建一个加密文件。

(2) -n:不更新加密文件,只将 Apache htpasswd 命令加密后的用户名、密码显示在屏幕上。

(3) -m:默认 Apache htpassswd 命令采用 MD5 算法对密码进行加密。

(4) -d:Apache htpassswd 命令采用 CRYPT 算法对密码进行加密。

(5) -p:Apache htpassswd 命令不对密码进行加密,即明文密码。

(6) -s:Apache htpassswd 命令采用 SHA 算法对密码进行加密。

(7) -b:在 Apache htpassswd 命令行中一并输入用户名和密码而不是根据提示输入密码。

(8) -D:删除指定的用户。

例 8-8 利用 htpasswd 命令添加用户。

```
[root@localhost ~]# htpasswd - c .passwd jack hello
```

在 bin 目录下生成一个 .passwd 文件,用户名 jack,密码为 hello。

例 8-9 在原有密码文件中增加一个用户。

```
[root@localhost ~]# htpasswd - b .passwd tom ok
```

例 8-10 不更新密码文件,只显示加密后的用户名和密码。

```
[root@localhost ~]# htpasswd - nb tom ok
```

例 8-11 利用 htpasswd 命令删除用户名和密码。

```
[root@localhost ~]# htpasswd - D .passwd tom
```

5. 设置 AuthType 值

当采用 AuthType 值为 Basic 的认证方式时有两个缺点:一个是浏览器在 Internet 上使用明文发送用户名和密码信息;另一个是 htpasswd 的密码文件为普通文本文件,这样当用户数目较多时,查找用户的效率就很低。

为了弥补安全性的缺点,可以将 AuthType 设置为 Digest,这样就会使用 Digest 鉴别方式进行认证,此时认证密码文件需要由 AuthDigestFile 来规定,而密码文件必须由自己的加密程序 htdigest 产生和维护。htdigest 的使用方法和 htpasswd 相同。在 Digest 认证方式下,浏览器不会直接发送密码的明文信息,而是在传输密码之前先使用 MD5 算法进行编码处理。注意,不是所有类型的浏览器都支持 Digest 类型的鉴别方式的,只有在浏览器和服务器同时都支持 Digest 方式时,这种认证方式才可行。

8.3.2 整体环境配置说明

此部分的设置将影响所有的 Apache 操作,例如 Apache 能够处理的并发请求的数量等。

1. ServerTokens OS

当服务器响应主机头(header)信息时,显示 Apache 的版本和操作系统名称,一般情况下,此参数不要修改。

2. ServerRoot

设置文件的最顶层目录,不需要修改,默认值为 /etc/httpd。

3. PidFile

PidFile 用于设置进程 PID 文件。PidFile 的作用是保存进程启动时使用的 ID 号,默认值为 run/httpd.pid。注意,如果 PID 文件的位置发生变化,则 /etc/sysconfig/httpd 也必须做相应的变动。

4. Timeout

超时时间,默认值为 60 秒,即当 60 秒内没有收到或发送数据则断开连接。

5. KeepAlive

是否使用保持连接的功能,即客户端一次请求连接只能响应一个文件,默认值为 off,建议将此参数的值由 off 改为 on,即允许使用保持连接的功能。

6. MaxKeepAliveRequests

此参数值与 KeepAlive 有关。当 KeepAlive 为 on 时,这个数值可决定该次连接能响应文件的上限,默认值为 100;为了提高传输效率可以将此值改大一点;0 代表不限制。

7. KeepAliveTimeout

在使用保持连接功能时,来自同一客户端的相同连接的两次请求的时间间隔,默认为 15 秒,若超过这个值,则连接会自动断开。

8. Prefork 模块的设置

侧重于开发,Prefork 占用内存较多,可以在许多无法 debug 的平台上自我除错,采用预派生子进程方式,用单独的子进程来处理不同的请求,进程之间彼此独立。在 make 编译和 make install 安装后,使用 httpd -l 来确定当前使用的 MPM 是否为 prefork. c,默认的配置段内容如下:

```
< IfModule prefork.c >
StartServers           8
MinSpareServers        5
MaxSpareServers        20
ServerLimit            256
MaxClients             256
MaxRequestsPerChild    4000
</IfModule >
```

(1) 模块必须以< IfModule　模块名称>开头,以</IfModule >结尾。

(2) StartServers:为该模块加载时建立的子进程数量,默认值为 8。

(3) MinSpareServers:用于设置最小的空闲里程数,默认值为 5。为了满足 MinSpareServers 设置的需要,在内存中先创建一个进程,1s 创建一次,以 2 的指数级增加创建的进程数,最多达到每秒 32 个,直到满足设置的值为止。这种模式可以在请求没到来时就产生新的进程,从而减小了系统开销以增加性能。

(4) MaxSpareServers:设置了最大的空闲进程数,如果空闲进程数大于这个值,Apache 会自动 kill 掉一些多余进程。这个值不要设得过大,但如果设的值比 MinSpareServers 小,Apache 会自动把其调整为 MinSpareServers+1。如果站点负载较大,可考虑同时加大 MinSpareServers 和 MaxSpareServers。

(5) MaxRequestsPerChild:设置的是每个子进程可处理的请求数,默认为 4000。每个子进程在处理了 MaxRequestsPerChild 设定的请求数量后将自动销毁。0 意味着无限制,即子进程永不销毁,这样每个子进程可以处理更多的请求。但如果设成非零值也有两点重要的好处:可防止意外的内存泄露;在服务器负载下降的时候会自动减少子进程数。因此,可根据服务器的负载来调整这个值。

(6) MaxClients:是这些指令中最为重要的一个,设定的是 Apache 可以同时处理的请求数量,是对 Apache 性能影响最大的参数。如果请求总数已达到这个值(可通过 ps -ef|

grep http|wc -l 来确认),那么后面的请求就要排队,直到某个已处理请求完毕,这就是系统资源还剩下很多而 HTTP 访问却很慢的主要原因。理论上这个值越大,可以处理的请求就越多,默认值为 256,这也是处理请求数的上限。

(7) ServerLimit:用于设定 MaxClients 参数的最大值,而不用重编译 Apache。

9. Worker 模块的设置

侧重于应用。相对于 Prefork。Worker 是支持多线程和多进程混合模型的 MPM。由于使用线程来处理,所以可以处理相对海量的请求,而系统资源的开销要小于基于进程的服务器。但是 Worker 也使用了多进程,每个进程又生成多个线程,以获得基于进程服务器的稳定性。安装方法为:

```
configure - with - mpm = worker
```

然后进行 make 编译及 make install。该模块的内容如下:

```
< IfModule worker.c >
StartServers          4
MaxClients          300
MinSpareThreads      25
MaxSpareThreads      75
ThreadsPerChild      25
MaxRequestsPerChild   0
</IfModule >
```

该模块的定义规则与 Prefork 模块中块的定义方法相同。

(1) StartServers 是该模块加载时建立的子进程数量,默认值为 4。每个子进程中包含固定的 ThreadsPerChild 线程数,默认值为 25。各个线程独立地处理请求,是与性能相关最密切的指令。当负载较大时,可以动态调整该值。

(2) 为了在请求到来之前就生成线程,MinSpareThreads 和 MaxSpareThreads 设置了最少和最多的空闲线程数;而 MaxClients 设置了同时连入的客户端请求的最大数量,如果现有子进程中的线程总数不能满足负载要求,控制进程将派生新的子进程。

(3) MinSpareThreads 和 MaxSpareThreads 的最大默认值分别是 25 和 75。这两个参数对 Apache 的性能影响并不大,可以按照实际情况相应调节。

(4) Worker 模块下所能同时处理的请求总数是由子进程总数乘以 ThreadsPerChild 值决定的,应该大于等于 MaxClients 中规定的值。

(5) 在负载很大时,如果显式声明了 ServerLimit,那么它乘以 ThreadsPerChild 的值必须大于等于 MaxClients,而且 MaxClients 必须是 ThreadsPerChild 的整倍数,否则 Apache 会将其自动调节到一个与标准值最相近的值。

10. Listen

设置服务器监听的端口,默认为监听本机的 80 端口,也可以监听指定 IP 地址的端口,例如:

```
Listen 1.2.3.4: 80
```

11. DSO 设置

Apache 在运行时使用 DSO 来加载模块。DSO 是 Dynamic Shared Objects(动态共享目标)的缩写,由 UNIX 派生出来的操作系统中都存在着这样一种动态连接机制,它提供了一种在程序运行时将需要的部分从外存调入内存执行的方法。在 DSO 中无须加载静态编译的模块(使用 httpd -1 列出的模块)。模块加载的格式如下:

```
LoadModule   模块名称   模块对应的文件
```

系统中所有的模块默认存放在/usr/lib/httpd/modules 文件夹下,若要加载 foo_module 模块,方法为:

```
LoadModule foo_module modules/mod_foo.so
```

在 Apache 中大部分模块是被作为默认模块进行加载的,如下所示:

```
LoadModule auth_basic_module modules/mod_auth_basic.so
LoadModule auth_digest_module modules/mod_auth_digest.so
LoadModule authn_file_module modules/mod_authn_file.so
LoadModule authn_alias_module modules/mod_authn_alias.so
LoadModule authn_anon_module modules/mod_authn_anon.so
LoadModule authn_dbm_module modules/mod_authn_dbm.so
        ……
LoadModule cgi_module modules/mod_cgi.so
LoadModule version_module modules/mod_version.so
```

还有一部分不会作为默认模块被自动加载,例如:

```
LoadModule asis_module modules/mod_asis.so
LoadModule authn_dbd_module modules/mod_authn_dbd.so
LoadModule cern_meta_module modules/mod_cern_meta.so
        ……
LoadModule log_forensic_module modules/mod_log_forensic.so
LoadModule unique_id_module modules/mod_unique_id.so
```

12. Include

Include 用于声明加载配置文件的路径及文件后缀,默认值为 conf.d/ * .conf。

13. ExtendedStatus

ExtendedStatus 用于控制 Apache 产生 full 状态信息(ExtendedStatus on)还是基本信息(ExtendedStatus off)。默认值为 on。

14. User apache

Apache 中默认的用户名。

15. Group apache

Apache 中默认的组名。

8.3.3　主要服务配置说明

此部分设置的指令用于处理在虚拟主机中无法处理的请求,也可以将这些指令应用于虚拟主机中,这些指令将代替虚拟主机中原有的值。

1. ServerAdmin

邮件地址。当 Apache 服务运行过程中出现错误时,会自动将错误的文档以邮件形式发送到指定的邮件地址。默认值为 root@localhost。

2. ServerName

ServerName 指定服务器的名字及端口。若不设置服务器名字及端口或服务器名非法,由服务重定向将不会工作。如果本服务器还没有 DNS 提供的域名,也可以在此处使用 IP 地址。默认值为 www.example.com:80,注意服务器名称与端口之间用":"隔开。

3. UseCanonicalName

UseCanonicalName 定义 Apache 的自我参照结构。当此值为 on 时,Apache 使用 ServerName 指令中设置的值;当此值为 off 时,Apache 使用客户端提供的主机名和端口。默认值为 off。

4. DocumentRoot

DocumentRoot 指定存放主页文档的位置,默认位置为/var/www/html。

5. 设置根文件夹的访问限制

```
<Directory />
    Options FollowSymLinks
    AllowOverride None
</Directory>
```

对根文件夹的默认访问权限为:允许使用符号链接访问不在本文件夹下的文件,禁止读取.htaccess 配置文件的内容。

6. 设置/var/www/html 的访问限制

```
<Directory "/var/www/html">
    Options Indexes FollowSymLinks
    AllowOverride None
    Order allow,deny
    Allow from all
</Directory>
```

此处的设置将会改变 DocumentRoot 指令设置的值。对/var/www/html 的默认限制是:

(1) 如果一个映射到该目录的 URL 被请求,而此目录中又没有指定 DirectoryIndex 值,那么服务器会返回一个格式化后的目录列表。

(2) 允许使用控制文档类型的指令及其他相关指令。

(3) 不允许任何重载,对此文件夹的访问规则是先允许后拒绝,结果为允许所有对该文件夹的访问。

7. Userdir 模块的设置

此模块决定了是否可以使用类似 http://example.com/~userid/ 的语法来访问用户站点文件夹,如果可以,那么从根文件夹到被访问的文件对于 Web 服务而言必须是可以访问的。一般情况下,~userid 的权限为 711;~userid/public_html 的权限为 755;所有文档的

权限必须为可读取,否则客户端访问时会出现 403 Forbidden 的错误提示。该模块的内容
如下:

```
<IfModule mod_userdir.c>
    UserDir disabled
</IfModule>
```

UserDir 默认是禁止的。如果允许此操作,远程攻击者可以利用这个获得敏感信息,利
用 mod_userdir 错误的配置枚举主机上的用户名等敏感信息,利用这些信息可实施进一步
的攻击。

8. DirectoryIndex

DirectoryIndex 用于设置当访问服务器时需要查询的页面文件,可以有一个文件也可
以有多个文件,默认的文件名为 index. html index. html. var。注意如果是多个文件,文件之
间用空格隔开,系统会按顺序依次查找。

9. AccessFileName

AccessFileName 用于指定保护目录配置文件的名称。Apache 中默认的用于保护目录
的配置文件为. htaccess。

10. 设置文件的访问限制

```
<Files ~ "^\.ht">
    Order allow,deny
    Deny from all
    Satisfy All
</Files>
```

(1) 对文件的限制需要以< Files 文件名>开头,以</Files >结束,这与文件夹的访问限制
格式类似。

(2) ~ "^\. ht"参数的含义是指代. htaccess 文件和. htpasswd 文件。

(3) 结构体中的 Order 和 Deny 与文件夹访问限制中的参数用法相同,此处的取值为拒
绝所有对上述两个文件的访问。

(4) Satisfy 用于指定对该文件采用哪种认证机制。一种是文件认证机制,另一种是用
户认证机制。当设置 Satisfy 值为 All 时,要求同时满足上述两种认证条件才可以访问;当
设置 Satisfy 值为 Any 时,则只要满足一个就可以了。认证条件判别顺序:采用就近原则,
后设置的先判断。

11. TypesConfig

TypesConfig 用于指定负责处理 MIME 格式的配置文件的存放位置,默认位置为/etc
文件夹下,文件名为 mime. types。

12. DefaultType

DefaultType 用于设置服务器上使用的默认的 MIME 文件类型。如果文件的内容是
HTML 或文本,则此值为 text/plain,这也是该指令的默认值。如果文件的内容是应用程序
或图像,则此值为 application/octet-stream。

13. mod_mine_magic 模块的设置

当 mod_mine_magic 模块被加载时,设置 Magic 信息码文件的存放位置,模块内容如下:

```
<IfModule mod_mime_magic.c>
    MIMEMagicFile conf/magic
</IfModule>
```

14. HostnameLookups

HostnameLookups 用于查询客户端的主机名或 IP 地址。当该值为 on 时,查询客户端的主机名;当该值为 off 时,查询客户端的 IP 地址。该指令的默认值为 off。

15. ErrorLog

ErrorLog 指定错误日志的存放位置。如果在虚拟主机没有指定错误日志,则系统产生的错误都会以日志的形式保存在此指令设置的文件中;如果在虚拟主机中定义了错误日志,则产生的错误信息直接记录在虚拟主机定义的日志中,而不再向此处定义的日志中写信息。该指令的默认值为 logs/error_log。

16. LogLevel warn

LogLevel warn 用于调整记于 Apache 错误日志中的信息的详细程度。可以选择下列级别,依照重要性降序排列。

(1) emerg:紧急,系统无法使用。

(2) alert:必须立即采取措施。

(3) crit:致命情况。

(4) error:错误情况。

(5) warn:警告情况。

(6) notice:一般重要情况。

(7) info:普通信息。

(8) debug:出错级别信息。

当指定了特定级别时,所有级别高于它的信息也会同时报告。例如,当指定了 LogLevel info 时,所有 notice 和 warn 级别的信息也会被记录。

17. 定义日志格式

定义日志格式共有以下 4 种:

```
LogFormat "%h %l %u %t \"%r\" %>s %b \"%{Referer}i\" \"%{User-Agent}i\"" combined    #(1)
LogFormat "%h %l %u %t \"%r\" %>s %b" common                                          #(2)
LogFormat "%{Referer}i -> %U" referer                                                 #(3)
LogFormat "%{User-agent}i" agent                                                      #(4)
```

18. CustomLog

CustomLog 指定访问日志的记录格式及存放位置,默认值为 logs/access_log combined。按记录信息的不同,Apache 的日志格式有 4 种。

(1) common:普通日志格式(Common Log Format,CLF),大多数日志分析软件都支

持这种格式。

（2）referer：参考日志格式（Referer Log Format），记录客户访问站点的用户身份。

（3）agent：代理日志格式（Agent Log Format），记录请求的用户代理。

（4）combined：综合日志格式（Combined Log Format），结合以上 3 种日志信息。

在使用 LogFormat 和 CustomLog 指令中可以使用格式符，常见的格式符如表 8-2 所示。

表 8-2　日志中的格式符

格 式 符	说　　明
%v	进行服务的服务器的标准名字，通常用于虚拟主机的日志记录中
%h	客户端的 IP 地址
%l	从 Identd 服务器中获取远程登录名称，基本已废弃
%u	来自于认证的远程用户
%t	连接的日期和时间
%r	HTTP 请求的首行信息，典型格式是：Method Resource Protocol。即：方法 资源 协议。经常可能出现的 Method 是 Get、Post 和 Head；Resource 是指浏览者向服务器请求的文档或 URL；Protocol 通常是 HTTP，后再加上版本号，通常是 HTTP/1.1
%>s	响应请求的状态代码，一般值为 200，表示服务器已经成功地响应浏览器的请求，一切正常；以 3 开头的状态代码表示由于各种不同的原因用户请求被重定向到了其他位置；以 4 开头的状态代码表示客户端存在某种错误；以 5 开头的状态代码表示服务器遇到了某个错误
%b	传输的字节数（不包含 HTTP 头信息），将日志记录中的这些值加起来就可以得知服务器在一天、一周或者一月内发送了多少数据
%{Referer}i	指明该请求是从哪个网页提交过来的
%u	请求的 URL 路径，不包含查询串
\"%{User-Agent}i\"	客户浏览器提供的浏览器识别信息

19. ServerSignature

在 Apache 自己产生的页面中是否使用 Apache 服务器版本签名。默认值为 on，即使用签名。

20. Alias /icons/ "/var/www/icons/"

Alias /icons/ "/var/www/icons/"用于设置/var/www/icons 文件夹的别名为/icons/。

21. 定义/var/www/icons 文件夹的访问限制

```
<Directory "/var/www/icons">
    Options Indexes MultiViews FollowSymLinks
    AllowOverride None
    Order allow,deny
    Allow from all
</Directory>
```

该文件夹默认的访问限制是：

（1）如果一个映射到目录的 URL 被请求，而此目录中又没有指定 DirectoryIndex 的值,那么服务器会返回一个格式化后的目录列表。

（2）服务器可以在此目录中使用符号链接。

（3）允许内容协商的多重视图。

（4）不允许任何重载。

（5）允许所有对 var/www/icons 文件夹的访问。

22. 设置 mod_dav_fs 模块

```
< IfModule mod_dav_fs.c >
    # Location of the WebDAV lock database.
    DAVLockDB /var/lib/dav/lockdb
</IfModule >
```

此模块用于指定 DAV 加锁数据文件的存放位置。

23. ScriptAlias /cgi-bin/ "/var/www/cgi-bin/"

ScriptAlias /cgi-bin/ "/var/www/cgi-bin/"用于设置 CGI 目录的访问别名目录为/cgi-bin。

24. 设置/var/www/cgi-bin 的访问限制

```
< Directory "/var/www/cgi - bin">
    AllowOverride None
    Options None
    Order allow,deny
    Allow from all
</Directory >
```

对目录/var/www/cgi-bin 的限制为:

（1）不允许任何重载。

（2）不启用任何额外特性。

（3）访问规则是先允许后拒绝,默认为允许所有对/var/www/cgi-bin 文件夹的访问。

25. 设置自动生成目录列表的显示方式

```
IndexOptions FancyIndexing VersionSort NameWidth = *  HTMLTable Charset = UTF - 8
```

（1）FancyIndexing:对每种类型的文件前加上一个小图标以示区别。

（2）VersionSort:对同一个软件的多个版本进行排序。

（3）NameWidth= * :文件名字段自动适应当前目录下最长文件名。

（4）HTMLTable Charset=UTF-8:设置 HTML 表格的字符集为 UTF-8。

26. 告知服务器采用的 MIME 编码格式

```
AddIconByEncoding (CMP,/icons/compressed.gif) x - compress x - gzip
```

以上命令用于告知服务器在遇到不同的文件类型或扩展名时采用的 MIME 编码格式。

27. 添加可识别的图标类型

在 Apache 中的图标类型很多,部分图标类型的定义如下:

```
AddIconByType (TXT,/icons/text.gif) text/ *
AddIconByType (IMG,/icons/image2.gif) image/ *
AddIconByType (SND,/icons/sound2.gif) audio/ *
AddIconByType (VID,/icons/movie.gif) video/ *
    …
AddIcon /icons/folder.gif ^^DIRECTORY^^
AddIcon /icons/blank.gif ^^BLANKICON^^
```

28. DefaultIcon

DefaultIcon 用于设置默认图标。Apache 中默认的图标为/icons/unknown.gif。

29. ReadmeName

ReadmeName 用于设置 Readme 文件的名字。默认的文件名为 README.html。

30. HeaderName

HeaderName 用于设置预置目录的索引文件名。默认文件名为 HEADER.html。

31. IndexIgnore .?? * *~ * # HEADER * README * RCS CVS * ,v * ,t
被目录索引忽略的文件名集体。

32. 添加 Apache 所支持的语言

在 Apache 中支持的语言可用 AddLanguage 指令进行添加,例如添加英语的方法为
AddLanguage en . en。由系统默认添加的部分语言如下所示:

```
AddLanguage ca .ca
AddLanguage cs .cz .cs
AddLanguage da .dk
AddLanguage de .de
…
AddLanguage zh - CN .zh - cn
AddLanguage zh - TW .zh - tw
```

33. 设置 Apache 中所支持语言的优先级

```
LanguagePriority en ca cs da de el eo es et fr he hr it ja ko ltz nl nn no pl pt pt - BR ru sv zh -
CN zh - TW
```

英语级别最高,zh-TW 的级别最低。

34. ForceLanguagePriority Prefer Fallback

强制语言优先级,Prefer 表示有多种语言可以选择,Fallback 表示没有可接收的匹配
语言。

35. AddDefaultCharset UTF-8

添加默认的字符集为 UTF-8。

36. 添加新的 MIME 类型

而不用编辑 mime.types 文件。

```
AddType application/x - compress .Z
AddType application/x - gzip .gz .tgz
```

37. 添加下载证书及 CRL 的类型

```
AddType application/x-x509-ca-cert .crt
AddType application/x-pkcs7-crl    .crl
```

38. AddHandler type-map var
设置 Apache 对某些扩展名的处理方式。

39. 添加文本或 HTML 类型

```
AddType text/html .shtml
```

40. 使用过滤器执行 SSI

```
AddOutputFilter INCLUDES .shtml
```

41. 设置存放错误页面文件夹的别名

```
Alias /error/ "/var/www/error/"
```

值为/error。

42. 设置 mod_negotiation 及 mod_include 模块
在模块中对/var/www/error 文件夹进行了限制,内容如下:

```
<IfModule mod_negotiation.c>
<IfModule mod_include.c>
    <Directory "/var/www/error">
        AllowOverride None
        Options IncludesNoExec
        AddOutputFilter Includes html
        AddHandler type-map var
        Order allow,deny
        Allow from all
        LanguagePriority en es de fr
        ForceLanguagePriority Prefer Fallback
    </Directory>
</IfModule>
</IfModule>
```

对于/var/www/error 文件夹默认的限制为:
(1) 不允许任何重载。
(2) 服务器端可以包含不能执行的脚本。
(3) 过滤.html 文件。
(4) 设置对扩展名的处理方式。
(5) 限制规则为先允许后拒绝,默认值为允许所有对该文件夹的访问。
(6) 设置语言的优先级为 en es de fr。

（7）设置强制语言优先级。

43. 设置浏览器匹配参数

```
BrowserMatch "Mozilla/2" nokeepalive
BrowserMatch "MSIE 4\.0b2;" nokeepalive downgrade-1.0 force-response-1.0
BrowserMatch "RealPlayer 4\.0" force-response-1.0
……
BrowserMatch "^XML Spy" redirect-carefully
BrowserMatch "^Dreamweaver-WebDAV-SCM1" redirect-carefully
```

8.3.4　虚拟主机配置

使用虚拟主机可以实现在计算机中保留多个域名或主机名的操作。虚拟主机有 3 种类型，分别为基于 IP 地址的虚拟主机、基于端口的虚拟主机及基于域名的虚拟主机，其中基于域名的虚拟主机应用最为广泛。

1. 设置虚拟主机的名称

```
NameVirtualHost *:80
```

其中，* 代表主机默认的 IP 地址，80 代表监听的端口。

2. 定义虚拟主机

虚拟主机的定义必须以< VirtualHost *:80 >开头，以</VirtualHost >结尾；符号 * 的部分也可以是 IP 地址或域名；在虚拟主机中必须指定 ServerName 及 DocumentRoot 两个参数；其他参数若不设置，则使用整体环境配置或主要服务配置部分的默认值。

注意：如果配置的虚拟主机是基于域名的，则需要有 DNS 的支持，NameVirtualHost *:80 指令也必须要有；如果配置的是基本端口或 IP 的虚拟主机，NameVirtualHost *:80 可以省略。

8.4　控制 httpd 进程

Apache 服务中的守护进程为 httpd，可以通过 service 命令控制 httpd 进程的运行状态，也可以由/usr/sbin/apachectl 命令调用。

1. 使用 service 命令控制 httpd 进程

1）启动 httpd 进程

```
[root@localhost ~]# service httpd start
```

2）停止 httpd 进程

```
[root@localhost ~]# service httpd stop
```

3）重新启动 httpd 进程

```
[root@localhost ~]# service httpd restart
```

4）查看 httpd 进程状态

```
[root@localhost ～]♯service httpd status
```

5）优雅地重新启动 Apache 的 httpd 后台守护进程。

```
[root@localhost ～]♯service httpd graceful
```

如果守护进程尚未启动,则需要启动它。这和标准重新启动的不同之处在于此操作不会中断当前已经打开的连接,也不会立即关闭日志。在使用此命令之前,应先用 configtest 自动检查配置文件,以确保 Apache 不会宕掉。

6）显示完整的状态报告

```
[root@localhost ～]♯service httpd fullstatus
```

此操作需要由 mod_status 模块提供支持。

7）重新加 httpd 进程

```
[root@localhost ～]♯service httpd reload
```

2. 使用 apachectl 命令控制 httpd 进程

apachectl 是 Apache HTTP 服务器的前端程序,主要作用是帮助管理员控制 Apache Httpd 后台守护进程的功能。apachectl 脚本有两种操作模式,首先作为简单的 httpd 的前端程序,设置所有必要的环境变量,然后启动 httpd 进程并传递所有的命令行参数;其次作为 SysV 初始化脚本,接收简单的参数,并把他们翻译为适当的信号发送给 httpd 进程。语法为:

```
apachectl [options]
```

常见参数为 start、stop、restart 等。以启动 httpd 进程为例,操作方法为:

```
/etc/sbin/apachectl start
```

这个命令的功能与 service httpd [参数]功能相同,此处不再重复。

3. httpd 命令的使用

语法:

```
httpd [ -hlLStvVX][ -c ][ -C ][ -d<服务器根目录>][ -D<设定文件参数>][ -f<设定文件>]
```

参数如下。

(1) -d serverroot:将 ServerRoot 指令的初始值设置为 serverroot,它可以被配置文件中的 ServerRoot 指令所覆盖。其默认值是/etc/httpd。

(2) -f config:在启动中使用 config 作为配置文件,如果 config 不以"/"开头,则它是相对于 ServerRoot 的路径。其默认值是 conf/httpd. conf。

(3) -k start|restart|graceful|stop：发送信号使 httpd 启动、重新启动或停止。

(4) -C directive：在读取配置文件之前，先处理 directive 的配置指令。

(5) -c directive：在读取配置文件之后，再处理 directive 的配置指令。

(6) -D parameter：设置参数 parameter。它配合配置文件中的< IfDefine >段，用于在服务器启动和重新启动时，有条件地跳过或处理某些命令。

(7) -e level：在服务器启动时，设置 LogLevel 为 level。它用于在启动时临时增加出错信息的详细程度，以帮助排错。

(8) -E file：将服务器启动过程中的出错信息发送到文件 file。

(9) -R directory：当在服务器编译中使用了 SHARED_CORE 规则时，它指定共享目标文件的目录为 directory。

(10) -h：输出一个可用的命令行选项的简要说明。

(11) -l：输出一个静态编译在服务器中的模块的列表，它不会列出使用 LoadModule 指令动态加载的模块。

(12) -L：输出一个指令的列表，并包含了各指令的有效参数和使用区域。

(13) -M：输出一个已经启用的模块列表，包括静态编译在服务器中的模块和作为 DSO 动态加载的模块。

(14) -S：显示从配置文件中读取并解析的设置结果。

(15) -t：仅对配置文件执行语法检查，程序在语法解析检查结束后立即退出，或者返回 0(OK)，或者返回非 0 的值(Error)。如果还指定了-D DUMP_VHOSTS，则会显示虚拟主机配置的详细信息。

(16) -v ：显示 httpd 的版本，然后退出。

(17) -V：显示 httpd 的版本和编译参数，然后退出。

(18) -X：以调试模式运行 httpd，仅启动一个工作进程，并且服务器不与控制台脱离。

例 8-12 显示 httpd 的版本信息。

```
[root@localhost ~]# httpd - v
Server version: Apache/2.2.15 (UNIX)
Server built:Apr  9 2011 08:58:38
```

8.5　操作任务：配置 Web 服务器

设 Apache 服务器的 IP 地址为 172.17.2.200/24。有关 SELinux 设置及 Iptables 的设置详见第 10 章，此处暂不考虑 SELinux 及 Iptables 对 Apache 的影响，故先停止上述两个服务，方法如下：

```
[root@localhost ~]# iptables - F
[root@localhost ~]# setenforce 0
```

在 Apache 的主配置文件中需要设置 ServerName 的值，可以是任意字符串，设置方法如下：

```
[root@localhost ~]# vim /etc/httpd/conf/httpd.conf
ServerName   www.dky.bjedu.cn:80
```

只要设置了 ServerName 的值,启动 httpd 进程时就不会提示警告信息,否则出现提示信息"正在启动 httpd:httpd:Could not reliably determine the server's fully qualified domain name,using localhost.localdomain for ServerName   [确定]",此提示的意思是 httpd 进程启动时没有找到有效的域名,但这并不影响 Apache 的启动。

8.5.1 任务 8-1:配置基于 Httpd 的 Web 服务

1. 任务描述

使用 Apache 发布简单的网页是非常容易的,只需要修改 Apache 默认的主页就可以实现。Apache 默认的主页面存放在/var/www/html 文件夹下,文件名为 Index.html。

2. 操作步骤

1)创建该站点对应的主页文件

文件的内容为:how are you。

```
[root@localhost ~]# echo how are you >/var/www/html/index.html
```

2)重启 Apache 服务

```
[root@localhost ~]# service httpd restart
停止 httpd:                                        [确定]
正在启动··httpd:                                    [确定]
```

在浏览器中显示的结果如图 8-3 所示。

图 8-3 基于 Httpd 的 Web 显示结果

8.5.2 任务 8-2:基于 IP 地址的虚拟主机

1. 任务描述

在 Apache 中可以使用 IP 地址来区别多台主机,这被称为基于 IP 的虚拟主机。

2. 配置方法

1)添加一个 IP 地址

由于系统中只有一个 IP(172.17.2.200/24),为了实现此操作,需要添加一个 IP 地址。操作如下:

```
[root@localhost ~]# ifconfig eth1:1 172.17.2.201/24
```

2）为每个 IP 设置存放主页的文件夹

```
[root@localhost ~]#  mkdir /var/www/html/server
[root@localhost ~]#  mkdir /var/www/html/server1
```

3）为每个 IP 设置主页

```
[root@localhost ~]# echo this ip is 172.17.2.200 > /var/www/html/server/index.html
[root@localhost ~]# echo this ip is 172.17.2.201 > /var/www/html/server1/index.html
```

4）修改配置文件

```
[root@localhost ~]# vim /etc/httpd/conf/httpd.conf
# IP 地址为 172.17.2.201 的虚拟主机配置
<VirtualHost 172.17.2.201:80>
ServerName server.dky.bjedu.cn
DocumentRoot   /var/www/html/server1
</VirtualHost>

# IP 地址为 172.17.2.200 的虚拟主机配置
<VirtualHost 172.17.2.200:80>
ServerName server1.dky.bjedu.cn
DocumentRoot   /var/www/html/server
</VirtualHost>
```

注意：IP 地址后的端口号不能省略。

5）重启服务

```
[root@localhost ~]# service httpd restart
停止 httpd:                                    [确定]
正在启动 httpd:                                [确定]
```

6）测试

对 IP 地址为 172.17.2.200 的虚拟主机的测试结果如图 8-4 所示，对 IP 地址为 172.17.2.201 的虚拟主机的测试结果如图 8-5 所示。

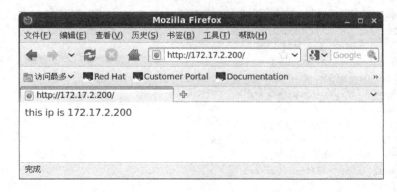

图 8-4　测试 IP 地址为 172.17.2.200 的虚拟主机

257

第
8
章

WWW 服务的配置与管理

图 8-5　测试 IP 地址为 172.17.2.201 的虚拟主机

8.5.3　任务 8-3：基于端口的虚拟主机

1. 任务描述

在 Apache 中可以针对不同的端口设置不同的虚拟主机，即基于端口的虚拟主机。系统默认的端口为 80，若添加新的端口，需要用"Listen 端口号"声明。

2. 操作步骤

1）设置不同端口的主页存放的位置

```
[root@localhost ~]#  mkdir /var/www/html/server
[root@localhost ~]#  mkdir /var/www/html/server1
```

2）为不同端口的虚拟主机设置主页

```
[root@localhost ~]#  echo this  port is 80 > /var/www/html/server/index.html
[root@localhost ~]#  echo this  port is 8080 > /var/www/html/server1/index.html
```

3）修改配置文件

```
[root@localhost ~]# vim /etc/httpd/conf/httpd.conf
#监听 8080 端口
Listen 8080
#设置端口号为 80 的虚拟主机
< VirtualHost 172.17.2.200:80 >
ServerName a.dky.bjedu.cn
DocumentRoot  /var/www/html/server
</VirtualHost >
#设置端口号为 8080 的虚拟主机
< VirtualHost 172.17.2.200:8080 >
ServerName b.dky.bjedu.cn
DocumentRoot  /var/www/html/server1
</VirtualHost >
```

4）重启服务

```
[root@localhost ~]# service httpd restart
停止 httpd:                                              [确定]
正在启动··httpd:                                          [确定]
```

5）测试

对端口号为 80 的虚拟主机的测试结果如图 8-6 所示,对端口号为 8080 的虚拟主机的测试结果如图 8-7 所示。

图 8-6　端口号为 80 的虚拟主机测试结果

图 8-7　端口号为 8080 的虚拟主机测试结果

8.5.4　任务 8-4：基于域名的虚拟主机

1. 任务描述

在 Apache 中可以使用域名来区分不同的主机,即可以实现基于域名的虚拟主机,这需要有 DNS 的支持。假设 DNS 服务器已经做好,可以解析 www. dky. bjedu. cn 和 news. dky. bjedu. cn。在 Apache 的配置文件中必须标识出使用基于名称的虚拟主机,即设置 NameVirtualHost 指令。

2. 操作步骤

1）为每个域名对应的主机创建存放网页的文件夹

```
[root@localhost ~]#   mkdir /var/www/html/www
[root@localhost ~]#   mkdir /var/www/html/news
```

2）为每个域名对应的主机创建网页

```
[root@localhost ~]#   echo this page is www > /var/www/html/www/index.html
[root@localhost ~]#   echo this page is news > /var/www/html/news/index.html
```

3）修改配置文件

```
[root@localhost ~]#    vim /etc/httpd/conf/httpd.conf
# 声明使用基于名称的虚拟主机
NameVirtualHost * :80
# 配置域名为 www.dky.bjedu.cn 的虚拟主机
<VirtualHost * :80>
ServerName www.dky.bjedu.cn
DocumentRoot  /var/www/html/www
</VirtualHost>
# 配置域名为 news.dky.bjedu.cn 的虚拟主机
<VirtualHost * :80>
ServerName news.dky.bjedu.cn
DocumentRoot  /var/www/html/news
</VirtualHost>
```

4）重启服务

```
[root@localhost ~]# service httpd restart
停止 httpd:                                          [确定]
正在启动 httpd:                                       [确定]
```

5）测试

对名称为 www.dky.bjedu.cn 的虚拟主机的测试结果如图 8-8 所示，对名称为 news.dky.bjedu.cn 的虚拟主机的测试结果如图 8-9 所示。

图 8-8　名称为 www.dky.bjedu.cn 的虚拟主机测试结果

图 8-9   名称为 news. dky. bjedu. cn 的虚拟主机测试结果

8.5.5   任务 8-5：配置基于用户/密码的 Web 服务器

1. 任务描述

在 Apache 中可以针对文件夹进行控制，对某些重要的文件夹设置用户名及密码，只有符合要求的用户才能访问被加密的文件夹中的内容。此处的用户可以不是系统用户，也就是说该用户在系统中不存在。

2. 操作步骤

1）创建需要加密的文件夹

```
[root@localhost ~]# mkdir /var/www/html/authpage
```

2）生成主页

```
[root@localhost ~]# echo this page is authpage > /var/www/html/authpage/index.html
```

3）修改配置文件

```
[root@localhost ~]# vim /etc/httpd/conf/httpd.conf
#对/var/www/html/authpage 进行加密控制
<Directory "/var/www/html/authpage">
        authname "mypage"
        authtype basic
        authuserfile /etc/httpd/.htaccess
        require user test
        AllowOverride authconfig
</Directory>
```

4）生成可以访问加密文件夹的用户

```
[root@localhost ~]#    htpasswd -cm /etc/httpd/.htaccess test
New password:
```

```
Re - type new password:
Adding password for user test
```

此处创建的用户名为"test",密码为"111111",密码是不显示的。

5）重启服务

```
[root@localhost ~]# service httpd restart
停止 httpd:                                          [确定]
正在启动·httpd:                                      [确定]
```

6）测试

在浏览器中输入被加密的文件夹如 172.17.2.200/authpage,此时系统会提示输入用户名及密码,如图 8-10 所示；输入用户名及密码信息,如图 8-11 所示；若认证通过则会显示指定的访问页面,如图 8-12 所示。

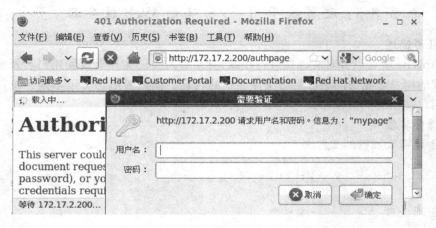

图 8-10　弹出认证对话框

图 8-11　输入用户名及密码

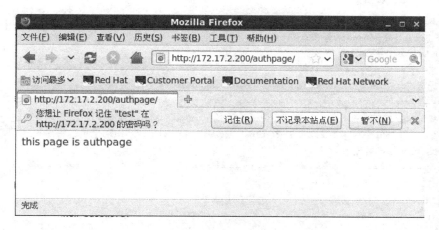

图 8-12　认证成功

8.5.6　任务 8-6：配置基于 HTTPS 的 Web 服务

1. HTTPS 介绍

在 Apache 中支持基于 HTTPS 协议的访问，HTTPS（HyperText Transfer Protocol over Secure Socket Layer）是以安全为目标的 HTTP 通道，简单讲是 HTTP 的安全版。HTTPS 的安全基础是 SSL，需要在 HTTP 中加入 SSL 模块，用于实现安全的 HTTP 数据传输。使用格式为 https:URL。HTTPS 使用不同于 HTTP 的默认端口及加密/身份认证层（在 HTTP 与 TCP 之间）。HTTPS 被广泛用于 Internet 上安全级别较高的通信中，例如在线支付等。

2. HTTPS 与 HTTP 的区别

（1）HTTPS 协议需要到 CA 申请证书，一般免费证书很少，需要交费。

（2）HTTP 是超文本传输协议，信息是明文传输；HTTPS 则是具有安全性的 SSL 加密传输协议。

（3）HTTP 和 HTTPS 使用的是完全不同的连接方式，用的端口也不一样，前者是 80，后者是 443。

（4）HTTP 的连接很简单，是无状态的；HTTPS 协议是由 SSL＋HTTP 协议构建的可进行加密传输、身份认证的网络协议，比 HTTP 协议安全，使用 HTTPS 协议可以解决信任主机问题及通信过程中的数据泄密和被篡改问题。

3. 基于 HTTPS 的 Web 实现

1）安装 SSL 模块

```
[root@localhost ~]# yum install mod_ssl
Loaded plugins: product－id, refresh－packagekit, subscription－manager
Updating RedHat repositories.
Setting up Install Process
Resolving Dependencies
－－> Running transaction check
```

```
---> Package mod_ssl.i686 1:2.2.15-9.el6 will be installed
--> Finished Dependency Resolution
Dependencies Resolved
================================================================
Package        Arch       Version           Repository     Size
================================================================
Installing:
mod_ssl        i686       1:2.2.15-9.el6    rhel-source    86 k
Transaction Summary
================================================================
Install        1 Package(s)
Total download size: 86 k
Installed size: 181 k
Is this ok [y/N]: y
Downloading Packages:
Running rpm_check_debug
Running Transaction Test
Transaction Test Succeeded
Running Transaction
   Installing: 1:mod_ssl-2.2.15-9.el6.i686                  1/1
duration: 2929(ms)
Installed products updated.
Installed:
   mod_ssl.i686 1:2.2.15-9.el6
Complete!
```

2）改变当前文件夹为/etc/pki/tls/certs
此文件夹用于保存证书。

```
[root@localhost ~]# cd /etc/pki/tls/certs
```

3）生成证书及私钥文件

```
[root@localhost certs]# make abc.crt
umask 77 ; \
/usr/bin/openssl genrsa -aes128 2048 > abc.key
Generating RSA private key, 2048 bit long modulus
...............................+++
......................................................+++
e is 65537 (0x10001)
Enter pass phrase:                 <------- 输入认证码,访问 HTTPS 网页时会用到
Verifying - Enter pass phrase: <------- 重复上面的内容
umask 77 ; \
usr/bin/openssl req -utf8 -new -key abc.key -x509 -days 365 -out abc.crt -set_serial 0
Enter pass phrase for abc.key:
You are about to be asked to enter information that will be incorporated
into your certificate request.
```

```
What you are about to enter is what is called a Distinguished Name or a DN.
There are quite a few fields but you can leave some blank
For some fields there will be a default value,
If you enter '.', the field will be left blank.
-----
Country Name (2 letter code) [XX]:cn
State or Province Name (full name) []:beijing
Locality Name (eg, city) [Default City]:beijing
Organization Name (eg, company) [Default Company Ltd]:dky
Organizational Unit Name (eg, section) []:dky
Common Name (eg, your name or your server's hostname) []:dky
Email Address []:jack@dky.bjedu.cn
```

如果上面的操作成功,则会在/etc/pki/tls/certs 中产生两个文件,一个是证书文件,另一个是私钥。

4）查看产生的文件

```
[root@localhost certs]# ls abc *
abc.crt   abc.key
```

5）修改 SSL. conf 文件

```
[root@localhost certs]# vim /etc/httpd/conf.d/ssl.conf
SSLCertificateFile /etc/pki/tls/certs/abc.crt
SSLCertificateKeyFile /etc/pki/tls/private/abc.key
```

6）将私钥存放到指定位置

```
[root@localhost certs]# mv abc.key   /etc/pki/tls/private/
```

7）重启服务

```
[root@localhost certs]# service httpd restart
停止 httpd:                                              [确定]
正在启动 httpd: Apache/2.2.15 mod_ssl/2.2.15 (Pass Phrase Dialog)
Some of your private key files are encrypted for security reasons.
In order to read them you have to provide the pass phrases.

Server www.dky.bjedu.cn:443 (RSA)
Enter pass phrase:    <------此处填生成证书时输入的认证码
OK: Pass Phrase Dialog successful.
                                                        [确定]
```

8）测试

在浏览器的地址栏中输入 https://172.17.2.200,出现如图 8-13 所示的页面。

单击"我已充分了解可能的风险"左侧三角按钮,此时该按钮会展开,并出现如图 8-14 所示的内容。

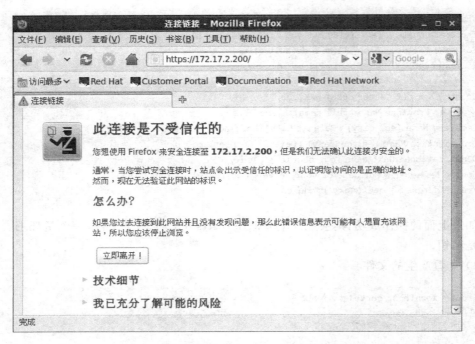

图 8-13　访问使用 HTTPS 协议的网页

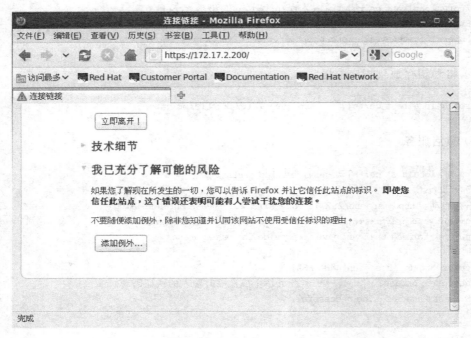

图 8-14　展开"我已充分了解可能的风险"按钮的内容

单击"添加例外"按钮后出现如图 8-15 所示的对话框。

在图 8-15 中单击"查看"按钮,便可以查看到关于该证书的详细信息,如图 8-16 所示。

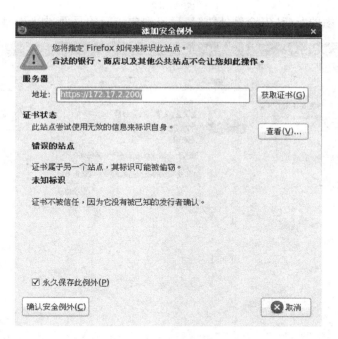

图 8-15　添加安全例外

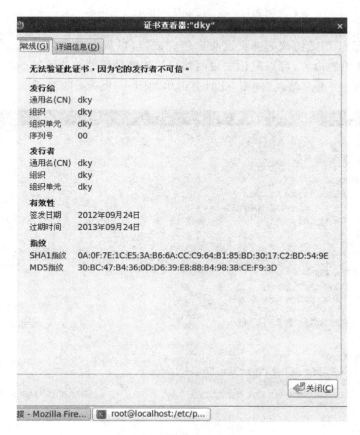

图 8-16　证书的详细信息

WWW 服务的配置与管理

单击图 8-15 中的"确认安全例外"按钮后出现要访问的页面,如图 8-17 所示。

图 8-17　受 HTTPS 保护的页面内容

至此,基于 HTTPS 协议的网页发布已经完成,可以成功地访问基于 HTTPS 的网页。单击地址栏中选中的内容,可隐藏相关说明信息;如果希望更多地了解此服务器的信息,可以在图 8-17 中单击"更多信息"按钮,此时会弹出如图 8-18 所示的对话框。

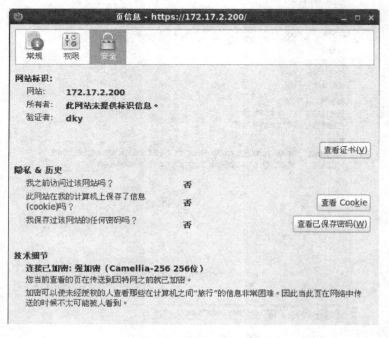

图 8-18　查看网页的详细信息

8.6 小　　结

本章主要介绍了与 Apache 相关的知识及 Apache 的配置方法。Apache 的配置文件位于/etc/httpd/conf 文件夹中，配置文件名为 httpd.conf，该文件内容较多，总体上分为 3 个部分，分别为整体环境设置、主要服务设置和虚拟主机设置。在整体环境设置部分决定了 Apache 守护进程的工作目录、监听的端口等信息，此信息的修改会对整个 Apache 的运行产生影响；主要服务设置部分决定了对系统文件夹、文件的访问限制规则，并加载了各种各样的模块；虚拟主机设置部分决定虚拟主机的类型、发布方式等。一般情况下，会使用 Apache 的虚拟主机功能发布网页，可以使用基于 IP 地址的虚拟主机，也可以使用基于端口的虚拟主机，还可以使用基于域名的虚拟主机，其中基本域名的虚拟主机使用更为广泛，但此类型的虚拟主机需要有 DNS 的支持。Apache 允许对某些重要的文件夹进行加密访问，在访问此类文件夹时需要输入用户名及密码，只有合法用户才能访问此类文件夹。对于安全级别要求比较高的网页可以使用 HTTPS 协议来发布，HTTPS 协议是以 SSL 为基础的，所以要想使用 HTTPS 协议，需要在 Apache 中安装 SSL 模块并生成相应的证书及私钥，HTTPS 协议的安全远高于 HTTP 协议。

8.7 习　　题

1. 选择题

(1) HTTP 协议的全称是_____。

　　A. 超文本传输协议　　B. 超文本链接　　C. 超文本媒体　　D. 起文本介质

(2) 目前使用的 HTTP 协议的版本是_____。

　　A. HTTP/1.1　　B. HTTP/1.0　　C. HTTP/1.2　　D. HTTP/1.3

(3) HTML 的全称为_____。

　　A. 超文本标记语言　　　　　　　　B. 超文本传输协议

　　C. 超文本链接　　　　　　　　　　D. 超文本媒体

(4) Apache 用于_____。

　　A. 发布 Web 站点　　　　　　　　B. 解析域名

　　B. 提供文件传输服务　　　　　　　D. 提供共享服务

(5) Apache 的结构可以分为_____层。

　　A. 4　　　　　　B. 5　　　　　　C. 6　　　　　　D. 7

(6) Apache 的核心层是第_____层。

　　A. 2　　　　　　B. 3　　　　　　C. 4　　　　　　D. 5

(7) Apache 的主配置文件存放在_____文件夹中。

　　A. /etc/httpd　　　　　　　　　　B. /etc/httpd/conf

　　C. /etc/httpd/conf/httpd　　　　　D. /etc/www

(8) Apache 的主配置文件名为_____。

　　A. httpd.conf　　B. https.conf　　C. httpd　　D. httpf.conf

(9) 存放模块的文件夹是_____。

　　A. /etc/httpd　　　　　　　　　　　B. /var/www/html

　　C. /usr/lib/httpd/modules　　　　　D. /etc/httpd/conf

(10) 存放图标的文件夹是_____。

　　A. /var/www/icons　　　　　　　　　B. /var/www/html

　　C. /usr/lib/httpd/modules　　　　　D. /etc/httpd/conf

(11) Apache 的日志文件存放在_____。

　　A. /var/log/httpd　　　　　　　　　B. /usr/log/httpd

　　C. /etc/log/httpd　　　　　　　　　D. /sbin/log/httpd

(12) 用于保存 Apache 密码的文件是_____。

　　A. /usr/lib　　　　　　　　　　　　B. /usr/bin/htpasswd

　　C. /usr/bin　　　　　　　　　　　　D. /usr/sbin

(13) 对文件夹进行限制时，必须以_____开头。

　　A. ＞　　　　　　B. ＜　　　　　　C. ；　　　　　　D. ：

(14) 下面语句的结果是_____。

```
order   allow deny
allow from all
```

　　A. 允许所有访问　　　　　　　　　　B. 拒绝所有访问

　　C. 允许部分访问　　　　　　　　　　D. 拒绝部分访问

(15) 创建用户的 Apache 密码时使用_____命令。

　　A. htpasswd　　　　B. passwd　　　　C. password　　　　D. htpassword

(16) 在 Apache 中监听端口使用_____指令。

　　A. Listen　　　　　　B. look　　　　　C. listening　　　　D. lookup

(17) https 协议默认使用的端口是_____。

　　A. 80　　　　　　　　B. 8080　　　　　C. 25　　　　　　　D. 20

(18) HTTPS 协议默认使用的端口是_____。

　　A. 443　　　　　　　B. 43　　　　　　C. 80　　　　　　　D. 8080

(19) Apache 中_____指令用于指定默认的主页名称。

　　A. DirectoryIndex　　B. index　　　　C. Directory　　　　D. file

(20) HTTPS 协议需要_____模块的支持。

　　A. mod_SSL　　　　　　　　　　　　B. mod_secury

　　C. mod_magic　　　　　　　　　　　D. mod_include

2. 简答题

(1) 简述 Apache 的体系结构。

(2) 简述基于域名的虚拟主机的配置方法。

第9章 邮件服务的配置与管理

学习目标
- 了解电子邮件的定义
- 了解电子邮件的工作原理
- 掌握电子邮件中的常用术语
- 掌握安装与配置邮件服务器的方法
- 掌握收发邮件的方法

9.1 电子邮件服务概述

电子邮件(Electronic Mail,E-mail)最早出现在 ARPANET 中,是传统邮件的电子化表示形式,是从一台计算机终端向另一台计算机终端传输信息这一相对简单的通信方法发展起来的。电子邮件在经历了漫长的过程之后,目前已经演变成更为复杂丰富的系统,在大到 Internet,小到一个局域网内,都有着极其广泛的应用,不仅可以传输纯文本信息,而且可以传输带格式的文本、图像、声音等各种复杂的信息,完成各种各样的任务,极大地满足了大量存在的通信需求。

9.1.1 邮件服务的工作原理

电子邮件从发送到接收的工作过程一般由 4 个模块组成,分别为 MUA、MTA、MDA 和 MRA。

(1) MUA(Mail User Agent,邮件用户代理):即通常所说的邮件客户端软件,帮助用户阅读、撰写以及管理邮件。通常 MUA 作为本地用户使用 POP 协议或者 IMAP 协议来连接邮件服务器。在 Windows 系统中常见的 MUA 有 Outlook、Foxmail 等。

(2) MTA(Mail Transport Agent,邮件传输代理):在邮件传输过程中经过一系列中转服务器的统称。MTA 模块负责处理所有接收和发送的邮件。对于一封邮件,若其目的主机是本机,则 MTA 负责将邮件直接发送到本地邮箱或交给邮件投递代理进行投递;若其目的主机是远程邮件服务器,则 MTA 必须使用 SMTP 协议与远程主机通信。常见的 MTA 有 Sendmail、Qmail 和 Postfix。

(3) MDA(Mail Deliver Agent,邮件投递代理):即收件服务器,负责接收并保存发给用户的邮件,把邮件放到用户的邮箱里。常见的 MDA 有 Procmail。

(4) MRA (Mail Retrieval Agent,邮件收取代理):从 MDA 写入的数据获取邮件信息,MUA 通过 POP3 或者 IMAP 协议从 MRA 获取邮件信息。

一次完整的邮件发送/接收过程如图 9-1 所示。

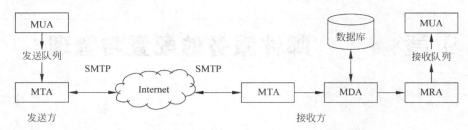

图 9-1　邮件传输过程

一封邮件的传输过程在原理上是这样的：当用户要发送一封电子邮件时必须利用 MUA(邮件用户代理)进行邮件的发送；但 MUA 并不能直接将信件发送到对方邮件地址指定的服务器上，而是必须首先试图去寻找一个 MTA(邮件传输代理)，把信件提交给它；MTA 得到了信件后，首先将它保存在自身的缓冲队列中，然后根据信件的目标地址，去查询应对这个目标地址负责的 MTA 服务器，并且通过网络将信件传输给它；这样信件在 MTA 服务器之间接力，直到发送到目的地址的服务器上；目的服务器接收到邮件之后，邮件投递代理(MDA)从传输代理那里取得信件，送至最终用户的邮箱，将其存储在本地缓冲，直到电子邮件的接收者查看自己的电子信箱。图 9-1 中的 MRA 不是必需的。

9.1.2　邮件协议

在电子邮件系统中有 3 个常见的协议和一个通用的标准，这 3 个协议分别是 SMTP 协议、POP 协议和 IMAP 协议；通用的标准是 MIME 标准。

1. SMTP 协议

SMTP(简单邮件传输协议)是在 Internet 上传输电子邮件的标准协议，是用来接收和发送电子邮件的 TCP/IP 协议，并规定了主机之间传输电子邮件的标准交换格式和邮件在链路层上的传输机制。在 TCP/IP 协议的应用层中含有 SMTP 协议，但事实上它独立于传输子系统和机制，仅要求一个可靠的数据流通道。SMTP 不仅可以工作在 TCP 上，也可以工作在 NCP、NITS 等协议上。在 TCP 上，它默认使用端口 25 进行通信。SMTP 的一个重要特征就是它可以在不同的网络间传输邮件，通常被称为 SMTP 邮件中继(SMTP Mail Relaying)。其基本工作方式如图 9-2 所示。

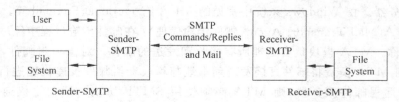

图 9-2　SMTP 协议的工作方式

设有一个 User mail 的请求，Sender-SMTP 会建立一个到 Receiver-SMTP 的传输通道，这个 Receiver-SMTP 既可以是最终目的地，也可以是一个中介。Sender-SMTP 生成 SMTP 命令并将其发送到 Receiver-SMTP，Receiver-SMTP 收到命令后发送 SMTP 回答给

Sender-SMTP。一旦建立了传输通道,Sender-SMTP 再发送一个 Mail 命令说明此 mail 的发送者。如果 Receiver-SMTP 能够接收 mail,会用一个 OK 回答响应,然后 Sender-SMTP 发送一个 RCPT 命令验证此 mail 的接收者。如果 Receiver-SMTP 能接收到那个用户的 mail,会用一个 OK 回答响应;如果不能,用一个否定的回答响应那个接收者(而不是拒绝整个 mail 事务)。Sender-SMTP 和 Receiver-SMTP 可以对多个接收者进行协商,当接收者被接受后,Sender-SMTP 开始发送 mail 数据,然后用一个特别的序列终止,如果 Receiver-SMTP 成功地处理了数据,回答 OK。SMTP 为 mail 系统提供了传输机制,当两个主机被连接到同一传输设备时,邮件直接从发送端到接收端进行传输,或当源和目的主机没有连接到同一传输设备时,邮件会经过一个或更多的中继 Sender-SMTP 中转,直至超时或到达目的地。

2. POP3 协议

SMTP(简单邮件传输协议)规定了如何向另一台机器发送用户邮件,当计算机是拥有很多用户的大型机和小型机,该协议已经足够了。但大多数的 Internet 用户是 PC,机器不可能全天开机,也可能没有永久的 IP 地址。为了解决这个问题,POP 协议诞生了。第一个 POP(邮局协议)的 RFC 文档是 1984 年发表的 RFC918,描述了一个基本的、试验性的 POP 实现。后来几经修改,最后于 1996 年发表的 RFC1939-POP3(Post Office Protocol Version 3)是目前常用的标准。它是 Internet 上传输电子邮件的第一个标准协议,也是一个离线协议。它提供信息存储功能,负责为用户保存收到的电子邮件,并且从邮件服务器上下载取回这些邮件。在 POP3 协议中,用户激活一个 POP3 客户,该客户创建一个 TCP 连接,连到具有邮箱的 POP3 服务器。用户首先发送登录名和密码以鉴别会话。一旦接受鉴别,用户则可以发送命令,检索邮件的副本,或从永久邮箱中删除邮件。

POP3 协议要求以回车符和换行符终止,协议默认的端口号为 110,使用 TCP 连接,发送的命令包括 3 个或 4 个字符,每个命令都可以带有参数,多个参数间用空格分开,每个参数的长度必须在 40 个字符之内。POP3 协议的响应与其他协议(例如 FTP 和 SMTP)不同,服务器会发送一个标准的肯定响应(+OK)或一个标准的否定响应(-ERR)。若响应的第一个字符是"+",表示一个成功响应;若是一个"-",表示失败。客户端必须向服务器提供用户的 ID 和密码,只有提供了正确的信息,服务器才能进入事务处理阶段,此时用户可以读取邮件及邮件的相关信息或给邮件做标识(为邮件删除做准备)。一般情况下,服务器在这段时间内的操作会锁住邮箱,最后当客户端发出一个终止会话命令时,服务器才会进入更新状态,清除收到的邮件,释放相关资源,关闭套接字。

3. IMAP 协议

尽管 POP3 实现起来非常简便而且也被邮件客户端软件所广泛支持,但它也存在缺陷,通常邮件从邮件服务器端下载后,在服务器端的该邮件就会被删除。这就会影响一些经常使用不同计算机的用户,他们邮箱中的邮件被分割成几个部分,分别位于不同地方的几台不同的计算机上。为解决这一问题,华盛顿大学开发了 Internet 报文访问协议(Internet Message Access Protocol,IMAP)。IMAP 最新的版本号是 4,并经过了一次修订(version4 revision1),所以简称 IMAP4revl,该协议定义在 RFC2060 中,采用客户端/服务器命令模式。IMAP4 与 POP3 不同的是,允许用户从多个地点访问邮箱而不会出现邮件被分割在不同计算机上的情况,还允许用户动态创建、删除或重命名邮箱,提供了邮件检索和处理的扩展功能。

IMAP 提供了 3 种模式。

(1) 在线方式：邮件保留在 E-mail 服务器端，客户端可以对其进行管理。其使用方式与 WebMail 类似。

(2) 离线方式：邮件保留在 E-mail 服务器端，客户端可以对其进行管理，这与 POP 协议一样。

(3) 分离方式：邮件的一部分在 E-mail 服务器端，一部分在客户端。这与一些成熟的组件包应用(例如 Lotus Notes/Domino)的方式类似。

在在线方式下，IMAP 允许用户像访问和操纵本地信息一样来访问和操纵邮件服务器上的信息。IMAP 软件支持邮件在本地目录间和服务器目录间进行随意拖动，以把本地硬盘上的文件存放到服务器上，或将服务器上的文件取回本地，所有的功能仅需要一次拖动操作即可实现。

在用户端可对服务器上的邮箱建立任意层次结构的目录，并可灵活地在目录间移动邮件，标出哪些是已经读过或回复过的邮件，删除对用户来说无用的文件。

IMAP 提供的摘要浏览功能可以让用户在阅读到所有的邮件到达时间、主题、发件人、大小等信息的同时还可以享受选择性下载附件的服务。例如一封邮件里含有两个附件，而其中只有一个附件是所需要的，则可以选择只下载这一个附件。用户可以进行充分了解后才做出是否下载、是全部下载还是仅下载一部分等决定，使用户不会因下载垃圾信息而占用宝贵的空间和带宽。IMAP 还提供基于服务器的邮件处理以及共享邮件信箱等功能。邮件(包括已下载邮件的副本)在手动删除前依然保留在服务器中，这有助于邮件档案的生成和共享。用户在任何客户端上都可查看服务器上的邮件，这让那些漫游用户感到很方便。同时 IMAP 也像 POP3 一样，允许用户从服务器上下载信息到他们的计算机上，这意味着他们仍然可以在离线方式下阅读邮件。

在分离方式下，本地系统上的邮件状态和服务器上的邮件状态可能和以后再连接时不一样。此时，IMAP 的同步机制解决了这个问题。IMAP 邮件的客户端软件能够记录用户在本地的操作，当他们连上网络后会把这些操作传输给服务器，服务器也会告诉客户端软件当用户离线的时候服务器端发生的事件，例如有新邮件到达等，以保持服务器和客户端的同步。

IMAP 的监听端口为 143，消息的内在时间和日期是由服务器给出的，是消息最后到达的真实日期和时间，而不是在 RFC822 中信头给出的时间和日期。在 IMAP 下可定义供其他拥有特别访问权限的用户使用的共享目录，而使用 POP 不能实现共享邮件信箱和共享邮件，仅能通过抄送或用手工传送邮件。

4. MIME 标准

RFC822 设想邮件消息是由文本行构成，没有对图形、图像、声音、结构化文本格式做出说明，对数据压缩、传输、存储效率等没有考虑。MIME 标准的基本思想是继续使用 RFC822 定义的消息格式，但给消息体增加结构和定义，为非 ASCII 消息编码。使用 MIME 标准可以发送 8 位字符消息、HTML 或者二进制数据，例如 GIF 文件，具体做法如下：

(1) 包含 MIME 版本的题头，将消息标识为 MIME 类型。

(2) 使用 Content-Type 题头来标识文档类型。

（3）如果消息的内容里包含有非 7 位的 ASCII 字符，应该将消息的正文进行编码，将设置的内容传输给题头，以指定用于数据编码的方法。

（4）按照约定，任何常规的 MIME 类型应该以 X 开头。

9.1.3　邮件的格式

常见的邮件格式为"账户@邮件服务器名"，例如 jack@sohu.com。RFC822 中定义了电子邮件的标准格式：电子邮件完全由一行一行的文本组成，每一行以回车（CR）符和换行符（LF）结束；每一行的内容由 US-ASCII 字符组成，US-ASCII 是 ASCII（美国信息交换标准码）字符集的 7 位变种；一封电子邮件由邮件头（header）、邮件体（body）组成，以空行分割，邮件头是必需的，邮件体是可选的，因此允许存在无内容的邮件。

邮件头有规范的格式，以使得 MTA、MDA 和 MUA 能对它进行分析。邮件头中主要包括邮件投递和邮件解析过程中所需要用到的各种参数，RFC822 为邮件头定义了 20 多个标准字属性段，包括 Date、From、To、CC 等一些必需的字段和非必需的字段。另外，在邮件的传输过程中，MUA 和 MTA 还会在邮件头中加入一些路径信息，生成至少一个 Received 字段，这些字段合在一起构成了一封邮件完整的邮件头部分。邮件头的一些关键字段的含义如表 9-1 所示。

表 9-1　常见的邮件头字段标识及其含义

序号	字段标识	字段含义
1	From	标识原始邮件的作者
2	To	标识邮件的主要接收者
3	Subject	标识邮件的主题
4	Reply-To	标识发件人希望的回复地址
5	Content-type	标识邮件内容的类型，例如纯文本、HTML 格式还是多媒体格式如图片等
6	Content-transfer-encoding	标识邮件在传输过程中所使用的编码，一般的有 Base64、8bit 和 Quoted-Printable 等
7	Message-ID	唯一地标识一个信件，传输时被包含进日志文件，退信时也参考它
8	Received	用来标识将邮件从最初发送者到目的地进行中间转发的 SMTP 服务器。每台服务器都会在邮件头中增加一个 Received 字段，并添加关于自己的详细信息

邮件体中则是邮件的实际内容，可以是任意形式的文本内容，例如纯文本的，或者 HTML 格式的，或者两者兼而有之的格式，也可以是空内容。

9.1.4　邮件服务与 DNS 的关系

电子邮件（E-mail）服务器与 DNS 系统是始终分不开的，如果要发电子邮件，就得通过邮件服务器将信件送出去。由于 IP 地址相对难以记忆，因此要有域名与 IP 地址的对应，这就是 DNS 系统，在收发电子邮件的过程中需要 DNS 对邮件服务器进行域名解析。

DNS 系统提供了主要用于邮件服务器的 MX 记录。MX 是 Mail Exchanger 的缩写，它可以让 Internet 上的信件马上找到邮件主机的位置。此外由于 MX 后面可以接数字，因此一个域名或一台主机可以有多个 MX 记录,这样就起到了冗余功能。当一台邮件服务器出现问题时,由于有多个 MX 记录,因此信件不会被直接退回,而是转到下一个设置 MX 记录的主机并暂存在该处,等主要邮件服务器恢复正常之后,这个设置 MX 记录的主机将会把邮件传输到目的地。MX 记录最大的优点就是类似路由器的功能,称之为邮件路由。当有了 MX 记录之后,由于 DNS 的设置,所以当传输邮件时,可以根据 DNS 的 MX 记录直接将邮件传输到设置有 MX 记录的邮件服务器,而无须询问邮件要传输到哪里。这个功能可以让邮件快速正确地传输到目的地。

通常来说,当发出一封电子邮件时,首先邮件服务器会向 DNS 服务器查找邮件服务器对应的 IP 地址与 MX 记录,然后这封信会被送到优先级最高的 MX 主机上进行处理,如果没有找到 MX 记录,那么在查询到 IP 地址之后,信件才会慢慢送达该邮件服务器。在邮件到达之后,该主机则根据"@"前面的账户名将信件传输到各用户的邮件目录下,邮件系统需要依赖于 DNS 的解析。

例 9-1 下面以 DNS 为范例进行说明,设 DNS 中有关邮件部分的设置内容如下:

```
dky.edu.cn IN MX 10 mail1.dky.edu.cn
dky.edu.cn IN MX 20 mail2.dky.edu.cn
dky.edu.cn IN A  a.b.c.d
```

当用户 u1 需要给 u2@dky.edu.cn 发送邮件时,邮件会先被送到优先级最低的邮件服务器,即 mail1.dky.edu.cn;如果 mail1.dky.edu.cn 不能正确响应此封邮件时,邮件将被发送到优先级次低的邮件服务器,即 mail2.dky.edu.cn;若此服务器也不能正确响应这封邮件,邮件会被送到 A 记录对应的主机,即 IP 地址为 a.b.c.d 对应的主机,也就是 dky.edu.cn 自己。

9.2 Linux 下的邮件服务

在 Linux 下常见的邮件传输代理有 3 种,分别为:Sendmail,Qmail 和 Postfix。在本节中将重点介绍 Postfix 的安装及使用方法。

1. Sendmail

Sendmail 是使用最广泛的 MTA 程序之一,由 Eric Allman 于 1979 年在 Berkeley 大学时所写,其成长一直伴随着 UNIX 的发展,是目前最古老的 MTA 程序。Sendmail 的流行来源于其通用性,它的很多标准特性现在已经成为邮件系统的标准配置,例如虚拟域、转发、用户别名、邮件列表及伪装等。然而 Sendmail 也存在一些明显的不足:由于当初 Inetrnet 刚刚起步,黑客也相对少,因而 Sendmail 的设计对安全性考虑得很少,在大多数系统中都是以 root 权限运行,而且程序设计本身 bug 较多,很容易被黑客利用,对系统安全造成严重影响;此外由于早期用户数量和邮件数量都相对要小,Sendmail 的系统结构并不适合较大的负载,需要进行复杂的调整;另外 Sendmail 的配置保存在单一文件中,并且使用了自定义的宏和正则表达式,使得配置文件冗长、不易理解。

为简化 Sendmail 配置文件的创建,Sendmail 使用了 m4 宏预处理器,通过使用宏代换简化配置过程。为了保证 Sendmail 的安全,Eric Allman 在配置文件权限、执行角色权限和受信应用控制等方面做了大量的工作。但由于 Sendmail 先天设计存在的问题,改版后的 MTA 仍有机会被侵入,仍然存在安全问题,并且它被设计成每隔一段时间才去查看一次邮件队列,因此收发邮件的性能较低,所以在 RedHat Enterprise Linux 6 中已经不再支持 Sendmail 服务。

2. Postfix

Postfix 是近年来出现的另一个优秀的 MTA 软件,是在 IBM 资助下由 Wietse Venema 负责开发的一个自由软件,其目的是为用户提供除 Sendmail 之外的邮件服务器选择。Postfix 遵循 IBM 的开放源代码许可证,用户可以自由地分发该软件或进行二次开发。Postfix 集成了很多 MTA 的优秀设计理念,例如 Sendmail 的丰富功能、Qmail 的快速队列机制、Maildir 的存储结构和独立的模块设计等,力图做到快速、易于管理、提供尽可能的安全性,同时尽量做到和 Sendmail 邮件服务器保持兼容性以满足用户的使用习惯。从这些先进的体系设计结构上不难看出 Postfix 的优势。

Postfix 同样采用模块化的设计,只需要一个真实用户来运行所有的模块。Postfix 在系统安全方面考虑得很多,它的所有模块都以较低的权限运行,彼此分离,不需要 setuid 程序,甚至可以运行在安全程度很高的 chroot 环境中。即使被入侵者破坏了某一个 Postfix 模块,也不能完全控制邮件服务器。Postfix 最大的优点是配置上的简便性,它既不使用一个庞大复杂的配置文件,也不使用多个小的配置文件。

Postfix 的配置主要使用 main. cf 和 master. cf 两个文本文件,使用中心化的配置文件和容易理解的配置指令。Postfix 和 Sendmail 的兼容性非常好,甚至可以直接使用 Sendmail 的配置文件,为从 Sendmail 向 Postfix 过渡的用户提供了便利。

3. Qmail

Qmail 是另一个 Linux/UNIX 系统下的 MTA 程序,它被专门设计用来替换现有的、安全性和性能都不太令人满意的 Sendmail。它的主要特点是安全、可靠和高效。Qmail 设置简单、速度很快,经过 Internet 的长久检验,至今尚未发现任何安全漏洞,被公认为是最安全的 MTA 程序。Qmail 具有以下安全和可靠特性:

(1) Qmail 采用标准的 UNIX 模块化设计方法重建整个系统结构。它由若干个模块化的小程序组成,并由若干个独立账户执行,每项功能都由一个独立的程序运行,每个独立程序由一个独立账户运行,而且不需要任何 Shell 支持。

(2) Qmail 完全没有使用特权用户账户,只使用多个普通低级用户账户(无命令 Shell)将邮件处理过程分为多个进程分别执行,避免了直接以 root 用户身份运行后台程序,同时还禁止对特权用户(包括 root、deamon 等)直接发信。Qmail 可以使用虚拟邮件用户收发信件,避免了系统用户的越权隐患。Qmail 系统中只有必要的程序才使用 setuid 程序,以减少安全隐患。迄今为止,拥有 setuid 的程序尚未发现任何代码漏洞。

(3) Qmail 的 SMTP 会话具有实时过滤技术(RBL 实时处理机制)和 SASL 认证机制,在与 SMTP 客户端或服务器交互时,实时地检测发信主机 IP 及过滤邮件内容,查杀病毒。一旦发现有问题马上拒收,将病毒或垃圾邮件直接丢弃在进入队列之前,极大地保护了用户的邮箱安全,降低了垃圾邮件的数量,同时有效地缩短了邮件服务器的响应时间,更大程度提高性能和安全防御能力。

(4) Qmail 使用先进、快速的信息队列及子目录循环来存储邮件消息。并且,它使用了

邮件服务的配置与管理

比 Mailbox 更安全可靠的 Maildir 目录结构,以及经典的管道投递机制,使 Qmail 具有极强的抗邮件风暴、抗 DDoS 攻击的能力,即使遭遇攻击也仅仅是降低邮件处理速度,而不会导致系统瘫痪甚至崩溃。即使在突然断电的状态下,仍能保存用户的信息不丢失,并能保证系统稳定运行。

(5) Qmail 使用详细的信息递送日志,提供更多信息供管理员分析。它可以对同一个客户单位时间内连续发送的邮件数目或并发连接数目进行统计,一旦超出阈限,则应用防火墙规则拒绝为该客户提供服务或暂停正常响应,极大地降低了被 DDoS 攻击或由于客户大量发送垃圾邮件导致系统变慢或停止服务的可能性,有效杜绝了成为垃圾邮件攻击者或垃圾邮件被攻击对象。利用邮件服务器上已经存在的日志文件进行分析,可以自动智能化地将这些 IP 添加在“短时间内发送大量垃圾包的主机 IP”中,从 IP 链路上杜绝传输垃圾信息。

(6) 模块化的设计使 Qmail 可以方便地与各种杀毒软件、过滤系统、识别系统、反垃圾邮件模块等紧密结合、协同工作,进行高级邮件过滤,包括过滤邮件信头、邮件内容、判断垃圾等级,以及配合系统级和用户级的黑、白名单过滤等,具有较高的灵活性和可升级性。

(7) Qmail 配置简单。它使用了多个小的配置文件,每种特性都有一个对应的配置文件。这种设置方式不仅避免了配置文件过大的问题,而且无须管理员过多的配置工作就可以保证一个安全的邮件服务器环境。其缺点是不熟练的管理员需要花些时间去熟悉配置文件与特性的对应关系。

(8) Qmail 本身支持虚拟邮件域,也可以通过 vpopmail 使虚拟域更易于使用和维护。同时,由于 vpopmail 支持 Oracle、Sybase、MySQL 及 LDAP 方式的用户信息存储,使得建立和维护大型分布式系统成为可能。

(9) Qmail 并不遵循 GPL 版权发布,但是仍然与其他开源软件一样可以被自由下载、修改和使用。

9.2.1 Postfix 对不同邮件的处理

1. Postfix 的邮件队列

Postfix 有 4 种不同的邮件队列,并且由队列管理进程统一进行管理。

(1) maildrop:本地邮件放置在 maildrop 中,同时也被复制到 incoming 中。

(2) incoming:放置正在到达或队列管理进程尚未发现的邮件。

(3) active:放置队列管理进程已经打开并正准备投递的邮件,该队列有长度的限制。

(4) deferred:放置不能被投递的邮件。

队列管理进程仅仅在内存中保留 active 队列,并且对该队列的长度进行限制,这样做的目的是为了避免进程运行内存超过系统的可用内存。

2. 对邮件风暴的处理

当有新的邮件到达时,Postfix 进行初始化,此时只接受两个并发的连接请求。当邮件投递成功后,可以同时接受的并发连接的数目就会缓慢地增长至一个可以配置的值。当然,如果这时系统的消耗已到达系统不能承受的负载就会停止增长。还有一种情况,如果 Postfix 在处理邮件过程中遇到了问题,则该值会开始降低。当接收到的新邮件的数量超过 Postfix 的投递能力时,Postfix 会暂时停止投递 deferred 队列中的邮件而去处理新接收到的邮件。因为处理新邮件的延迟要小于处理 deferred 队列中的邮件,待 Postfix 空闲时会再继续处理 deferred 中的邮件。

3. 对无法投递邮件的处理

当一封邮件第一次不能成功投递时,Postfix 会给该邮件贴上一个将来的时间标记。邮件队列管理程序会忽略贴有将来时间标记的邮件。时间标记到期时,Postfix 会尝试再对该邮件进行一次投递,如果这次投递再次失败,Postfix 就给该邮件贴上一个两倍于上次时间标记的时间标记,等时间标记到期时再次进行投递,以此类推。经过一定次数的尝试之后,Postfix 会放弃对该邮件的投递,返回一个错误信息给该邮件的发件人。

4. 对不可达邮件的处理

Postfix 会在内存中保存一个有长度限制的当前不可到达的地址列表,这样就避免了对那些目的地为当前不可到达地址的邮件的投递尝试,从而大大提高了系统的性能。

9.2.2 Postfix 环境下接收/发送邮件的过程

1. Postfix 中的投递代理

Postfix 中主要有 3 种投递代理,分别为 local、SMTP 和 pipe。

(1) 本地投递代理 local:系统中可以运行多个 local 进程,但是对同一个用户的并发投递进程数目是有限制的。可以配置 local 将邮件投递到用户的宿主目录,也可以配置 local 将邮件发送给一个外部命令,例如流行的本地投递代理 procmail。

(2) 远程投递代理 SMTP:进程根据收件人地址查询一个 SMTP 服务器列表,按照顺序连接每一个 SMTP 服务器,根据性能对该表进行排序,在系统负载太大时,可以有数个并发的 SMTP 进程同时运行。

(3) pipe 是用于 UUCP 协议的投递代理。

2. 投递邮件的过程

当新邮件到达 incoming 队列后便开始投递邮件,Postfix 投递邮件时的处理过程如下:

(1) 邮件队列管理进程是整个 Postfix 邮件系统的核心,它和 local、SMTP、pipe 等投递代理相联系,将包含有队列文件的路径信息、邮件发件人地址、邮件收件人地址的投递请求发送给投递代理。

(2) 队列管理进程维护着一个 deferred 队列,那些无法投递的邮件被投递到该队列中。

(3) 除此之外,队列管理进程还维护着一个 active 队列,为了防止在负载太大时内存溢出,该队列中的邮件数目会受到限制。

(4) 邮件队列管理程序还负责将 relocated 表中列出的邮件返回给发件人,包含无效的收件人地址。

3. 接收邮件的过程

当 Postfix 接收到一封新邮件时,新邮件首选在 incoming 队列处停留,然后针对不同的情况进行不同的处理。

1) 对于来自于本地的邮件

Postfix 进程将来自本地的邮件放在 maildrop 队列中,然后 pickup 进程对 maildrop 中的邮件进行完整性检测。注意:maildrop 目录的权限必须设置为某一用户不能删除其他用户的邮件,即增加 Stickey 权限。

2）对于来自于网络的邮件

smtpd 进程负责接收来自于网络的邮件，并且进行安全性检测。smtpd 的行为由 UCE（Unsolicited Commercial Email）控制。

3）由 Postfix 进程产生的邮件

由 bounce 后台程序产生，目的是将不可投递的信息返回给发件人。

4）由 Postfix 自己产生的邮件

提示 postmaster（也即 Postfix 管理员）Postfix 运行过程中出现的问题（例如 SMTP 协议问题，违反 UCE 规则的记录等）。

9.2.3　Postfix 配置文件及命令介绍

在 RedHat Enterprise Linux 6 中带有 Postfix 的安装程序，可以使用 yum install postfix 方式进行安装。

1. Postfix 的配置文件

Postfix 的配置文件默认存放在/etc/postfix 目录中，主要的配置文件及作用如表 9-2 所示。

表 9-2　Postfix 的主要配置文件

文　件	功　　能
master.cf	是 master 进程的配置文件，规定了 Postfix 每个程序的运行参数，通常无须修改
main.cf	Postfix 的主配置文件，几乎规范了所有的设置参数，文件内容修改后，需要重新启动 Postfix 服务
access	设置拒绝接收某些域的邮件，需要在/etc/postfix/main.cf 中启动后才能生效
aliases	用于设置邮件账户的别名
transport	设置邮件的代理方式，分为本地投递代理和虚拟投递代理
virtual	用于本地和非本地接收者或接收域的重定向操作
postfix-script	包装了一些 Postfix 命令，以便用户在 Linux 环境中安全地执行这些 Postfix 命令

2. Postfix 的常见命令

1）/usr/sbin/postconf

作用：显示 Postfix 邮件系统的配置信息或当前的配置参数，也可以使用此命令修改配置参数值。

常见参数如下。

（1）-a：列出可用的 SASL 服务器插件类型。smtp_sasl_type 参数通过指定下面的值来决定 SASL 的类型：

① Cyrus：使用此选项需要 Cyrus SASL 支持。

② Dovecot：服务器插件使用 Dovecot 认证服务器，需要 SASL 支持。

（2）-b：显示投递状态的开始信息，用 $name 表达式代替真实的值。模板文件可以在命令行中指定，也可以在 main.cf 文件中用 bounce_template_file 参数指定。

（3）-d：显示默认参数。

（4）-e 或-#：修改 main.cf 文件。

（5）-h：只显示参数值，没有标签及其他信息。

（6）-l：显示所支持的锁定邮箱的方法。其中：

① flock：内核级别的锁定方法，只用于锁定本地文件。

② fcntl：内核级别的锁定方法，用于锁定本地及远程文件。

③ dotlock：应用级别的锁定方法，通过创建"文件名.lock"来锁定文件。

（7）-m：显示所支持的查询表类型的名称。

（8）-n：显示配置的参数。

（9）-t：显示投递状态信息的模板。

例 9-2　查看邮件的版本号。

```
[root@localhost ~]#postconf mail_version
Mail_version = 2.6.6
```

2）/usr/sbin/postfix

作用：Postfix 的控制程序，通过此命令可实现 Postfix 邮件系统的启动、停止等操作。常见参数如下。

（1）check：检查邮件系统中的错误信息如路径、依赖关系或权限等。

（2）start：启动 Postfix 程序，check 动作也会被执行。

（3）stop：停止 Postfix 邮件程序。

（4）abort：立即停止邮件程序及相关的进程。

（5）flush：尝试投递延迟队列中的每一封邮件。

（6）reload：重新加载配置文件。

（7）status：显示 Postfix 系统的状态。

（8）set-permissions：设置与 Postfix 相关文件和目录的所有权及普通权限。

（9）upgrade-configuration：更新 main.cf 文件及 master.cf 文件。

例 9-3　查看 Postfix 系统的运行状态。

```
[root@localhost ~]#postfix status
postfix/postfix-script:the Postfix mail system is running:PID:1441
```

3）/usr/sbin/postalias

作用：用于设置 Postfix 的别名数据库，通过此命令可将/etc/aliases 转换成/etc/aliases.db。常见参数如下。

（1）-c：读取 main.cf 配置文件的路径。

（2）-i：增量模式。从标准输入读取全部内容，不修改已存在的数据库。

（3）-N：查询关键字包括空字符。

（4）-n：查询关键字中不能包含空字符。

（5）-o：当处理非 root 用户输入的文件时不释放 root 权限。

（6）-p：当创建新文件时不继承文件的读取权限，新建的文件使用默认权限（0644）。

（7）-r：更新表时会更新存在的全部内容。

（8）-s：检索所有的数据库元素，每行以 key：value 的形式输出所有元素。

（9）-v：启用日志记录功能。

例 9-4　将/etc/aliases 转换为/etc/aliases.db。

```
[root@localhost ~]#postalias hash:/etc/aliases
```

上例中的 hash 是一种数据库格式。

4）/usr/sbin/postcat

作用：用于查看队列中信件的内容。

主要参数如下。

（1）-o：打印队列文件中每条记录的偏移。

（2）-v：启用日志记录功能。

例 9-5　查看/var/spool/postfix/deferred/mailfile 内容。

```
[root@localhost ~]#postcat /var/spool/postfix/deferred/mailfile
```

5）/usr/sbin/postqueue

作用：用于控制 Postfix 队列。

常用参数如下。

（1）-f：刷新队列，尝试投递队列中所有的邮件。

（2）-i：立即投递指定队列 ID 中的延期邮件。

（3）-p：生成 Sendmail 风格的队列列表。

（4）-v：启动日志记录功能。

例 9-6　打印邮件队列列表。

```
[root@localhost ~]#postqueue - p
Mail queue is empty
```

上面结果说明在邮件队列中没有问题邮件。

6）/usr/sbin/newaliases

作用：用于更新 alias 数据库。

主要参数如下。

（1）-v：打印第一个被投递邮件的报告。

（2）-t：提取信息头中的收信人。

（3）-q：尝试投递所有队列中的邮件。

（4）-R：限制被退回邮件的尺寸。

例 9-7　更新 alias 数据库信息。

```
[root@localhost ~]#newaliases
```

9.2.4　main.cf 文件介绍

　　main.cf 是 Postfix 的全局配置文件，此文件中只包含了部分主要参数，绝大多数都有默认值。在默认情况下，Postfix 使用的是系统账户，即/etc/passwd 文件中包含的账户，关于 Postfix 更详细的信息可在命令提示符下输入命令"man 5 postconf"查看详细配置说明，main.cf 中参数的配置方式为"参数＝参数值"。

1. 本地路径信息设置

（1）queue_directory：用于设置存放邮件队列的目录，默认为/var/spool/postfix。

（2）command_directory：用于设置 Postfix 系统中存放命令的目录，默认为/usr/sbin。

（3）daemon_directory：用于设置本地所有的 Postfix daemon 程序所在的目录，此目录的所有者必须为 root。

（4）data_directory：用于设置本地缓存文件所在的目录，目录的所有者必须为邮件系统账户。

2. 队列和进程所有权设置

（1）mail_owner：用于设置邮件队列和 Postfix daemon 程序的所有者。

（2）default_privs：指定本地投递代理投递外部文件时使用的默认用户，默认为 nobody，此用户不能为特权用户或 Postfix 的所有者。

3. Internet 主机和域名设置

（1）myhostname：用于设置邮件系统的网络主机名，默认使用完整域名。

（2）mydomain：用于设置邮件系统的本地域名，此处可以设置多个域名。

4. 发送邮件设置

myorigin：用于指定该服务器使用哪个域名来外发邮件，默认值为 $myhostname 和 $mydomain。

5. 接收邮件设置

（1）inet_interfaces：用于指定接收邮件的网络接口地址，默认参数为 localhost，其他可选参数有 all、$myhostname、$myhostname 和 localhost。

（2）inet_protocols：用于设置所支持的 IP 类型，默认值为 all，即默认情况下支持 IPv4 及 IPv6。

（3）proxy_interfaces：用于设置代理方式下邮件系统的接口地址，直接以 IP 地址的形式给出即可，扩展地址列表用 inet_interfaces 参数设置。

（4）mydestination：用于指定该服务器使用哪个域名来接收邮件，默认值为 $myhostname localhost.$mydomain。根据需要在该参数中可添加 $mydomain、www.$mydomain、ftp.$mydomain 等域名，例如：

```
mydestination = $myhostname localhost.$mydomain www.$mydomain ftp.$mydomain
```

6. 拒绝本地未知用户邮件设置

（1）local_recipient_maps：用于设置查询的用户名及地址表。此参数默认情况下是有定义的，即 SMTP 服务器在默认情况下拒绝接收来自本地匿名用户的邮件。设置举例如下：

```
local_recipient_maps = proxy:UNIX:passwd.byname $alias_maps
```

（2）unknown_local_recipient_reject_code：用于设置当接收域与 $mydestination 或

邮件服务的配置与管理

${proxy,inet}_interfaces 中值相匹配时的 SMTP 服务器响应代码,默认值为 550。

7. 信任和中继设置

(1) mynetworks:用于设置 SMTP 客户端的信任列表,信任列表中的客户可以通过 Postfix 系统进行邮件的转发。

例如,若受信任的 SMTP 客户范围为本机及 168.100.189.0/28 网段,则设置内容如下:

```
mynetworks = 168.100.189.0/28, 127.0.0.0/8
```

(2) mynetworks_stype:用于设定邮件系统内部子网的限制情况,有 3 个选项: subnet、class、host。subnet 为默认选项,表示 Postfix 信任的 SMTP 客户范围为本机所在子网;class 表示 Postfix 信任的 SMTP 客户范围为与本机 IP 地址类型相同的网络;host 表示 Postfix 信任的 SMTP 客户范围只有本机自己。例如,若信任范围为本机所在网段,设置内容如下:

```
mynetworks_style = subnet
```

(3) relay_domains:用于设置邮件转发的目的地。在默认情况下,对于信任的客户端(IP 地址与 $mynetworks 设定值相匹配)可以转发邮件到任意目标;对于不信任的客户端只能向与 $relay_domains 或子域中相匹配的目标地址转发邮件。Postfix 的 SMTP 服务器默认会接收来自 $inet_interfaces、$proxy_interfaces、$mydestination、$virtual_alias_domains、$virtual_mailbox_domains 标识域或地址发来的邮件。例如:若设置转发域为 $mydestination,则设置方法为:

```
relay_domains = $mydestination
```

8. Internet 或内部网

relayhost:用于设置发送邮件的默认主机。

设置举例:

```
relayhost = $mydomain
```

9. 拒绝未知的中继用户

relay_recipient_maps:用于设置查询表,只接收与 $relay_domains 中值相匹配的地址发来的邮件。

10. 输入速率控制

in_flow_delay:用于控制邮件输入流,默认是开启的,单位为秒,当邮件到达的速率超过了邮件投递的速率,Postfix 进程暂停 in_flow_delay 指定的时间后再继续接收新邮件。

设置举例:设置输入流延迟为 2 秒,方法如下:

```
in_flow_delay = 2s
```

11. 别名数据库

（1）alias_maps：用于指定本地投递代理的别名数据库。默认设置如下：

```
alias_maps = hash:/etc/aliases
```

（2）alias_database：用于指定用 newaliases 或 sendmail-bi 命令创建的别名数据库。默认设置如下：

```
alias_database = hash:/etc/aliases
```

12. 地址扩展

recipient_delimiter：用于指定用户名和扩展地址之间的分隔符，默认使用"＋"。设置结果如下：

```
recipient_delimiter = +
```

13. 投递邮件

（1）home_mailbox：用于指定与用户家目录相关的邮箱路径名，默认的用户邮件路径为/var/spool/mail/user 或/var/mail/user。注意路径必须以绝对路径形式给出，即以"/"开始。设置举例：

```
home_mailbox = Mailbox
```

（2）mail_spool_directory：用于指定 UNIX 风格的邮箱路径。设置举例如下：

```
mail_spool_directory = /var/mail
```

（3）mailbox_command：指定用于投递邮箱的扩展命令。设置举例如下：

```
mailbox_command = /some/where/procmail
```

（4）mailbox_transport：用于指定传输形式的字符串。设置举例如下：

```
mailbox_transport = lmtp:UNIX:/var/lib/imap/socket/lmtp
```

（5）local_destination_recipient_limit：用于设置目标收件人的数量，默认值为 300。

（6）local_destination_concurrency_limit：用于设置本地目标的并发限制，默认值为 5。

（7）fallback_transport：用于设置在系统密码数据库中找不到收件人的情况，此参数的优先级比 luser_relay 要高。

（8）luser_relay：为未知的收件人指定目标地址。设置举例：

```
luser_relay = $ user@other.host
```

14. 垃圾邮件控制

header_checks：用于检查操作表中每一条逻辑信息的头部是否合法。设置举例如下：

```
header_checks = regexp:/etc/postfix/header_checks
```

15. 快速 ETRN 服务

fast_flush_domains：用于控制目标的服务资格，在默认情况下，所有域都可以转发邮件。设置举例如下：

```
fast_flush_domains = $ relay_domains
```

16. 显示软件版本

smtpd_banner：用于设置 SMTP 服务的问候语，值必须以 $ myhostname 开头，这是 RFC 的要求。设置举例如下：

```
smtpd_banner = $ myhostname ESMTP $ mail_name
```

17. 并行投递到相同的目的地

(1) local_destination_concurrency_limit：设置本地并发的投递目的地。

(2) default_destination_concurrency_limit：设置默认的并发投递目的地。

18. 调试控制

(1) debug_peer_level：设置冗余日志的级别。设置举例如下：

```
debug_peer_level = 2
```

(2) debug_peer_list：设置域或网络模型的操作列表，值可以是域名也可以是 IP 地址。设置举例如下：

```
debug_peer_list = 127.0.0.1
```

(3) debugger_command：用于指定需要调用的命令，当 postfix 使用-D 参数时会调用此处指定的可执行程序。

19. 安装时的配置信息

在原有 Postfix 版本基础上安装新版本的 Postfix 时会用到此处的设置。

(1) sendmail_path：指明 Sendmail 的工作目录及命令，默认的设置为：

```
sendmail_path = /usr/sbin/sendmail.postfix
```

(2) newaliases_path：指明 Postfix 中 newaliases 命令所在的目录，默认设置为：

```
newaliases_path = /usr/bin/newaliases.posfix
```

(3) mailq_path：指明 mailq 命令所在目录。

(4) setgid_group：设置提交邮件和队列管理的组，默认设置为：

```
setgid_group = postdrop
```

（5）html_directory：设置 Postfix 中 HTML 文档的位置，默认值为：

```
html_directory = no
```

（6）manpage_directory：设置在线帮助文档所在的位置，默认值为：

```
manpage_directory = /usr/share/man
```

（7）sample_directory：设置 Postfix 的简单配置文件路径，默认值为：

```
sample_directory = /usr/share/doc/postfix-2.6.6/samples
```

（8）readme_directory：设置 readme 文件所在的位置，默认值为：

```
readme_directory = /usr/share/doc/postfix-2.6.6/README_FLIES
```

9.2.5 常用应用举例

在 Postfix 邮件系统中除/etc/postfix/main.cf 文件比较重要外，还有几个常用的用于邮件发送/接收的控制文件，例如/etc/postfix/access、/etc/postfix/aliases 等。

1. 使用邮件过滤机制

利用/etc/postfix/access 文件可以实现对邮件的过滤控制。/etc/postfix/access 文件的语法如下：在文件中支持主机名和地址模式，允许操作用 ok 或 all-numerical 表示；拒绝操作用 REJECT 表示。

例 9-8　允许地址为 192.168.1.1/24 及 dky.edu.cn 域中所有用户转发邮件，但不允许 192.168.1.0/24 网段内其他计算机转发邮件，设置如下：

```
#首先设置 main.cf 文件，允许 SMTP 客户端查询/etc/postfix/access 文件
[root@localhost ~]#vim /etc/postfix/main.cf
smtp_client_restrictions = smtp_client_access hash:/etc/postfix/access
[root@localhost ~]#vim /etc/postfix/access
192.168.1  REJECT
192.168.1.1 OK
.dky.edu.cn OK
[root@localhost ~]#service postfix restart
```

2. 设置邮件别名

在系统中有很多虚拟用户，例如 bin、daemon、adm 等，这些用户用于执行系统中的特定程序，是不允许直接登录系统的，当这些虚拟用户执行程序时出现异常需要向程序的执行者发送邮件，但是系统的使用者是无法直接使用虚拟用户接收这些邮件的。常用的解决方法是在别名系统中为每个用户创建一个别名，在默认情况下，这些别名用户就是系统的管理员 root。邮件系统的管理进程为 postmaster。用于管理邮件账户别名的文件位于/etc 下，文件名为 aliases，文件的部分内容如下：

287

```
# General redirections for pseudo accounts.
bin:           root
daemon:        root
adm:           root
lp:            root
sync:          root
shutdown:      root
…
support:       postmaster
```

":"前面的是虚拟账户或系统账户,":"后面的是该账户对应的别名。一个账户可以有多个别名与其对应,别名之间用","隔开。注意 aliases 文件内容发生变化后,需要执行 newaliases 命令,改动过的内容才会生效。

例 9-9　若寄给实体账户 user 的邮件除 user 本人外 admin 用户也可以收到,设置方法如下:

```
[root@localhost ~]#vim /etc/aliases
```

文件中加入下面内容:

```
user:          user,admin
```

存盘退出:

```
[root@localhost ~]#newaliases
```

3. 邮件的转发

通过在/etc/aliases 中加入多个别名可以实现邮件的转发,但 aliases 文件只有 root 用户才有权修改。如果普通用户希望自己的邮件也可以转发给其他用户,可以利用.forward 文件实现。该文件默认不存在,需要自己创建。

例 9-10　设用户 user 希望将发给自己的邮件转发给 admin、jack@dky.edu.cn 及 tom @dky.bjedu.cn。操作如下:

1) 修改文件

```
[user@localhost ~]$ vi .forward
user
admin
jack@dky.edu.cn
tom@dky.bjedu.cn
```

存盘退出。注意该文件一个账户占一行。

2) 修改权限

```
[user@localhost ~]$ chmod 644 .forward
```

注意：.forward 文件及所在的目录除所有者外不允许同组成员及其他人拥有写权限。

4. 限制邮件大小

Postfix 默认可接收的邮件大小为 10MB，在实际应用中，可以根据需要对用户的邮件及邮箱做出限制。例如将用户邮件限制为 5MB，操作如下：

```
[root@localhost ～]♯vim /etc/postfix/main.cf
message_size_limit = 5MB
[root@localhost ～]♯service postfix restart
```

5. 备份邮件

在接收邮件时可以通过修改/etc/aliases 实现邮件备份，在发送邮件时同样可以通过修改 main.cf 文件实现邮件的备份。操作方法如下：

```
[root@localhost ～]♯vim /etc/postfix/main.cf
always_bcc = sendback@host.cn
[root@localhost ～]♯service postfix restart
```

通过上面的操作，可以实现将所有通过本服务器寄出的邮件都被复制到 sendback@host.cn。

6. 允许 MTA 从 MUA 接收邮件

邮件的传递过程中，经常会经历不同的 MUA，此时要想正常收到邮件需要用到 dovecot 工具。dovecot 的作用是将邮件投递到目标邮件服务器。dovecot 为 MUA 提供了一种访问服务器上存储邮件的方法，但是 dovecot 并不负责从其他邮件服务器接收邮件。dovecot 并不关心邮件的接收、投递和存储，这些功能都是由 MTA（例如 Postfix）提供的，dovecot 只是将已经存储在邮件服务器上的邮件通过 MUA 显示出来。邮件是如何存放的，以及存放在哪里由 MTA 决定，dovecot 必须根据 MTA 的配置来进行相应的配置。所以安装 dovecot 之前，必须保证 MTA 正常工作。

1）dovecot 工具的安装（设系统中已经配置好了 yum 服务）

```
[root@localhost ～]♯yum install dovecot
```

2）修改 dovecot 的配置文件

```
[root@localhost ～]              ♯vim /etc/dovecot/dovecot.conf
Protocols = pop3 imap           ♯支持的邮件协议
Disable_plaintext_auth = no     ♯禁用明文密码
Mail_location = mbox:～/mail:INBOX = /var/spool/mail/%u  ♯用户邮件存储格式及位置
```

存盘退出。

3）启动 dovecot 服务

```
[root@localhost ～]♯service dovecot restart
```

邮件服务的配置与管理

9.2.6 发送/接收邮件

1. mail 工具的使用

Linux 下的 mail 不仅是一个命令,还是一个电子邮件程序。对于普通用户来说对这个命令使用较少,但对系统管理员来说,这个命令相当重要,可利用该命令快速查收邮件,也可以利用该命令编写脚本文件,完成一些日常工作。

1) mail 命令的使用方法

mail 命令的格式:

```
mail[ - iInv][ - s subject][ - c cc - addr][ - b bcc - addr]user1[user2 … ]
```

参数如下。

(1) i:interrupt,忽略 tty 的中断信号。

(2) I:Interactive,强迫设成互动模式。

(3) v:verbose,列出信息,例如送信的地点、状态等。

(4) n:不读入 mail. rc 设定档。

(5) s:邮件标题。

(6) c cc:邮件地址。

(7) b bcc:邮件地址。

2) 对邮件的操作

系统收到邮件都会保存在/var/spool/mail/[Linux 用户名]文件中。在 Linux 中输入"mail",就进入了收件箱,并显示邮件列表,此时命令提示符为"&",可以输入以下命令对邮件进行相关操作。

(1) unread:标记为未读邮件。

(2) h|headers:显示当前的邮件列表。

(3) l|list:显示当前支持的命令列表。

(4) ? |help:显示多个查看邮件列表的命令参数用法。

(5) d:删除当前邮件,指针并下移。例如:d 1-50 表示删除第 1~50 封邮件。

(6) f|from:只显示当前邮件的简易信息。f num 显示某一个邮件的简易信息。

(7) f|from num:指针移动到某一封邮件。

(8) z:显示刚进入收件箱时的后面 20 封邮件列表。

(9) more|p|page:阅读当前指针所在的邮件内容。阅读时,按空格键翻页,按回车键下移一行。

(10) t|type|more|p|page num:阅读某一封邮件。

(11) n|next|{空}:阅读当前指针所在的下一封邮件内容。阅读时,按空格键翻页,按回车键下移一行。

(12) v|visual:当前邮件进入纯文本编辑模式。

(13) n|next|{ }num:阅读某一封邮件。

(14) top:显示当前指针所在邮件的邮件头。

(15) file|folder:显示系统邮件所在的文件以及邮件总数等信息。

（16）x：退出 mail 命令平台，并不保存之前的操作，例如删除邮件。

（17）q：退出 mail 命令平台，保存之前的操作，例如删除已用 d 删除的邮件，已阅读邮件会转存到当前用户家目录下的 mbox 文件中。如果在 mbox 中删除文件才会彻底删除。在 Linux 文本命令平台输入"mail -f mbox"就可以看到当前目录下的 mbox 中的邮件了。

（18）cd：改变当前所在文件夹的位置。

（19）写信时，连按两次 Ctrl+C 键则中断工作，不发送此信件。

（20）读信时，按一次 Ctrl+C 键，退出阅读状态。

2. 使用 mail 接收/发送邮件

在 Linux 中可以直接使用 mail 命令接收或者发送邮件，可以有多种不同的邮件发送方法。

1）直接使用 Shell 命令发送邮件

语法：

```
mail - s  邮件主题    用户名@地址
```

例 9-11　向 jack@dky. bjedu. cn 发送主题为 program 的邮件，内容为：hello everyone!。

```
[root@localhost ~]# mail - s "program" jack@dky. bjedu. cn
hello everyone!                    #邮件正文
ctrl + D                           #邮件编写完成
```

如果希望将邮件同时发给多人，可在邮件主题后面加上多个邮件地址，邮件地址之间用空格隔开。

2）使用管道进行邮件发送

语法：

```
echo "邮件内容"  | mail - s 邮件主题    收件人
```

例 9-12　向 jack@dky. edu. cn 发送主题为 welcome 的邮件，内容为：welcome to see you。

```
[root@localhost ~]# echo " welcome to see you" | mail - s "welcome" jack@dky. edu. cn
```

3）使用文件进行邮件发送

语法：

```
mail  - s 邮件主题   收件人  < 文件名
```

例 9-13　将 mail. txt 的内容以邮件形式发送给 jack@dky. bjedu. cn，邮件主题为 welcome。

```
[root@localhost ~]# mail - s "welcome" jack@dky. bjedu. cn < mail. txt
```

在此种方式下，若希望将邮件同时发送给多人，可以在收件人前加上"-c"，并添加多个收件人。形如举例 9.2-11 中的邮件在发送给 jack 的同时发送给 tom，写法如下：

```
[root@localhost ~]# mail - s "welcome" - c jack@dky.bjedu.cn  tom@bjedu.cn < mail.txt
```

上述 3 种邮件的发送方式中,第 1)、2)种方式是在 Shell 中直接输入,所以不能输入中文(即使能输入中文,接收方收到的邮件也会显示乱码);第 3)种方式,由于邮件系统直接读取文件内容,可以先在 Windows 中将文件写好,再在 Linux 中进行邮件的发送,这样对方就可以收到中文邮件了,但是邮件的标题必须使用英文。

3. 使用 telnet 命令发送/接收邮件

使用 telnet 命令可以直接通过 SMTP 或 POP3 来收发邮件,邮件的相关信息需要完全输入命令来处理,使用较困难。但此方法可以指定邮件发送与接收的服务器。这种方法需要系统中已经安装好 Telnet 客户端。设系统中已存在用户 jack 和 tom,jack 的邮箱为 jack@dky.bjedu.cn,tom 的邮箱为 tom@163.com,SMTP 服务器为 mail.dky.bjedu.cn。现jack 使用 telnet 命令给 tom 发送邮件,方法如下:

```
[root@localhost ~]# telnet mail.dky.bjedu.cn 25
helo mail.dky.bjedu.cn              #宣告客户端地址
mail from:jack@dky.bjedu.cn         #告知发件人
rcpt to: tom@163.com                #告知收件人
subject: this is a test!!!          #标题(可无)
data                                #邮件正文
This is test mail…
.                                   #"." 表示邮件内容编辑完成.
quit
```

4. 使用 Windows 客户端工具发送/接收邮件

1) Outlook 的配置

在 Windows 中接收/发送邮件的应用程序很多,较常见的有 Outlook、Foxmail 等,这里以 Outlook 为例,说明在 Windows 中发送/接收邮件的方法。Outlook 的工作窗口如图 9-3 所示。

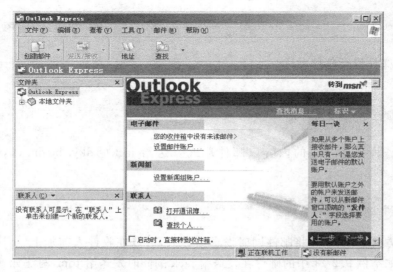

图 9-3 Outlook 工作窗口

要想成功使用 Outlook 发送或接收邮件,需要在 Outlook 中设置好 SMTP 服务器及 POP3 服务器。设 SMTP 服务器为 smtp. dky. bjedu. cn,POP3 服务器为 POP3. dky. bjedu. cn。

首先添加新的邮件账户(此账户必须存在,设账户名为 jack),单击"工具"→账户,弹出 "Internet 账户"对话框,如图 9-4 所示。

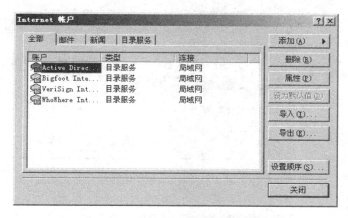

图 9-4 "Internet 账户"对话框

在图 9-4 中单击"添加"→"邮件",出现账户输入向导,输入账户名如 jack,电子邮件地址如 jack@dky. bjedu. cn 后,单击"下一步"按钮,弹出"电子邮件服务器名"对话框,如图 9-5 所示。

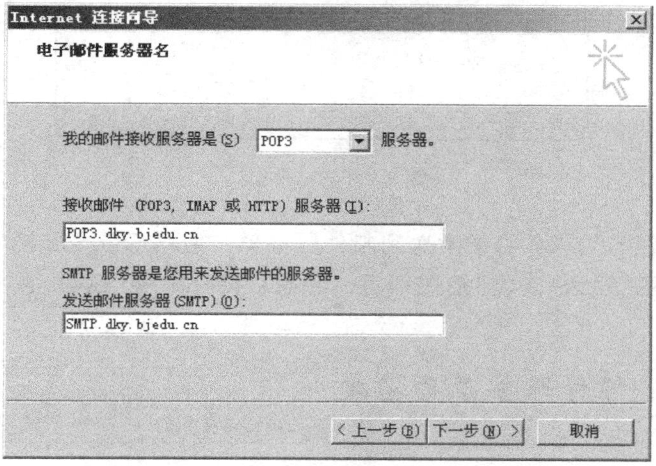

图 9-5 "电子邮件服务器名"对话框

单击"下一步"按钮,弹出用户登录对话框,如图 9-6 所示。

至此,Outlook 配置完成。

2)使用 Outlook 发送/接收邮件

在 Outlook 中单击"创建邮件"按钮,弹出新邮件窗口,在此窗口输入收件人等与邮件相关的信息,如图 9-7 所示。

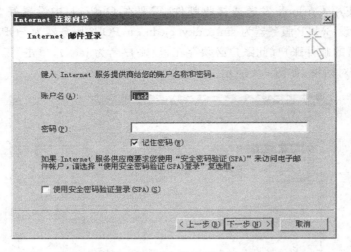

图 9-6　用户登录对话框

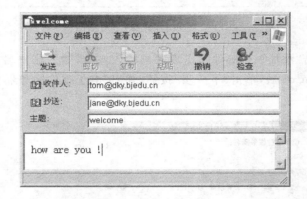

图 9-7　新邮件窗口

单击"发送"按钮后,邮件将被发送到邮件服务器。使用 Outlook 接收邮件的方法较简单,单击图 9-3 中的"发送/接收"按钮即可。注意:接收邮件的账户在 Outlook 中也应该存在。

9.2.7　任务:邮件服务器的搭建

1. 任务描述

设某公司需要搭建一个企业内部的邮件服务器,具体要求如下:

(1) 邮件系统建立在 RHEL 6.1 之上。

(2) 邮件系统使用 Postfix 搭建。

(3) 邮件系统的域名为 mail.dky.bjedu.cn 或 dky.bjedu.cn 或 mail。

(4) 邮件账户为 jack、tom、sunny。

(5) 发送给 jack 的邮件会被转发到 tom 和 sunny。

(6) 邮件系统与 DNS 系统共用一台主机,IP 地址为 192.168.1.100/24。

2. 操作步骤

1）配置服务器的 IP 地址

IP 地址的配置方法可以用 ifconfig 进行临时指定，也可以使用 setup 命令进行设置。由于是给服务器设置 IP 地址，此地址不宜频繁变动，所以本例中使用 setup 命令将服务器的 IP 地址设置为静态 IP 地址。

```
[root@localhost ~]# setup
```

2）创建邮件账户

```
[root@localhost ~]# useradd jack
[root@localhost ~]# passwd jack
[root@localhost ~]# useradd tom
[root@localhost ~]# passwd tom
[root@localhost ~]# useradd sunny
[root@localhost ~]# passwd sunny
```

3）配置 DNS 服务器

（1）检查 DNS 服务是否安装（若未安装，可用 yum 进行安装）：

```
[root@localhost ~]# rpm  - qa | grep  bind - 9.7.3 - 2.el6.i686
bind - 9.7.3 - 2.el6.i686
```

从上面的结果可以看出，系统中已经安装了 DNS 软件包。下面就可以配置 DNS 服务器了。

（2）配置 name.conf 文件：将此文件中的 listen-on port 53 及 allow-query 的监听范围改为 any，并将自定义的区域文件包括到 name.conf 文件中。修改的文件内容如下：

```
[root@localhost 桌面]# vim /etc/named.conf
options {
        listen - on port 53 { any; };
        directory        "/var/named";
        dump - file        "/var/named/data/cache_dump.db";
        statistics - file "/var/named/data/named_stats.txt";
        memstatistics - file "/var/named/data/named_mem_stats.txt";
        allow - query      { any; };
        recursion yes;
…
include "/etc/named.rfc1912.zones";
include "/etc/named.zones";
```

（3）生成 named.zones 文件：named.zones 文件是自定义文件，默认是不存在的，文件内容及格式要参考 named.rfc1912.zones 文件，在 named.zones 文件中可以定义自己所需要的域名。

```
[root@localhost 桌面]# cp /etc/named.rfc1912.zones /etc/named.zones - p
```

上面命令中的-p 表示复制文件时要带着文件属性一起复制。

（4）修改 named.zones 文件：

```
[root@localhost 桌面]# vim /etc/named.zones
zone "dky.bjedu.cn" IN {
        type master;
        file "zx.dky";
        allow - update { none; };
};

zone "1.168.192.in - addr.arpa" IN {
        type master;
        file "fx.dky";
        allow - update { none; };
};
```

在 named.zones 文件中定义了区域 dky.bjedu.cn 的正向文件 zx.dky 及反向文件 fx.dky。注意，在"{}"间的所有内容都要以";"结尾。

（5）生成正向区域文件：

```
[root@localhost 桌面]# cp /var/named/named.localhost /var/named/zx.dky - p
```

named.localhost 是系统中默认的正向区域文件，自定义的正向文件结构可以参考该文件。

（6）修改正向配置文件：

```
[root@localhost 桌面]# vim  /var/named/zx.dky
$ TTL 1D
@        IN SOA   server.dky.bjedu.cn.   root. (
                                        2012091117      ; serial
                                        1D      ; refresh
                                        1H      ; retry
                                        1W      ; expire
                                        3H )    ; minimum

        NS        server.dky.bjedu.cn.
@       MX   10   192.168.1.100
server IN        A        192.168.1.100
mail    IN       MX 10    mail.dky.bjedu.cn.
```

serial 前面的数字是生成 DNS 服务器的日期，准确到小时；邮件服务器的域名为 dky.bjedu.cn 或 mail.dky.bjedu.cn 或 mail。

（7）生成反向区域文件：

```
[root@localhost 桌面]# cp /var/named/named.loopback /var/named/fx.dky - p
```

操作方法与正向文件的生成方法类似。

（8）修改反向配置文件：

```
[root@localhost 桌面]# vim  /var/named/fx.dky
$ TTL 1D
@        IN SOA   server.dky.bjedu.cn. root. (
                                  2012091117      ; serial
                                  1D     ; refresh
                                  1H     ; retry
                                  1W     ; expire
                                  3H )   ; minimum
         NS       server.dky.bjedu.cn.
         A        192.168.1.100
@        MX    10 mail.dky.bjedu.cn.
100      PTR      mail.
```

（9）启动 DNS 服务：

```
[root@localhost 桌面]# service named restart
停止 named: .                                        [确定]
启动 named:                                          [确定]
```

（10）修改 resolv.conf 文件：

```
[root@localhost 桌面]# vim /etc/resolv.conf
nameserver 192.168.1.100
search dky.bjedu.cn
```

在文件中声明名称服务器的 IP 地址及搜索域。

（11）测试 DNS：

```
[root@localhost 桌面]# nslookup
> server                              #测试域名 server
Default server: 192.168.1.100
Address: 192.168.1.100#53
> server.dky.bjedu.cn                 #测试域名 server.dky.bjedu.cn
Server:        192.168.1.100
Address:       192.168.1.100#53
Name:    server.dky.bjedu.cn
Address: 192.168.1.100
> set type = mx                       #设置测试类型为邮件记录
> mail                                # 测试邮件域名 mail
Server:        192.168.1.100
Address:       192.168.1.100#53

mail.dky.bjedu.cn    mail exchanger = 10 mail.dky.bjedu.cn.
> mail.dky.bjedu.cn                    #测试邮件域名 mail.dky.bjedu.cn
Server:        192.168.1.100
```

邮件服务的配置与管理

```
Address:        192.168.1.100♯53

mail.dky.bjedu.cn     mail exchanger = 10 mail.dky.bjedu.cn.
> 192.168.1.100                            ♯测试反向域名解析
Server:          192.168.1.100
Address:         192.168.1.100♯53

100.1.168.192.in－addr.arpa     name = mail.
> exit                                 ♯退出 nslook 环境
```

从上面的结果可以看出,DNS 服务器搭建成功,可以正确进行邮件系统的正/反向域名解析。

4) 配置邮件系统

(1) 检查 Postfix 软件包:

```
[root@localhost 桌面]♯rpm  － qa  | grep postfix
postfix－2.6.6－2.1.el6_0.i686
```

从上面的结果可以看出,系统中已经安装了 Postfix 软件包。

(2) 修改 main.cf 文件(此文件是 Postfix 的主配文件,内容较多,此处只列出修改过的内容):

```
[root@localhost 桌面]♯ vim /etc/postfix/main.cf
alias_maps = hash:/etc/aliases               ♯邮件别名
inet_interfaces = all                        ♯监听所有端口
myorigin = $ mydomain                         ♯外发邮件时的邮件服务器域名
mydestination = $ myhostname, localhost.$ mydomain, localhost, $ mydomain  ♯允许投递到的域名
myhostname = mail.dky.bjedu.cn               ♯邮件服务器的主机名
mydomain = dky.bjedu.cn                      ♯邮件服务器的域名
mail_spool_directory = /var/spool/mail       ♯存放邮件的地址
```

(3) 重启 postfix 服务:

```
[root@localhost 桌面]♯ service postfix restart
关闭 postfix:                                        [确定]
启动 postfix:                                        [确定]
```

此操作完成后就可以实现在本域名内部的邮件收/发服务,但是不能接收其他域名的邮件,若需要收/发其他域名系统中寄来的邮件则使用 dovecot 服务。

(4) 检查 dovecot 软件包:

```
[root@localhost 桌面]♯ rpm － qa | grep dovecot
dovecot － 2.0.9-2.el6.i686
dovecot 软件包在默认情况下是没有安装的,在本例中已经安装。
```

（5）修改 dovecot 的配置文件：

```
[root@localhost 桌面]# vim /etc/dovecot/dovecot.conf
protocols = imap pop3 lmtp                ＃支持的邮件协议
disable_plaintext_auth = no               ＃禁用明文密码认证
mail_location = mbox:~/mail:INBOX = /var/spool/mail/%u  ＃用户邮件存储的格式及位置,此
内容可以在/etc/dovecot/conf.d/10-mail.conf 中找到,后面的/var/mail/%u 要改成/var/spool/
mail/%u,/var/spool/mail/%u 是存放用户邮件的真实位置
```

（6）启动 dovecot 服务：

```
[root@localhost 桌面]# service dovecot restart
停止 Dovecot Imap:                                      [失败]
正在启动 Dovecot Imap:                                   [确定]
```

5）设置邮件别名

```
[root@localhost 桌面]# vim /etc/aliases
jack:           jack,tom,sunny
```

6）别名系统生效

```
[root@localhost 桌面]# newaliases
```

7）测试

（1）以用户 jack 向用户 tom 发送邮件：

```
[root@localhost 桌面]# su - jack
[jack@localhost ~]$ mail tom@dky.bjedu.cn
Subject: how are you                      ＃邮件的标题
hello! I am jack.                         ＃邮件的内容
EOT                                       ＃Ctrl+D 用于结束邮件的书写
[jack@localhost ~]$ exit
logout
```

下面是用户 tom 接收并阅读邮件的操作：

```
[root@localhost 桌面]              ＃ su - tom
[tom@localhost ~]$ mail            ＃用来收邮件
Heirloom Mail version 12.4 7/29/08.  Type ? for help.
"/var/spool/mail/tom": 1 message 1 new
>N  1 jack@dky.bjedu.cn    Tue Sep 11 20:24  18/570    "how are you"
& 1                                ＃邮件的编号
Message  1:
From jack@dky.bjedu.cn  Tue Sep 11 20:24:05 2012
Return-Path: < jack@dky.bjedu.cn >
X-Original-To: tom@dky.bjedu.cn
Delivered-To: tom@dky.bjedu.cn
```

```
Date: Tue, 11 Sep 2012 20:24:05 + 0800
To: tom@dky.bjedu.cn
Subject: how are you
User-Agent: Heirloom mailx 12.4 7/29/08
Content-Type: text/plain; charset = us-ascii
From: jack@dky.bjedu.cn
Status: R


hello! I am jack.


& quit
Held 1 message in /var/spool/mail/tom
[tom@localhost ~]$ exit
logout
```

从上面的结果可以看出,用户 jack 成功地向用户 tom 发送了题为 how are you 的邮件,
用户 tom 成功地接收到该邮件并阅读。

(2) 以用户 root 身份向用户 jack 发送邮件:

```
[root@localhost 桌面]# mail jack@dky.bjedu.cn
Subject: message
I am root!
EOT
```

以用户 jack 身份接收邮件:

```
[root@localhost 桌面]# su - jack
[jack@localhost ~]$ mail
Heirloom Mail version 12.4 7/29/08.   Type ? for help.
"/var/spool/mail/jack": 1 message 1 new
>N  1 root                      Tue Sep 11 20:39   18/567    "message"
& 1
Message  1:
From root@dky.bjedu.cn   Tue Sep 11 20:39:03 2012
Return-Path: <root@dky.bjedu.cn>
X-Original-To: jack@dky.bjedu.cn
Delivered-To: jack@dky.bjedu.cn
Date: Tue, 11 Sep 2012 20:39:03 + 0800
To: jack@dky.bjedu.cn
Subject: message
User-Agent: Heirloom mailx 12.4 7/29/08
Content-Type: text/plain; charset = us-ascii
From: root@dky.bjedu.cn (root)
Status: R


I am root!


& exit
[jack@localhost ~]$ exit
logout
```

以用户 tom 身份接收邮件：

```
[root@localhost 桌面]# su - tom
[tom@localhost ~]$ mail
Heirloom Mail version 12.4 7/29/08.   Type ? for help.
"/var/spool/mail/tom": 1 message 1 new
>N  1 root                    Tue Sep 11 20:39   18/567    "message"
& 1
Message  1:
From root@dky.bjedu.cn  Tue Sep 11 20:39:03 2012
Return - Path: <root@dky.bjedu.cn>
X - Original - To: jack@dky.bjedu.cn
Delivered - To: jack@dky.bjedu.cn
Date: Tue, 11 Sep 2012 20:39:03 + 0800
To: jack@dky.bjedu.cn
Subject: message
User - Agent: Heirloom mailx 12.4 7/29/08
Content - Type: text/plain; charset = us - ascii
From: root@dky.bjedu.cn (root)
Status: R

I am root!

& quit
Held 1 message in /var/spool/mail/tom
[tom@localhost ~]$ exit
logout
```

以用户 sunny 身份接收邮件：

```
[root@localhost 桌面]# su - sunny
[sunny@localhost ~]$ mail
Heirloom Mail version 12.4 7/29/08.   Type ? for help.
"/var/spool/mail/sunny": 1 message 1 new
>N  1 root                    Tue Sep 11 20:39   18/567    "message"
& 1
Message  1:
From root@dky.bjedu.cn  Tue Sep 11 20:39:03 2012
Return - Path: <root@dky.bjedu.cn>
X - Original - To: jack@dky.bjedu.cn
Delivered - To: jack@dky.bjedu.cn
Date: Tue, 11 Sep 2012 20:39:03 + 0800
To: jack@dky.bjedu.cn
Subject: message
User - Agent: Heirloom mailx 12.4 7/29/08
Content - Type: text/plain; charset = us - ascii
From: root@dky.bjedu.cn (root)
Status: R
```

邮件服务的配置与管理

```
I am root!

& quit
Held 1 message in /var/spool/mail/sunny
[sunny@localhost ~]$ exit
logout
```

从上面的结果可以看出，管理员 root 发给用户 jack 的题为 message 的邮件被成功地发送到 jack、tom、sunny 用户的邮箱。操作完成。

9.3 小　　结

本章主要介绍了电子邮件的定义、邮件系统的工作原理、常见的邮件协议、邮件的格式等理论知识及常用的邮件系统软件，重点介绍了 Postfix 邮件系统的配置及使用方法。在邮件系统中最常见的概念有 MUA、MTA、MDA、MRA 等，MUA 为邮件用户代理，MUA 为邮件传输代理，MDA 为邮件投递代理，MRA 为邮件收取代理，这 4 种代理通过邮件协议（例如 POP 协议及 SMTP 或 IMAP 协议）帮助用户实现邮件的投递及接收。邮件系统的实现与 DNS 是密不可分的，需要在 DNS 服务器中给出相应的 MX 记录及相关域名。本章给出了一个相对完整的邮件系统的构建与测试案例。

9.4 习　　题

1. 选择题

(1) 电子邮件最早出现在 _____ 网络中。
   A. Chinanet   B. Uninet   C. Arpanet   D. Mailnet
(2) 电子邮件由 _____ 4 个模块组成。
   A. MUA、MFA、MPA、MDA   B. MUA、MDA、MRA、MTA
   C. MUA、MPA、MRA、MTA   D. MUA、MRA、MDA、MGA
(3) MTA 的功能是_____。
   A. 邮件用户代理   B. 邮件传输代理
   C. 邮件接收代理   D. 邮件投递代理
(4) MUA 的功能是_____。
   A. 邮件用户代理   B. 邮件传输代理
   C. 邮件接收代理   D. 邮件投递代理
(5) MDA 的功能是_____。
   A. 邮件用户代理   B. 邮件传输代理
   C. 邮件接收代理   D. 邮件投递代理
(6) 用于发送邮件的协议是_____。
   A. SMTP   B. POP3   C. IMAP   D. MIME
(7) 用于接收邮件的协议是_____。

A. SMTP   B. POP3   C. SNMP   D. OSPF

（8）IMAP 协议监听的端口是_____。

    A. 143   B. 153   C. 25   D. 110

（9）POP3 协议使用的端口是_____。

    A. 110   B. 25   C. 143   D. 153

（10）SMTP 协议使用的端口是_____。

    A. 110   B. 25   C. 143   D. 153

（11）若邮件中含有 GIF 图片，则邮件系统需要_____协议的支持。

    A. SMTP   B. POP3   C. IMAP   D. MIME

（12）邮件的格式是_____。

    A. 账户@邮件服务器名   B. 账户@DNS 务器名

    C. 主机名@邮件服务器名   D. 账户@FTP 的 IP 地址

（13）下列_____不是 MTA。

    A. Sendmail   B. Postfix   C. MySQL   D. Qmail

（14）关于邮件系统与 DNS 描述正确的是_____。

    A. 邮件系统必须依靠 DNS 提供域名及 MX 记录信息

    B. DNS 相应于邮件系统中的 MDA

    C. 邮件系统与 DNS 之间没有关系

    D. DNS 相应于邮件系统中的 MUA

（15）下面_____不是在 Linux 下常见的邮件服务系统。

    A. Sendmail   B. Qmail   C. Postfix   D. Foxmail

（16）Postfix 是_____。

    A. MTA   B. MUA   C. MRA   D. MDA

（17）在 Postfix 中不能被投递的邮件放在_____中。

    A. maildrop   B. incoming   C. active   D. deferred

（18）下面_____不是 Postfix 中的投递代理。

    A. local   B. smtp   C. pipe   D. snmp

（19）Postfix 的主配置文件名为_____。

    A. main. cf   B. mail. cf   C. aliases   D. main. conf

（20）修改过 aliases 文件后，必须执行_____命令才能使该文件生效。

    A. postfix   B. postconf   C. newaliases   D. postcat

2. 简答题

（1）简述邮件系统的构成。

（2）简述邮件系统的工作原理。

（3）简述邮件系统与 DNS 的关系。

（4）简述 Postfix 系统 mail. cf 文件中关键参数的含义。

邮件服务的配置与管理

第 10 章　网络安全管理

学习目标

- 了解网络常见的威胁
- 掌握 Iptables 的使用方法
- 了解 NAT 的作用及使用方法
- 了解代理的作用
- 掌握 TCP-Wrappers 的使用方法
- 掌握 SELinux 的使用方法

10.1　网络安全综述

网络安全是信息安全中的重要研究内容之一,也是当前信息安全领域中的研究热点。随着信息化进程的深入和 Internet 的迅速发展,人们的工作、学习和生活方式正在发生巨大变化,效率大为提高,信息资源得到最大程度的共享。紧随信息化发展而来的网络安全问题日渐突出。

1. 网络安全的定义

网络安全是指保护网络系统中的软件、硬件及信息资源,使之免受偶然或恶意的破坏、篡改和泄露,保证网络系统的正常运行及网络服务不中断。网络安全的主要研究内容包括网络安全整体解决方案的设计与分析以及网络安全产品的研发等。

2. 网络安全的特征

(1) 保密性:信息不泄露给非授权用户、实体或过程,或不泄露供其利用的特性。

(2) 完整性:数据未经授权不能进行改变的特性。即信息在存储或传输过程中保持不被修改、不被破坏和不会丢失的特性。

(3) 可用性:可被授权实体访问并按需求使用的特性。即当需要时能否存取所需的信息。例如网络环境下拒绝服务、破坏网络和有关系统的正常运行等都属于对可用性的攻击。

(4) 可控性:对信息的传播及内容具有控制能力。

3. 网络攻击的常见形式

主要有 4 种攻击形式:中断、截获、修改和伪造。

(1) 中断是以可用性作为攻击目标,它毁坏系统资源,使网络不可用。

(2) 截获是以保密性作为攻击目标,非授权用户通过某种手段获得对系统资源的访问。

(3) 修改是以完整性作为攻击目标,非授权用户不仅获得访问而且对数据进行修改。

(4) 伪造是以完整性作为攻击目标,非授权用户将伪造的数据插入到正常传输的数据中。

4．影响网络安全的主要因素

1）操作系统漏洞

网络操作系统是计算机网络应用的基石，主要功能为实现网络间的协同工作，对网络系统资源进行统一管理，控制网络用户对系统的存取。操作系统中的程序很容易受到黑客的攻击，例如黑客可以利用专门的溢出程序入侵系统。

2）应用软件漏洞

应用软件存在漏洞也会给网络系统带来巨大的安全隐患。由于管理人员或编程人员的疏漏，黑客经常利用浏览器或数据库中存在的 bug 对系统进行攻击，较典型的攻击方式有SQL 注入、木马攻击等。以 SQL 注入为例，黑客在网页中执行特定代码，致使系统溢出，从而获得数据库系统的用户账户及密码，再用获取的账户及密码登录系统并对系统内部数据进行删除或篡改，致使网络服务无法正常工作。

3）TCP/IP 漏洞

TCP/IP 协议是由著名的广域网络 APPANET 所采用的协议发展而来。作为互联网络底层的 TCP/IP 协议，协议本身在设计上没有考虑安全问题，其设计目标就是为信息和资源共享提供一个互联的平台，其设计对象是一个良好的互相信任的环境。在当前复杂的网络环境下，TCP/IP 协议本身暴露出很多漏洞，给网络黑客提供了可乘之机，例如拒绝服务攻击（DDoS）就是利用 TCP/IP 协议存在的缺陷，在特定情况下拒绝其他用户对系统和信息的合法访问，致使网络服务访问失败。

4）电子邮件漏洞

利用电子邮件攻击操作系统也是很常见的一种攻击方式，例如"邮件炸弹"就是攻击者重复地发送同一邮件到同一个或者多个电子邮箱，这样就占用系统上很高的通信线路带宽，同时使目的系统硬盘空间减少，用户邮箱爆满，以至于用户无法正常接收邮件。

5）系统密码漏洞

黑客入侵系统前使用最多的手段是系统密码扫描，使用工具对密码进行暴力破解或通过其他方式获得用户密码后入侵系统并对系统进行攻击。

6）管理上的漏洞

系统管理必须要有很强的安全意识，尤其是对权限、端口的控制，最好不要将权限开放太大；注意密码的有效性及复杂性；及时更新杀毒软件和升级补丁；不随意浏览陌生站点或下载陌生软件；尽量远程管理服务器；不在服务器上使用 U 盘，光盘等存储介质，若必须使用，使用前一定要先杀毒；树立网络安全意识，建立健全各项管理制度，防止出现空洞和管理上的漏洞。

5．网络安全解决方案

1）部署入侵检测系统

入侵检测能力是衡量一个防御体系是否完整有效的重要因素，强大完整的入侵检测体系可以弥补防火墙相对静态防御的不足。对来自外部网和校园网内部的各种行为进行实时检测，及时发现各种可能的攻击企图，并采取相应的措施。具体来讲，就是将入侵检测引擎接入中心交换机上。入侵检测系统集入侵检测、网络管理和网络监视功能于一身，能实时捕获内外网之间传输的所有数据，利用内置的攻击特征库，使用模式匹配和智能分析的方法，

网络安全管理

检测网络上发生的入侵行为和异常现象,并在数据库中记录有关事件,作为网络管理员事后分析的依据;如果情况严重,系统可以发出实时报警,使得系统管理员能够及时采取应对措施。

2) 部署漏洞扫描系统

采用漏洞扫描系统定期对工作站、服务器、交换机等进行安全检查,并根据检查结果向系统管理员提供详细可靠的安全性分析报告,为提高网络安全整体水平提供重要依据。

3) 部署网络版杀毒软件

在整个网络内可能感染和传播病毒的地方采取相应的防病毒手段,杜绝病毒的感染、传播和发作,在网络中尽可能实现远程安装、智能升级、远程报警、集中管理、分布查杀病毒等多种功能。

10.2 TCP_wrappers 的使用方法

1. TCP_wrappers 介绍

TCP_wrappers 中的 TCP 原意为 Transmission Control Protocol,即 TCP 协议,wrappers 是包装的意思,TCP_wrappers 合在一起的意思是在 TCP 协议基础之上加一层包装。该包装提供一层安全检测机制,外来连接请求首先通过这个安全检测,获得安全认证后才可被系统服务接受,主要用于控制对部分系统服务的访问,防止主机名和主机地址欺骗。TCP_wrappers 和 xinted 进程关系较紧密。一般而言,受 xinetd 进程管理的服务都可以对其进行 TCP_wrappers 的设置。

2. TCP_wrappers 使用的文件

与 TCP_wrappers 有关的文件有两个,分别为/etc/hosts.allow 和/etc/hosts.deny。一般情况下/etc/hosts.allow 文件中设置的服务是允许被访问的,而/etc/hosts.deny 文件中设置的服务是拒绝访问的。

3. TCP_wrappers 的工作原理

当有请求从远程到达本机时首先检查/etc/hosts.allow 文件。

(1) 如果有匹配记录,跳过 /etc/hosts.deny 文件,此时默认的访问规则以/etc/hosts.allow 文件中设置的为准。

(2) 如果没有匹配的记录,就去匹配/etc/hosts.deny 文件,此时默认的访问规则以/etc/hosts.deny 文件中设置的为准。

(3) 如果在这两个文件中都没有匹配到,默认是允许访问的。

4. 文件内容说明

1) 文件格式

```
服务进程列表:客户列表:操作:操作…
```

(1) 服务进程列表可以只包括一个服务进程名称,也可以有多个服务进程名称,各服务进程名称之间用“,”隔开,例如:vsftpd,sshd。

(2) 客户列表可以用名称表示也可以用 IP 地址表示,可以包含一个客户也可以有多个客户,各客户间用“,”分隔,例如 some.host.name,.some.domain。

（3）操作符主要包含 3 个参数，分别为 ALLOW、DENY 和 EXCEPT。其中，ALLOW 的意思是允许操作；DENY 的意思是拒绝操作；EXCEPT 的意思是除了×××，EXCEPT 后面的内容将会被排除在规则之外。注意上述 3 个操作均为大写。

2）文件中所支持的通配符

（1）ALL：代表所有主机。

（2）LOCAL：代表本地主机，即主机名中没有"."。

（3）UNKNOWN：代表所有未知的用户和主机。

（4）KNOWN：代表已知的用户和主机。

（5）PARANOID：代表所有主机名与地址不符的主机。

3）扩展命令中的通配符

（1）%a：客户端地址。

（2）%A：服务器端地址。

（3）%c：客户端信息，例如 user@host，user@address。

（4）%d：服务器进程名称。

（5）%s：服务信息。

（6）%h：不可达的客户端主机名或 IP 地址。

（7）%H：不可达的服务器端主机名或 IP 地址。

（8）%n：未知的客户端主机或客户端主机名与 IP 地址不符。

（9）%N：未知的服务器端主机或服务器端主机名与 IP 地址不符。

（10）%p：服务进程 ID。

（11）%s：服务器端信息，例如 daemon@host，daemon@address。

（12）%u：客户端用户名。

（13）%%：标记"%"。

4）扩展命令

（1）spawn：执行某个命令。

例 10-1 当 192.168.0.0 网段的主机访问服务器时，给 root 发一封邮件，邮件主题是 look，邮件内容为客户端信息及试图访问的服务器端信息，则可以在/etc/hosts.allow 文件中写入下面内容：

```
sshd:192.168.0.0 : spawn echo %c "attempt access" %s | mail - s look root
```

（2）twist：中断命令的执行。

例 10-2 当未经允许的计算机尝试进入目标主机时，在对方的屏幕上显示"do not connect to this machine"，可以在/etc/hosts.allow 文件中写入下面内容：

```
sshd:192.168.0.0: twist echo - e "\n\n do not connect to this machine \n\n"
```

5. 应用举例

例 10-3 允许 .friendly.domain 中的所有主机访问服务器，其他主机不能访问该服务器。

```
[root@localhost ~]#vim /etc/hosts.allow
ALL: .frendly.domain: ALLOW
   ALL: ALL: DENY
```

例 10-4　拒绝 bad.domain 域中的所有主机访问服务器,其他主机允许访问服务器。

```
[root@localhost ~]#vim /etc/hosts.allow
ALL: .bad.domain: DENY
ALL: ALL: ALLOW
```

例 10-5　拒绝所有未知主机访问服务器。

```
[root@localhost ~]#vim /etc/hosts.deny
ALL: UNKNOWN
```

例 10-6　拒绝所有主机访问服务器。

```
[root@localhost ~]#vim /etc/hosts.deny
ALL: ALL
```

例 10-7　允许本地主机及除 client.foobar.edu 外的 foobar.edu 域的其他主机访问服务器。

```
[root@localhost ~]#vim /etc/hosts.allow
ALL: LOCAL
ALL: .foobar.edu EXCEPT client.foobar.edu
```

例 10-8　允许本地主机及 my.domain 域内的主机访问 sshd 服务。

```
[root@localhost ~]#vim /etc/hosts.allow
sshd: LOCAL, .my.domain
```

例 10-9　只允许 host.domain 域及 my.domain 域的用户访问 FTP 服务,其他服务均不可以访问。

```
[root@localhost ~]#vim /etc/hosts.deny
ALL  EXCEPT  vsftpd : host.domain,my.domain
```

10.3　SELinux 的使用方法

10.3.1　SELinux 简介

SELinux 是 Security-Enhanced Linux 的简称,是美国国家安全局 NSA(The National Security Agency)和 SCC(Secure Computing Corporation)合作开发的基于 Linux 或 UNIX 的一个扩展的强制安全访问控制模块,2000 年以 GNU GPL 的形式进行发布。SELinux 并

不是一个 Linux 的发行版本，它是一种基于域-类型模型（domain-type）的强制访问控制（MAC）安全系统，类似于常说的补丁，由 NSA 编写并设计成内核模块包含到 Linux 的内核中。

SELinux 提供了比传统的 UNIX 权限更好的访问控制。标准的 Linux/UNIX 安全模型是任意的访问控制（即 DAC），任何程序对其资源享有完全的控制权。假设某个用户通过程序把含有潜在重要信息的文件放到/tmp 目录下，那么在 DAC 情况下这个操作是被允许的，其他程序无权干涉该程序的操作。显然，这种做法给系统带来了很大的安全隐患。而MAC 情况下的安全策略完全控制着对所有资源的访问，即某个程序要完成一些对系统影响较大的操作需要得到 MAC 的允许，否则操作将失败。这就是 MAC 和 DAC 本质的区别。目前 SELinux 已经被集成到 2.6 版的 Linux 核心之中，像 DHCP、httpd、Samba、named等服务都会受到 SELinux 的限制。

10.3.2　SELinux 中的概念

1. DAC

DAC（Discretionary Access Control，自主访问控制）是一种传统的 UNIX/Linux 访问控制方式，系统通过控制文件的读（r）、写（w）、执行（x）权限和文件归属者如文件所有者（owner）、文件所属组（group）、其他人（other）等形式来控制文件属性，权限划分较粗糙，不易实现对文件权限的精确管理。在 DAC 中 root 的权限最大，可以操作系统中的所有文件，若使用不当会对系统造成巨大损失。

2. MAC

强制存取控制，是 Mandatory Access Control 的缩写。

SELinux 的安全机制采用了 Flask/Fluke 安全体系结构，此安全体系结构在安全操作系统研究领域的最主要突破是灵活支持多种强制访问控制策略，支持策略的动态改变。Flask 安全体系结构清晰分离定义安全策略的部件和实施安全策略的部件，安全策略逻辑封装在单独的操作系统组件中，对外提供获得安全策略裁决的良好接口。

3. 对象

在 SELinux 里，所有可被读取的目标均为对象。

4. 主体

在 SELinux 里，把进程理解为主体。

5. 角色

SELinux 提供了一种基于角色的访问控制（RBAC）。SELinux 的 RBAC 特性是依靠类型强制建立的，角色是通过基于进程安全上下文中的角色标识符来限制进程可以转变的类型。SELinux 中的角色和用户构成了 RBAC 特性的基础，它和用户一起为 Linux 用户及其允许的程序提供了一种绑定基于类型的访问控制。SELinux 中的 RBAC 通过定义域类型和用户之间的关系对类型强制做了更多的限制，以控制 Linux 用户的特权和访问许可。RBAC 没有允许访问权，在 SELinux 中所有的允许访问权都是由类型强制提供的。SELinux 中的角色可以限制用户的访问，对于任何进程，同一时间只有一个角色是活动的。

6. 类型强制(TE)

所有操作系统访问控制都是以关联客体和主体的某种类型的访问控制属性为基础的。在 SELinux 中,访问控制属性叫做安全上下文,所有客体(文件、进程间通信通道、套接字、网络主机等)和主体(进程)都有与其关联的安全上下文。一个安全上下文由用户、角色和类型标识符这 3 个部分组成。

7. 安全上下文

安全上下文是一个简单的、一致的访问控制属性。在 SELinux 中,类型标识符是安全上下文的主要组成部分。由于历史原因,一个进程的类型通常被称为一个域(domain),通常认为域、域类型、主体类型和进程类型都是同义的。

在安全上下文中的用户和角色标识符用于控制类型和用户标识符的联合体,这样就会将 Linux 用户账户关联起来,然而对于客体,用户和角色标识符几乎很少使用,为了规范管理,客体的角色常常是 object_r,客体的用户常常是创建客体进程的用户标识符。SELinux 对很多命令都做了修改,在命令的后面加上参数-Z,就可以看到客体和主体的安全上下文。

例 10-10 安全上下文举例。

```
[root@localhost ~]# id - Z
unconfined_u:unconfined_r:unconfined_t:s0:c0.c1023
```

8. 类型强制访问控制

在 SELinux 中,所有访问都必须明确授权,SELinux 默认不允许任何访问,不管 Linux 用户/组 ID 是什么。这就意味着在 SELinux 中没有默认的超级用户。与标准 Linux 中的 root 不一样,SELinux 通过指定主体类型(即域)和客体类型使用 allow 规则授予访问权限。allow 规则由四部分组成。

(1) 源类型(Source type(s)):通常是尝试访问的进程的域类型。

(2) 目标类型(Target type(s)):被进程访问的客体的类型。

(3) 客体类别(Object class(es)):指定允许访问的客体的类型。

(4) 许可(Permission(s)):象征目标类型允许源类型访问客体类型的访问种类。

例如:

```
allow user_t bin_t: file {read execute getattr};
```

这个例子显示了 TE allow 规则的基础语法,这个规则包含了两个类型标识符:源类型(或主体类型或域)user_t 和目标类型(或客体类型)bin_t。标识符 file 是定义在策略中的客体类别名称(此处表示一个普通的文件),大括号中包括的许可是文件客体类别有效许可的一个子集。

这个规则解释如下:拥有域类型 user_t 的进程可以读/执行或获取具有 bin_t 类型的文件客体的属性。

在标准 Linux 中只有 r、w、x 3 种,上例中的 read 和 execute 十分常见。getattr 见得不多。文件的 getattr 许可用于查看文件的日期、时间等属性以及 DAC 访问模式。假设 user_t 是一个普通的、无特权的用户进程,例如一个登录 Shell 进程域类型,bin_t 是与用户运行的执行文件(例如/bin/bash)关联的类型,策略中的规则有可能允许用户执行 Shell 程序(例如 bash shell)。

注意:在类型标识符名字中的"_t"没有意义,只不过是在大多数 SELinux 策略中惯用的约定,策略编写器可以通过策略语言语法允许的任何合适的规范定义类型标识符。

9. 安全策略

SELinux 目前有 3 个安全策略:targeted、strict 和 MLS。每个安全策略的功能、用途和定位均不同。

(1) targeted:用来保护常见的网络服务,此策略在默认情况下 RedHat Enterprise Linux 会自动安装。

(2) strict:用来提供符合 RBAC 机制的安全性能。

(3) MLS:用来提供符合 MLS 机制的安全性。MLS 全名是 Mulit-Level Security(多层次安全),在此结构下是以对象的机密等级来决定进程对该目标的读取权限的。

10.3.3　安全上下文格式

REHL 中的每一个对象都会存储其安全上下文,并将其作为 SELinux 判断进程能否读取的依据。其安全上下文的格式如下:

```
USER:ROLE:TYPE:[LEVEL:[CATEGORY]]
```

1. USER

USER 用来记录用户登录系统后所属的 SELinux 身份。USER 通常以_u 为后缀,常见的如下。

(1) system_u:系统账户类型使用者。

(2) User_u:真实用户类型的使用者。

(3) Root:超级用户的使用者。

注意:targeted 安全策略对 USER 字段无效。

2. ROLE

通常以_r 为后缀。

注意:targeted 安全策略对 ROLE 字段无效。

3. TYPE

通常以_t 为后缀,是 SELinux 安全上下文中最常用的也是最重要的字段。常见的 TYPE 字段如下。

(1) unconfiged_t:未设置类型。

(2) default_t:默认类型。

(3) mnt_t:代表挂载点的类型,/mnt 中的文件属于这个类型。

(4) boot_t:作为开机文件的类型,/boot 中的文件属于这个类型。

(5) bin_t:作为二进制执行文件类型,/bin 中的多数文件属于这个类型。

(6) sbin_t:作为系统管理类型的文件,/sbin 中的文件属于这个类型。

(7) device_t:代表设备文件,/dev 下的文件属于这个类型。

(8) lib_t:链接库类型。

（9）tty_device_t：代表终端或控制台设置。

（10）su_exec_t：具备 SU 功能的执行文件。

（11）java_exec_t：Java 相关的执行文件。

（12）public_content_t：公共内容类型的文件。

（13）shadow_t：代表存储密码文件的类型。

（14）httpd_t：代表 HTTP 文件的类型。

注意：targeted 安全策略只对 TYPE 字段有效。

4. LEVEL

上下文的级别，此字段与 MLS、MCS 有关。

5. CATEGORY

上下文的分类，在 SELinux 中有明确的定义。

10.3.4 SELinux 的配置文件

SELinux 的配置文件存放在/etc/selinux 文件夹下，主要有 4 个文件 conf、restorecond . conf、restorecond_user. conf、semanage. conf 和一个目录 targeted。其中比较重要的是 conf 文件和 targeted 目录，conf 文件是 SELinux 的主配置文件，targeted 目录比较重要的是 SELinux 的安全上下文、模块及策略配置目录。下面主要对 conf 文件和 targeted 目录的部分主要内容进行说明。

1. conf 文件

conf 文件主要用于配置 SELinux 的工作模式。SELinux 的工作模式有 3 种，分别为 enforcing、permissive、disabled，其中 enforcing 为系统的默认工作模式。

（1）enforcing：强制模式，此时系统处于 SELinux 的保护之下。

（2）permissive：宽容模式，代表 SELinux 处于运作状态，不过仅会有警告信息并不会实际限制 domain/type 的存取，这种模式通常用来调试系统。

（3）disabled：禁用 SELinux，此时 SELinux 处于停止状态。

conf 文件的内容如下：

```
[root@localhost ~]# cat /etc/selinux/config
# This file controls the state of SELinux on the system.
# SELINUX = can take one of these three values:
#     enforcing - SELinux security policy is enforced.
#     permissive - SELinux prints warnings instead of enforcing.
#     disabled - No SELinux policy is loaded.
SELINUX = enforcing
# SELINUXTYPE = can take one of these two values:
#     targeted - Targeted processes are protected,
#     mls - Multi Level Security protection.
SELINUXTYPE = targeted
```

文件中 SELINUXTYPE＝targeted 的含义是定义 SELinux 使用哪个策略模块保护系统。如果希望改变 SELinux 的工作模式，可直接修改这个文件，在 SELINUX＝的后面加上需要的模式类型。注意此文件修改后，重新启动系统后，所做设置才会生效。

2. /etc/selinux/targeted/contexts/default_context

/etc/selinux/targeted/contexts/default_context 用于保存 SELinux 中默认的上下文，文件内容如下：

```
[root@localhost ~]# cat /etc/selinux/targeted/contexts/default_contexts
system_r:crond_t:s0          system_r:system_cronjob_t:s0
system_r:local_login_t:s0    user_r:user_t:s0
system_r:remote_login_t:s0    user_r:user_t:s0
system_r:sshd_t:s0            user_r:user_t:s0
system_r:sulogin_t:s0         sysadm_r:sysadm_t:s0
system_r:xdm_t:s0            user_r:user_t:s0
```

3. /etc/selinux/targeted/contexts/default_type

/etc/selinux/targeted/contexts/default_type 用于保存 SELinux 中默认的上下文类型，文件内容如下：

```
[root@localhost ~]# cat /etc/selinux/targeted/contexts/default_type
auditadm_r:auditadm_t
secadm_r:secadm_t
sysadm_r:sysadm_t
guest_r:guest_t
xguest_r:xguest_t
staff_r:staff_t
unconfined_r:unconfined_t
user_r:user_t
```

10.3.5 管理 SELinux

1. 设置 SELinux 模式

设置 SELinux 的模式可以直接修改/etc/selinux/conf 文件，也可以使用工具 setenforce。该工具用于修改运行时的 SELinux 模式，修改后立即生效，其语法规划如下：

```
setenforce [enforcing|permissive|1|0]
```

若需要将 SELinux 的模式设置为 enforce 模式，则操作方法如下：

```
[root@localhost ~]# setenforce enforcing
```

或：

```
[root@localhost ~]# sentenforce 1
```

2. 关闭 SELinux

关闭 SELinux 只能通过修改 SELinux 的配置文件实现，操作方法如下：

```
[root@localhost ~]# vim /etc/selinux/conf
SELINUX = disabled
```

存盘退出。注意此操作需要重新启动系统后才能生效。

3. 查看当前 SELinux 的运行模式

查看 SELinux 的运行模式可以使用 getenforce 命令。例如查看当前 SELinux 的运行模式,操作方法如下:

```
[root@localhost ~]♯getenforce
```

4. 查看 SELinux 的运行状态

使用 sestatus 命令,操作方法如下:

```
[root@localhost ~]♯sestatus
SELinux  Status:          enabled
SELinuxfs  mount:         /selinux
Current mode:            enforcing
Mode from config file:   enforcing
Policy version:            24
Policy from config file  targeted
```

5. 查看文件的上下文信息

使用 ls 命令,在命令的后面加参数-Z 即可。例如查看/etc/hosts 文件的上下文信息,操作方法如下:

```
[root@localhost ~]♯ls -Z /etc/hosts
-rw-r--r--. root root system_u:object_r:net_conf_t:s0  /etc/hosts
```

上述结果中的 system_u 为用户,object_r 为角色,net_conf_t 为类型,s0 为上下文级别。SELinux 的目标策略只与类型有关。

6. 查看账户的上下文信息

使用命令 id-Z,即:

```
[root@localhost ~]♯id -Z
unconfined_u:unconfined_r:unconfined_t:s0:c0.c1023
```

上述结果中的 unconfined_u 为用户,unconfined_r 为角色,unconfined_t 为类型,s0 为上下文级别,c0.c1023 为上下文分类。

7. 查看进程的上下文信息

例如,查看 bash 进程的上下文信息,操作方法如下:

```
[root@localhost ~]♯ps -Z | grep bash
unconfined_u:unconfined_r:unconfined_t:s0-s0:c0.c1023 2714 pts/0 00:00:00 bash
```

这个上下文中的信息与前面的描述相同,此处不再说明。

8. 修改对象的安全上下文

修改对象的安全上下文可以使用 chcon 命令,命令格式:

```
chcon [OPTIONS … ] CONTEXT FILES
```

或：

```
chcon [OPTIONS … ] - reference = PEF_FILES FILES
```

说明：

（1）CONTEXT：要设置的安全上下文。

（2）FILES：对象（文件）。

（3）--reference：参照的对象。

（4）PEF_FILES：参照文件上下文。

（5）FILES：应用参照文件上下文为该对象的上下文。

（6）OPTIONS 如下。

① -f：强制执行。

② -R：递归地修改对象的安全上下文。

③ -r ROLE：修改安全上下文角色的配置。

④ -t TYPE：修改安全上下文类型的配置。

⑤ -u USER：修改安全上下文用户的配置。

⑥ -v：显示冗长的信息。

例 10-11 设有一个文件夹/data，将其 TYPE 字段设置为 root_t 类型。

```
[root@localhost ~]# ls - Zd /data
drwxr - xr - x. root root unconfined_u:object_r:default_t:s0 /data
[root@localhost ~]# chcon - t root_t /data
[root@localhost ~]# ls - Zd /data
drwxr - xr - x. root root unconfined_u:object_r:root_t:s0  /data
```

例 10-12 将/etc/hosts 的安全上下文应用于/root/lx.txt。

```
[root@localhost ~]# touch lx.txt
[root@localhost ~]# ls - Zd lx.txt
- rw - r -- r --. root root unconfined_u:object_r:admin_home_t:s0 lx.txt
[root@localhost ~]# ls - Zd /etc/hosts
- rw - r -- r --. root root system_u:object_r:net_conf_t:s0  /etc/hosts
[root@localhost ~]# chcon lx.txt -- reference = /etc/hosts
[root@localhost ~]# ls - Zd lx.txt
- rw - r -- r --. root root system_u:object_r:net_conf_t:s0  lx.txt
```

9. 系统中的布尔值

在 SELinux 中预设了很多布尔值，通过这些布尔值可以自定义 SELinux 中的策略。

1）查看布尔值

使用 getsebool 命令可以查看 SELinux 系统中定义的布尔值。

例 10-13 查看 SELinux 中定义的全部布尔值，使用参数-a，操作如下：

```
[root@localhost ~]# getsebool - a
abrt_anon_write --> off
allow_console_login --> on
allow_cvs_read_shadow --> off
allow_daemons_dump_core --> on
allow_daemons_use_tcp_wrapper --> off
allow_daemons_use_tty --> on
allow_domain_fd_use --> on
allow_execheap --> off
allow_execmem --> on
allow_execmod --> on
allow_execstack --> on
allow_ftpd_anon_write --> off
allow_ftpd_full_access --> off
allow_ftpd_use_cifs --> off
allow_ftpd_use_nfs --> off
...
xguest_connect_network --> on
xguest_mount_media --> on
xguest_use_bluetooth --> on
xserver_object_manager --> off
```

例 10-14　查看指定布尔参数的值,以 user_tcp_server 为例,操作如下:

```
[root@localhost ~]# getsebool user_tcp_server
user_tcp_server --> off
```

2) 修改 SELinux 中的布尔值

使用 setsebool 命令可以设置 SELinux 系统中的布尔值,其命令格式为:

```
setsebool [ - P] boolvalue|bool1 = value1 bool2 = value2……
```

常见的布尔值为 on 或 off,也可以用 1 或 0 表示。参数-P 的作用是将修改的布尔值写入硬盘文件,即所做修改永久生效。若不使用参数-P 则所做修改只对当前的环境有效,当系统重新启动后,所做修改失效。

例 10-15　将 xguest_use_bluetooth 的值修改为 off。

```
[root@localhost ~]# setsebool - P xguest_use_bluetooth  0
[root@localhost ~]# getsebool xguest_use_bluetooth
xguest_use_bluetooth --> off
```

10.3.6　任务 10-1:SELinux 应用

1. SELinux 中 FTP 的设置

例 10-16　允许匿名账户访问 FTP 服务器。

```
[root@localhost ~]# chcon - R - t public_content_t /var/ftp
```

例 10-17 允许匿名用户上传文件。

```
[root@localhost ~]# chcon - t public_content_rw_t /var/ftp/incoming
[root@localhost ~]# setsebool - P allow_ftpd_anon_write = on
```

例 10-18 允许 FTP 用户访问自己的家目录。

```
[root@localhost ~]# setsebool - P ftp_home_dir on
```

例 10-19 允许所有用户上传或下载文件。

```
[root@localhost ~]# setsebool - P allow_ftpd_full_access on
```

例 10-20 允许使用 CIFS 格式进行 FTP 文件传输。

```
[root@localhost ~]# setsebool - P allow_ftpd_use_cifs on
```

例 10-21 允许使用 NFS 格式进行 FTP 文件传输。

```
[root@localhost ~]# setsebool - P allow_ftpd_use_nfs on
```

2. SELinux 中 DNS 的设置
例 10-22 允许 named 进程更新 master 区域。

```
[root@localhost ~]# setsebool - P named_write_master_zones 1
```

3. SELinux 中 NFS 的设置
例 10-23 允许 NFS 以只读方式输出所有共享资源。

```
[root@localhost ~]# setsebool - P nfs_export_all_ro 1
```

例 10-24 允许 NFS 以读写方式输出所有共享资源。

```
[root@localhost ~]# setsebool - P nfs_export_all_rw 1
[root@localhost ~]# chcon - t public_content_t /exportdir    #共享目录
```

例 10-25 允许在本地使用远程 NFS 服务器上的家目录。

```
[root@localhost ~]# setsebool - P use_nfs_home_dirs 1
```

4. SELinux 中 Samba 的设置
例 10-26 允许文件共享。

```
[root@localhost ~]# chcon - t samba_share_t /var/sharedir    #共享目录
```

例 10-27 允许匿名向 Samba 服务器上写入数据。

```
[root@localhost ~]# setsebool - P allow_smbd_anon_write = 1
```

例 10-28　允许在 Samba 中共享用户的家目录。

```
[root@localhost ~]# setsebool - P use_samba_home_dirs 1
```

5. SELinux 中 httpd 的设置

例 10-29　允许匿名用户在 HTTP 服务器上写入数据。

```
[root@localhost ~]# setsebool - P allow_httpd_anon_write  1
```

或：

```
[root@localhost ~]# setsebool - P allow_httpd_sys_script_anon_write  1
```

例 10-30　允许在 HTTP 服务器上执行 CGI 脚本。

```
[root@localhost ~]# setsebool - P httpd_enable_cgi 1
```

例 10-31　允许 httpd 进程访问用户家目录。

```
[root@localhost ~]# setsebool - P httpd_enable_homedirs 1
[root@localhost ~]# chcon - R - t httpd_sys_content_t /home/username/public_html
```

例 10-32　允许 httpd 进程访问终端。

```
[root@localhost ~]# setsebool - P httpd_tty_comm 1
```

例 10-33　不允许设置统一的安全上下文。

```
[root@localhost ~]# setsebool - P httpd_unified 0
```

例 10-34　允许 HTTP 模块发送邮件。

```
[root@localhost ~]# setsebool - P httpd_can_sendmail 1
```

例 10-35　禁止 HTTP 创建脚本。

```
[root@localhost ~]# setsebool - P httpd_builtin_scripting 0
```

例 10-36　允许 HTTP 访问网络连接。

```
[root@localhost ~]# setsebool - P httpd_can_network_connect 1
```

6. SELinux 中 NIS 的设置

例 10-37　允许系统工作在 NIS 环境。

```
[root@localhost ~]# setsebool – P allow_ypbind 1
```

7. SELinux 中 Kerberos 的设置
例 10-38　允许系统工作在 Kerberos 环境。

```
[root@localhost ~]# setsebool – P allow_kerberos 1
```

8. SELinux 中 rsync 的设置
例 10-39　允许共享文件。

```
[root@localhost ~]# chcon – t public_content_t /var/rsync
```

例 10-40　允许匿名用户向域中写数据。

```
[root@localhost ~]# setsebool – P allow_rsync_anon_write 1
```

10.4　Linux 下的防火墙

所谓防火墙,指的是一个由软件和硬件设备组合而成、在内部网和外部网之间及专用网与公共网之间的界面上构造的保护屏障,在 Internet 与 Intranet 之间建立起一个安全网关(Security Gateway),从而保护内部网络免受非法用户的侵入。防火墙主要由服务访问规则、认证工具、包过滤和应用网关 4 个部分组成。

10.4.1　防火墙的任务

防火墙在实施安全的过程中是非常重要的。一个防火墙策略要符合 4 个目标,而每个目标通常都不是一个单独的设备或软件来实现的。大多数情况下防火墙的组件放在一起使用以满足内部网络安全的需求。防火墙要能满足以下 4 个目标:

1. 实现一个内部网络的安全策略
防火墙的主要意图是强制执行内部网络的安全策略,例如内部网络的安全策略需要对 mail 服务器的 SMTP 流量做限制,那么就要在防火墙上强制这些策略。

2. 创建一个阻塞点
防火墙在一个公司的私有网络和分网间建立一个检查点,要求所有的流量都要经过这个检查点。一旦检查点被建立,防火墙就可以监视、过滤和检查所有进出的流量。网络安全中称这个检查点为阻塞点。通过强制所有进出的流量都通过这些检查点,管理员可以集中在较少的地方来实现安全目的。

3. 记录 Internet 活动
防火墙还能强制记录日志,并且提供警报功能。通过在防火墙上实现日志服务,管理员可以监视所有从外部网访问内部网的数据包。良好的日志功能是网络管理的有效工具之一。

319

第 10 章

网络安全管理

4. 限制网络暴露

防火墙在内部网络周围创建了一个保护边界,并且对公网隐藏了内部网络系统的信息,增加了保密性。当远程节点侦测内部网络时,他们仅仅能看到防火墙,远程设备将不会知道内部网络的情况。防火墙提高了认证功能和对网络加密,限制网络信息的暴露。通过对进入数据的检查和控制,限制从外部发动的攻击。

10.4.2 防火墙的分类

按防火墙对数据包的获取方式进行分类,主要可以分为代理(Proxy)型防火墙和包过滤(Packet Filter)型防火墙两大类。

1. 代理(Proxy)型防火墙

代理型防火墙可以过滤连接到代理的某一类型协议(例如 HTTP)的所有请求信息,然后代表内部计算机去请求外部网络的服务,这相当于代理服务器。在外部网络看来,所有的请求都是由代理服务器发出的,这样就很好地隐藏了内部网络。代理型防火墙的工作流程如图 10-1 所示。

图 10-1　代理型防火墙的工作流程

从图 10-1 中可以看出,位于内部网络中的计算机访问外部网络时,其发送的数据包首先要经过安装防火墙的代理服务器,当确认数据的安全有效性后,代理服务器再将客户端发出的数据包转发到外部网络。外部网络中的服务器根据代理发来的请求做出应答,并将应答发送给代理服务器,代理服务器检查数据包的合法性后,根据内部标识再将数据包转发给内部网络的客户端,从而完成一次数据交互。

代理型防火墙的优点如下:

(1) 管理员可以很容易地控制应用程序和协议对外部网络的访问。

(2) 一些代理服务器可以在本地缓存中保存内部网络经常要访问的内容,这样就不用每次都去外部网站请求相应的内容,可以节省网络带宽,提高响应速度。

(3) 代理服务器可以严密地监控和记录网络活动,允许对网络的使用施加更严格的控制措施。

代理型防火墙也有一些缺点,具体表现在以下两个方面:

(1) 代理经常是和某一类服务相关的,例如 HTTP、Telnet 等,很多代理服务器只能提供 TCP 协议的代理服务。

(2) 由于代理是代表内部的用户去请求外部网络服务,而不是在内部和外部服务器之间建立直接的连接,所以代理服务器很容易成为网络连接的瓶颈。

2. 包过滤(Packet Filter)型防火墙

包过滤型防火墙可以读取每一个经过的数据包并处理数据包的包头信息,可以根据管理员设置的访问策略来过滤数据包。Linux 核心内置的 Netfilter 子系统提供了包过滤功能。

包过滤型防火墙的优点如下:

（1）可以通过工具 Iptalbes 制定规则。

（2）客户方不需要任何设置，数据包的过滤行为是在网络层进行，而不在应用层进行。

（3）因为数据包不是通过代理进行传递的，而是直接在客户端和服务器之间建立连接，所以速度很快。

包过滤型防火墙的缺点如下：

（1）无法像代理那样对数据包的内容进行过滤。

（2）在网络层进行过滤，无法处理应用层数据包。

（3）复杂的网络结构若在网络中采用了 IP 伪装技术、本地子网划分和 DMZ 等技术，会增加定制包过滤规则的难度。

10.4.3 Iptables 的工作原理和基础结构

1. Iptables 的工作原理

Iptables 用于控制系统里输入/输出的数据，功能比 TCP_wrappers 要强大。Iptables 分为两部分，一部分称为核心空间，另一部分称为用户空间。在核心空间，Iptables 从底层实现了数据包过滤的各种功能，例如 NAT、状态检测以及高级的数据包策略匹配等；在用户空间，Iptables 为用户提供了控制核心空间工作状态的命令集。不管数据包的地址在何处，当一个包进来的时候，也就是从以太网卡进入防火墙，Netfilter 会对包进行处理，当包匹配了某个表的一条规则时，会触发一个目标（target）或动作（action）来对数据包进行具体的处理。如果被匹配的规则的动作是 ACCPET，则余下的规则不再进行匹配而直接将数据包导向目的地；如果该规则的动作是 DROP，则该数据包被阻止，并且不向源主机发送任何回应信息；如果该规则的动作是 QUEUE，则该数据包被传递到用户空间；如果该规则的动作是 REJECT，则该数据包被丢弃，并且向源主机发送一个错误信息。每条链都有一个默认的策略，可以是 ACCEPT、DROP、REJECT 或者 QUEUE。

2. 基础结构

Linux 内核利用 Iptables 工具来过滤数据包，用来决定接收哪些数据包、允许哪些数据包通过同时阻止其他数据包。Iptables 中有 3 种类型的表，分别是 filter、nat 和 mangle，每个表里包含若干个链（chains），每条链里包含若干条规则（rules）。Linux 系统收到的或者送出的数据包至少要经过一个表。一个数据包也可能经过每个表里的多个规则，这些规则的结构和目标可以很不相同，但都可以对进入或者送出本机的数据包的特定 IP 地址或 IP 地址集合进行控制。注意，Iptables 不依赖于 DNS 进行工作，所以在 Iptables 规则中不能出现域名，只能是 IP 地址。Iptables 处理数据包的流程如图 10-2 所示。

1）filter 表用来过滤和处理数据包

该表是默认的。该表内置了 3 条链。

（1）INPUT：应用于目标地址是本机的那些数据包。

（2）OUTPUT：从本机发送出去的封包的处理，通常放行所有封包。

（3）FORWARD：源 IP 地址和目的 IP 地址都不是本机的，要穿过防火墙的封包，进行转发处理。

2）Nat 表用于地址转换

可以做目的地址转换 DNAT 和源地址转换 SNAT，可做一对一、一对多、多对一转换。

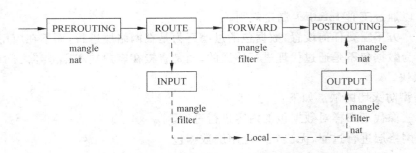

图 10-2　Iptables 处理数据包的流程

该表有 PREROUTING、POSTROUTING 和 OUTPUT 这 3 条规则链。

（1）PREROUTING：进行目的 IP 地址的转换，对应 DNAT 操作。

（2）OUTPUT：对应本地产生的数据包。

（3）POSTROUTING：进行源 IP 地址的转换，对应 SNAT 操作。

3）Mangle 用于对数据包的一些传输特性进行修改

在 mangle 表中允许的操作是 TOS、TTL、MARKT 等。TOS 操作用来设置或改变数据包的服务类型域，常用来设置网络上的数据包如何被路由等策略；TTL 操作用来改变数据包的生存时间域，单独的计算机是否使用不同的 TTL，以此作为判断连接是否被共享的标志；MARK 用来给包设置特殊的标记、决定不同的路由。用这些标记可以做带宽限制和基于请求的分类。Mangle 表在实际中使用较少，该表内置了 5 条链。

（1）INPUT：修改传输到本机的数据包。

（2）OUTPUT：对于本机产生的数据包，在传出之前进行修改。

（3）FORWARD：修改经本机传输的网络数据包。

（4）PREROUTING：在路由选择之前修改网络数据包。

（5）POSTROUTING：在路由选择之后修改数据包。

10.4.4　Iptables 的状态机制

状态机制是 Iptables 中较为特殊的一部分，这也是 Iptables 和比较老的 Ipchains 的一个比较大的区别之一。运行状态机制（连接跟踪）的防火墙称为带有状态机制的防火墙，比非状态防火墙要安全。在 Iptables 上一共有 4 种连接状态和两种虚拟状态，连接状态分别被称为 NEW、ESTABLISHED、RELATED、INVALID，虚拟状态为 SNAT 和 DNAT。这 6 种状态对于 TCP、UDP、ICMP 这 3 种协议均有效。

（1）NEW：说明这个包是第一个包，也就是说 conntrack 模块看到的某个连接的第一个包，它即将被匹配。

（2）ESTABLISHED：必须是两个方向上的数据传输，而且匹配这个连接的包。处于 ESTABLISHED 状态的连接是非常容易理解的，只要发送并接到应答包，连接状态就是 ESTABLISHED。一个连接要从 NEW 变为 ESTABLISHED，只需要接到应答包即可，不管这个包是发往防火墙，还是要由防火墙转发。例如 ICMP 的错误和重定向等信息包是作为用户所发出信息的应答，那么此状态就被识为 ESTABLISHED。

（3）RELATED：当一个连接和某个已处于 ESTABLISHED 状态的连接有关系时，就被认为是 RELATED。换句话说,一个连接要想是 RELATED,首先要有一个 ESTABLISHED 的连接,这个 ESTABLISHED 连接再产生一个主连接之外的连接,这个新的连接就是 RELATED,当然前提是 conntrack 模块要能理解 RELATED。以 FTP 为例,FTP-data 连接就是和 FTP-control 有关联的,如果没有在 Iptables 的策略中配置 RELATED 状态,FTP-data 的连接就无法正确建立。注意,大部分协议都依赖这个机制,这些协议非常复杂,它们把连接信息放在数据包里,并且要求这些信息能被正确理解。

（4）INVALID:说明数据包不能被识别属于哪个连接或没有任何状态。产生这种情况有几个原因,例如内存溢出,收到不知属于哪个连接的 ICMP 错误信息。一般情况下,INVALID 状态的所有数据都会被 DROP 掉,因为防火墙认为这种状态的信息是不安全。

（5）SNAT:虚拟状态,用来做源网络地址转换。

（6）DNAT:虚拟状态,用来做目的网络地址转换。

10.4.5 Iptables 的语法规则

1. Iptables 的语法

Iptables 的语法为:

```
iptables [ - t table] command [match] [target/jump]
```

其中:

（1）[table]:指定表名。有 3 种表,分别为 mangle、filter 和 nat。一般不用指定表名,默认是 filter 表。如果使用其他表,例如 mangle 表或 nat 表,则一定要注明。mangle 表几乎用不到,所以此处用到最多的就是 filter 表和 nat 表。

（2）[match]:指定包的来源 IP 地址、网络接口、端口和协议类型等。

（3）[target/jump]:当数据包符合匹配备件时要执行的操作。例如 ACCEPT 接受、DROP 丢弃或 Jump 跳至表内的其他链。

（4）command:用于指定 Iptables 对所提交的规则要做什么样的操作。以下是 Iptables 中常用的 command。

① 命令-A 或--append:用于在指定链的末尾添加一条新规则。

例 10-41 在 INPUT 链末尾添加一条新规则。

```
[root@localhost ~]# iptables - A INPUT ……
```

② 命令-D 或--delete:用于删除规则。有两种方法:一种是以编号来表示被删除的规则,另一种是以整条的规则来匹配策略。

例 10-42 删除链中编号为 8 的规则。

```
[root@localhost ~]# iptables - D INPUT 8
```

例 10-43 删除与指定规则相匹配的规则。

```
[root@localhost ~]# iptables - D FORWARD - p tcp - s 172.17.1.100 - j ACCEPT
```

③ 命令-R 或--replace：用于替换相应位置的策略。注意，如果源或目的地址是以名字而不是以 IP 地址表示，且解析出的 IP 地址多于一个，此时该命令失效。

例 10-44 将编号为 3 的规则替换为：

```
- p tcp - s 172.17.1.100 - j ACCEPT
```

即：

```
[root@localhost ~]# iptables - R FORWARD 3 - p tcp - s 172.17.1.100 - j ACCEPT
```

④ 命令-I 或--insert：用于在指定位置插入策略。

例 10-45 在编号为 2 的规则处插入：

```
- p tcp - s 172.17.1.100 - j ACCEPT
```

即：

```
[root@localhost ~]# iptables - I FORWARD 2 - p tcp - s 172.17.1.100 - j ACCEPT
```

⑤ 命令-L 或--list：用于显示当前系统中正在运行的策略。

例 10-46 列出 filter 表中的规则。

```
[root@localhost ~]# iptables - L
```

例 10-47 列出 nat 表中的规则。

```
[root@localhost ~]# iptables - t nat - L
```

⑥ 命令-F 或--flush：用于清除所选链的配置规则。注意此参数只是将内存中的规则清除，在没有保存前并不影响硬盘上的配置文件，换而言之，执行-F 操作后重新启动机器，系统中有可能仍然是有规则（具体要看配置文件的内容）。

例 10-48 清除 filter 表中的规则。

```
[root@localhost ~]# iptables - F
```

例 10-49 清除 nat 表中的规则。

```
[root@localhost ~]# iptables - t nat - F
```

⑦ 命令-X 或--delete-chain：用于删除指定的用户自定义的链。注意删除该链前，要求该链必须为空，否则删除链操作失败。

例 10-50 删除用户自定义的链。

```
[root@localhost ~]# iptables - X  mychain          #用户自定义链的名称
```

2. Iptables 的匹配策略

在 Iptables 的策略中,如何匹配一个数据包是非常关键的,这些匹配中有的参数可以应用于所有情况下,有的只能应用于 TCP 协议下,有的只能应用于 UDP 协议下,有的只能应用于 ICMP 协议下,除此之外还有一些特殊参数用于特定情况的设置。常见的 match 参数主要有以下几个。

(1) -p 或--protocol:用于指定规则所使用的协议。此处可用的协议有 TCP、UDP、UDP_Lite、ICMP、ESP 等,也可以用 all 代表所有协议。在-P 前面可以使用取反符号"!"来标识除了列出的协议外的所有协议。

(2) -s 或--source:用于指定规则中的源地址,源地址的形式可以是网络名称、主机名称、网络地址或主机的 IP 地址。建议默认模式(single rules)下使用网络地址或主机的 IP 地址。网络地址可以写成 172.17.1.0/24 或 172.17.1.0/255.255.255.0;主机 IP 地址可以写成 172.17.1.1,主机地址的后面不需要加掩码,若加上掩码,系统会将此地址理解为该 IP 地址所在的网络地址;域名或主机名可应用于 multiple rules 模式下,需要 DNS 解析,在 DNS 中常常会出现一个域名对应多个 IP 地址的情况,域名或主机名在 single rules 模式下会引起混乱,不建议使用。在-s 的前面可以使用取反符号"!"来标识除了列出的源地址外的所有源地址。

(3) -d 或--destination:匹配数据包的目的地址,表示方法与源地址的表示方法一致,可以使用取反符号"!"来标识除了列出的目的地址以外的所有地址。

(4) -j 或--jump:用于跳到指定的目标,如果-j 参数被忽略,那么匹配的过程不会对包产生影响,但是规则的计数器会增加。注意如果规则不匹配,-j 操作将不会被执行。

(5) -g 或--goto:用于跳到指定的链。

(6) -i 或--in-interface:用于指定接收数据包所使用的接口,注意这个匹配只适用于 INPUT、FORWARD、PREROUTING 链,而用在其他任何地方都会出错。可以使用接口的名称来标识数据包的入口(例如 eth0);也可以使用通配符(例如 eth+)表示匹配从所有以太网接口进入的数据包;可以使用取反符号"!"来标识除了列出接口以外的所有接口。

(7) -o 或--out-interface:用于指定发送数据包所使用的接口,使用方法与-i 相同。

(8) -f 或--fragment:在碎片管理中,规则只询问第二及以后的碎片。由于无法判断这种包的源端口或目标端口(或者是 ICMP 类型),这类包将不能匹配任何指定对他们进行匹配的规则。如果"!"说明用在了"-f"标志之前,表示相反的意思。

(9) -c 或--set-counters:此参数允许管理员在执行如 INSERT、APPEND、REPLACE 操作对规则进行初始化。

3. Iptables 的其他选项

(1) -v - verbose:用于输出详细信息,例如接口地址、规则选项(如果有)和 TOS (Type of Service)掩码等。

(2) -n --numeric:用于数字形式输出。IP 地址和端口会以数字的形式打印,默认情况下,程序只显示主机名、网络名或者服务名称。

(3) -x - exact:精确数字形式,显示包和字节计数器的精确值,代替用 K、M、G 表示的约数。

(4) --line-numbers:显示规则时,在每个规则的前面加上与链中位置相对应的行号。

4. TCP 匹配扩展

可以使用--protocol tcp 指定,有以下选项。

(1) --source-port [!] [port[:port]]:指定源端口或端口范围,可以是服务名或端口号。端口范围的格式为"第一个端口:最后一个端口"。如果首端口号被忽略,默认值为 0;如果最后的端口号被忽略,默认值是 65535;如果第二个端口号大于第一个,那么它们会被交换。

(2) --destionation-port [!] [port:[port]]:指定目标端口或端口范围,这个选项可以使用 --dport 别名来代替。

(3) --tcp-flags [!] mask comp:指定匹配的 TCP 标记,第一个参数是要检查的标记,标记间有逗号隔开,第二个参数是用逗号分开的标记表,标记及标记表是必须设置的。标记如下:

```
SYN ACK FIN RST URG PSH ALL NONE
```

例如:

```
iptables - A FORWARD - p tcp -- tcp - flags SYN, ACK, FIN, RST SYN
```

表示只匹配那些 SYN 标记被设置为 ACK、FIN 和 RST 的包。

(4) [!] --syn:只匹配那些设置了 SYN 位而清除了 ACK 和 FIN 位的 TCP 包。这些包用于 TCP 连接初始化时发出请求;例如,大量的这种包进入一个接口发生堵塞时会阻止进入的 TCP 连接,而出去的 TCP 连接不会受到影响。这等于:

```
-- tcp - flags SYN, RST, ACK,FIN SYN
```

如果"--syn"前面有"!"标记,表示相反的意思。

(5) --tcp-option [!] number:对设置了 TCP 选项的进行匹配。

5. UDP 匹配扩展

(1) --source-port [!] [port:[port]]:指定源端口或端口范围,含义与 TCP 扩展的 --source-port 选项说明相同。

(2) --destination-port [!] [port:[port]]:指定目标端口或端口范围,含义与 TCP 扩展的--destination-port 选项说明相同。

6. ICMP 匹配扩展

```
-- icmp - type [!] typename
```

这个选项用于指定 ICMP 类型,可以是一个数值型的 ICMP 类型,也可以是命令

```
iptables - p icmp - h
```

所显示的 ICMP 类型名。

7. mac 匹配扩展

```
－－mac－source［！］address
```

匹配的物理地址必须是××:××:××:××:××这样的格式。注意它只对来自以太网设备并进入 PREROUTING、FORWARD 和 INPUT 链的包有效。

8. limit 匹配扩展

用于限制速率,它和 LOG 目标结合使用可以限制登录数。

(1)--limit rate:最大平均匹配速率,单位可以是/second、/minute、/hour 或/day,默认是 3/hour。

(2)--limit-burst number:待匹配包初始个数的最大值,每来一个包数值加 1,直到前面指定的极限值,默认值为 5。

9. multiport 匹配扩展

这个模块匹配一组源端口或目标端口,最多可以指定 15 个端口,只能和-p tcp 或者-p udp 连着使用。

(1)--source-port［port［,port］］:如果源端口是其中一个给定的端口则匹配。

(2)--destination-port［port［,port］］:如果目标端口是其中一个给定的端口则匹配。

(3)--port［port［,port］］:若源端口和目的端口相等并与某个给定端口相等,则匹配。

10. owner

匹配包创建者不同的特征,只能用于 OUTPUT 链或 POSTROUTING 链,对于没有所有者的包(例如 ICMP ping 应答)永远不会被匹配。

(1)--uid-owner userid:如果给出有效的 user ID,那么匹配该进程产生的包。

(2)--gid-owner groupid:如果给出有效的 group ID,那么匹配该进程产生的包。

(3)--sid-owner seessionid:根据给出的会话组匹配该进程产生的包。

11. SNAT 匹配扩展

只适用于 nat 表的 POSTROUTING 链,它将会修改包的源地址(此连接以后所有的包都会被影响),停止对规则的检查。包括的选项如下。

(1)--to-source < ipaddr >[- < ipaddr >][:port-port]:可以指定一个单一的新的 IP 地址或一个 IP 地址范围,也可以附加一个端口范围(只能在指定-p tcp 或者-p udp 的规则里),如果未指定端口范围,源端口中 512 以下的端口会被映射成小于 512 的端口;512 到 1023 之间的端口会被映射为小于 1024 的端口;其他端口会被映射为大于 1024 的端口。

(2)--to-destiontion < ipaddr >[- < ipaddr >][:port-port]:可以指定一个单一的新的 IP 地址或一个 IP 地址范围,也可以附加一个端口范围(只能在指定-p tcp 或者-p udp 的规则里)。如果未指定端口范围,目标端口不会被修改。

10.4.6 任务 10-2:Iptables 应用

例 10-51 启动 Iptables。

```
［root@localhost～］# service iptables start
```

例 10-52 停止 Iptables。

```
[root@localhost~]# service iptables stop
```

例 10-53 清空 Iptables 配置。

```
[root@localhost~]# iptables - F
```

例 10-54 查看 Iptables 的规则。

```
[root@localhost~]# iptables - L
```

若需要查看某个链,则将链的名字加到参数-L 的后面,例如:iptables - L INPUT。若不加链名,则显示所有链的规则。

例 10-55 保存 Iptables 的配置。

```
[root@localhost~]# service iptables  save
```

例 10-56 允许从 eth0 接口进入,从 eth1 接口流出的 TCP 数据流通过。

```
[root@localhost~]# iptables - A FORWORD - i eth0 - o eth1 - p tcp - j ACCEPT
```

例 10-57 允许 TCP 协议 21 到 30 端口的服务通过防火墙。

```
[root@localhost~]# iptables - A FORWARD - p tcp - dport 21:25 - j ACCEPT
```

例 10-58 禁止 172.17.1.0/24 网段的主机 ping 本机。

```
[root@localhost~]# iptables - I INPUT - s 172.17.1.0/24 - p icmp - j DROP
```

例 10-59 禁止向本机发送 echo 包。

```
[root@localhost~]# iptables - I INPUT - p icmp -- icmp- type ! echo- request - j ACCEPT
```

例 10-60 允许 Telnet 服务。

```
[root@localhost~]# iptables - I INPUT - p tcp -- dport telnet - j ACCEPT
[root@localhost~]# iptables - I OUTPUT - p tcp -- sport 23 - j ACCEPT
```

例 10-61 丢弃所有目标是 10.10.10.1 的数据包。

```
[root@localhost~]# iptables - A FORWARD - d 10.10.10.1  - j DROP
```

例 10-62 接收所有的数据包。

```
[root@localhost~]# iptables - I input - j ACCEPT
```

例 10-63 只允许 IP 地址为 172.17.1.100/24 的主机进行 SSH 登录。

```
[root@localhost~]# iptables - I INPUT - s 172.17.1.100   - p tcp -- dport 22 - j ACCEPT
```

例 10-64 丢弃坏的 TCP 包。

```
[root@localhost~]# iptables - A FORWARD - p TCP ! -- syn - m state -- state NEW - j DROP
```

例 10-65 限制碎片数量,每秒 100 个。

```
[root@localhost~]# iptables - A FORWARD - f - m limit -- limit 100/s -- limit - burst 100
- j ACCEPT
```

例 10-66 设置 ICMP 包过滤,允许每秒 1 个包,包数的上限是 10 个包。

```
[root@localhost~]# iptables - A FORWARD - p icmp - m limit -- limit 1/s -- limit - burst 10
- j ACCEPT
```

例 10-67 数据包状态为 RELATED 的 TCP 包允许通过防火墙。

```
[root@localhost~]# iptables - A FORWARD - p tcp - m state -- state RELATED - j ACCEPT
```

例 10-68 数据包状态为 RELATED 的 TCP、UDP 或 ICMP 包允许通过防火墙。

```
[root@localhost~]# iptables - A FORWARD - p all - m state -- state RELATED - j ACCEPT
```

例 10-69 允许收发电子邮件、上网浏览网页。

```
[root@localhost~]# # iptables - A FORWARD - i eth0 - p tcp - m multiport -- dports 25,80,
53,110 - j ACCEPT
[root@localhost~]# iptables - A FORWARD - i eth0 - p udp -- dport 53 - j ACCEPT
```

例 10-70 将内部网络的 172.17.1.0/24 网段的地址翻译成 202.99.1.100。

```
[root@localhost~]# iptables - t nat - A POSTROUTING - s 172.17.1.0 - j SNAT -- to -
source 202.99.1.100
```

--to-source 的几种使用方法如下。

(1) 单独的地址:例如 202.99.1.100。

(2) 连续的地址:用"-"分隔,例如 172.17.1.1.1-172.17.1.1.100。

(3) 设置端口:如果使用 TCP 或 UDP 协议,可以指定源端口的范围,例如 172.17.1.
1:1024-1060,这样包的源端口就被限制在 1024-1060。

注意:要实现此操作,还应将 Linux 中关于数据转发的开关打开。/etc/sysctl.conf 文件中 net.ipv4.ip_forward 的取值决定了系统是否进行数据转发,值为 1 表示转发,值为 0 表示不转发。此处需要将值设为 1,方法如下:

```
[root@localhost~]# vim /etc/sysctl.conf
net.ipv4.ip_forward = 1
```

网络安全管理

例 **10-71**　拒绝所有非法连接。

```
[root@localhost~]# iptables - A INPUT - m state -- state INVALID - j DROP
[root@localhost~]# iptables - A OUTPUT - m state -- state INVALID - j DROP
[root@localhost~]# iptables - A FORWARD - m state -- state INVALID - j DROP
```

10.4.7　任务 10-3：内部 Web 站点的安全发布

1. 任务描述

设有一个内部 Web 站点服务器，IP 地址为 192.168.1.1/24，DNS 服务器已经做好，为 Web 站点提供的域名为 www.dky.bjedu.cn 及 news.dky.bjedu.cn，www.dky.bjedu.cn 对应的文件夹为/web/www，news.dky.bjedu.cn 对应的文件夹为/web/news。具体要求如下：

（1）系统必须受到 Iptables 及 SELinux 的保护。

（2）www.dky.bjedu.cn 及 news.dky.bjedu.cn 均可以被内部网络中的用户访问。

（3）拒绝 192.168.2.0/24 网络的计算机访问这两个站点。

（4）拒绝 192.168.2.1/24 用户对 Web 服务器进行 SSH 登录。

（5）对不管来自哪里的 ICMP 包都进行限制，允许每秒通过 1 个包，该限制触发的条件是 10 个包。

（6）对不管来自哪里的 IP 碎片都进行限制，允许每秒通过 10 个 IP 碎片，该限制触发的条件是 100 个 IP 碎片。

（7）拒绝接收已损坏的 TCP 包。

2. 操作步骤

1）对于 Web 站点的操作

题目中要求发布两个站点，所以此处需要用到虚拟主机。

（1）分别为两个站点建立对应的文件夹：

```
[root@localhost~]# mkdir  - p  /www/www
[root@localhost~]# mkdir  - p  /www/news
```

（2）生成各自站点的主页：

```
[root@localhost~]# echo this is www page > /www/www
[root@localhost~]# echo this is news page > /www/news
```

（3）在 httpd.conf 中配置虚拟主机：

```
[root@localhost~]# vim /etc/httpd/conf/httpd.conf
Namevirtualhost  * :80
# -------- 虚拟主机 www.dky.bjedu.cn 的配置
< virtualhost  * :80 >
Servername  www.dky.bjedu.cn
Documentroot  /www/www
</virtualhost >
```

```
# ———————— 虚拟主机 news.dky.bjedu.cn 的配置
< virtualhost  * :80 >
Servername  news.dky.bjedu.cn
Documentroot  /www/news
</virtualhost >
```

（4）重新启动服务：

```
[root@localhost~]# service httpd restart
```

2）修改站点对应文件夹的上下文

由于 SELinux 及 Iptables 默认是开启的，第一步完成后，站点的内容并不能正常浏览，这是因为 Web 站点的发布受到了 SELinux 的限制，此处需要修改站点对应文件夹的上下文。

```
[root@localhost~]# chcon  -R  -t  httpd_sys_content_t  /www/
```

完成上述操作后，两个站点应该可以正常浏览了。

3）拒绝某个 IP 地址或网段对 Web 服务器的访问

可以使用 Iptables 实现，也可以通过 Apache 自身的功能实现，此处通过 Iptables 对 192.168.2.0/24 进行限制。

```
[root@localhost~]# iptables -I INPUT -p tcp  -s 192.168.2.0/24 -d 192.168.1.1 --
dport 80  -j DROP
```

4）拒绝某个 IP 地址或网段对 Web 站点的 SSH 登录

可以通过 Iptables 或 Tcp_wrappers 实现，此处对两种方法均做说明，在实际应用中，选择其中一种方法就可以了。

（1）通过 Iptables 实现对 IP 址 192.168.2.1/24 进行限制：

```
[root@localhost~]# iptables -I INPUT -p tcp  -s 192.168.2.1  -d 192.168.1.1 --dport
22 -j DROP
```

（2）使用 TCP_wrappers 实现对 192.168.2.1/24 的限制：

```
[root@localhost~]# vim /etc/hosts.deny
sshd:192.168.2.1
```

5）限制 ICMP 包的数量

允许每秒通过 1 个包，该限制触发的条件是 10 个包。出于安全考虑，需要对 ICMP 包数量进行控制，以防止怀有不良企图的主机不断 ping Web 服务器，从而影响 Web 服务器的性能。

```
[root@localhost~]# iptables -A FORWARD -p icmp -d 192.168.1.1 -m limit --limit 1/s -
-limit-burst 10 -j ACCEPT
```

网络安全管理

6) 限制 IP 碎片的数量

允许每秒通过 10 个 IP 碎片,该限制触发的条件是 100 个 IP 碎片,此操作仍然是出于对系统安全的考虑。

```
[root@localhost~]# iptables - A FORWARD - d 192.168.1.1 - f - m limit -- limit 10/s --
limit - burst 100 - j ACCEPT
```

7) 拒绝接收损坏的 TCP 包。

```
[root@localhost~]# iptables - A FORWARD    - d 192.168.1.1 - p tcp ! -- syn - m state --
state NEW - j DROP
```

10.4.8 任务 10-4:内部 FTP 站点的安全应用

1. 任务描述

设有一个内部 FTP 站点服务器,IP 地址为 192.168.2.1/24。具体要求如下:

(1) 除实体账户外的其他账户不可以访问该 FTP 服务器。

(2) 拒绝 IP 地址为 192.168.1.1/24 的主机登录 FTP 服务器。

2. 具体操作

1) 配置 FTP 服务器

(1) 修改配置文件,根据题目要求,需要禁止匿名用户对 FTP 服务器的访问。

```
[root@localhost~]# vim /etc/vsftpd/vsftpd.conf
anonymous_enable = NO
```

(2) 重新启动 FTP 服务:

```
[root@localhost~]# service vsftpd restart
```

2) 设置 SELinux

系统针对 FTP 系统设置了布尔值,默认值为 off,即不允许访问 FTP 服务器。要想实现 FTP 服务。需要改变系统默认的布尔值,操作如下:

```
[root@localhost~]# Setsebool - P allow_ftpd_full_access on
```

3) 拒绝某 IP 地址登录 FTP 服务器

可以通过 TCP_wrappers 实现,也可以通过 Iptables 实现,在此对两种方法均做说明,在实际应用中,只使用其中一种就可以了。

(1) 通过 Iptables 实现对 192.168.1.1/24 的限制:

```
[root@localhost~]# iptables - I INPUT - p tcp   - s 192.168.1.1   - d 192.168.2.1 -- dport
20:21 - j DROP
```

（2）通过 TCP_wrappers 实现对 192.168.1.1/24 的限制：

```
[root@localhost~]#vim /etc/hosts.deny
vsftpd:192.168.1.1
```

10.4.9　任务 10-5：内部 Samba 服务器的安全应用

1.任务描述

设有一内部 Samba 服务器，IP 地址为 192.168.3.1/24。具体要求如下：

（1）将/sharedir 文件夹共享，共享名为 share，所有人均以只读方式访问共享资源。

（2）允许 Samba 共享用户的家目录。

2.具体操作

1）修改配置文件

根据题目要求，需要先创建用于共享的文件夹，并将该文件夹共享。

（1）创建文件夹：

```
[root@localhost~]#mkdir /sharedir
```

（2）修改配置文件：

```
[root@localhost~]#vim /etc/samba/smb.conf
      [share]
      comment = this is common dir
      path = /sharedir
      browseable = yes
      read only = yes
```

（3）重新启动服务：

```
[root@localhost~]#service smb restart
```

2）设置 SELinux

（1）修改/sharedir 的安全上下文为 samba_share_t，以实现该资源的共享：

```
[root@localhost~]#chcon  -R  -t  samba_share_t  /sharedir
```

（2）修改与 Samba 有关的布尔值，以实现用户家目录的共享：

```
[root@localhost~]#setsebool  -P  samba_enable_home_dirs  on
```

10.5　小　　结

本章介绍了 Linux 中自带的安全系统 TCP_wrappers、SELinux 和 Iptables 这 3 个系统都可以对 Linux 系统的安全产生影响。TCP_wrappers 的实现主要依靠/etc/hosts.allow

和/etc/hosts.deny 两个文件完成对系统安全方面的控制,通过 TCP_wrappers 可以控制系统中绝大多数服务,实现起来也比较容易,只需要在 hosts.allow 或 hosts.deny 文件中加入指定的服务、IP 地址等信息就可以实现对服务的允许或拒绝;Selinux 与系统的结合更紧密些,所有文件或文件夹都被预设好了安全上下文,服务都被设置了默认的布尔值,权限被限制到最低,可以通过 chcon 命令修改 SELinux 的安全上下文,使用 setsebool 设置系统默认的布尔值(建议安全上下文及系统布尔值的设置以够用为准,不要为图方便而将权限设置过大,否则 SELinux 对系统的保护作用会被大大削弱);Iptables 是 Linux 中自带的防火墙系统,应用很广泛,主要用于控制进出系统的各种数据流,实现对进出数据的过滤,例如允许或拒绝某个地址对服务器的访问等,通过 Iptables 还可以实现 IP 地址的转换,从而达到隐藏真实 IP 的目的。上述 3 个安全系统在默认情况下全是开启的,TCP_wrappers 及 SELinux 中的安全上下文和布尔值被修改(需要使用-P 参数)后立即生效,不受系统重启的影响(SELinux 的工作模式需要保存到文件中),而 Iptables 需要用 iptables save 命令存盘,否则对 Iptables 的设置在重启系统后会丢失。

10.6 习　　题

1. 选择题

(1) 网络安全是指保护系统中的_____免受偶然或恶意的破坏、篡改和泄露,保证网络系统的正常运行、网络服务不中断。

    A. 软件　　　　　B. 硬件　　　　　C. 软件和硬件　　　　D. 操作系统

(2) 网络安全的特征包括_____。

    A. 保密性及完整性　　B. 可控性　　　　C. 可用性　　　　D. 以上全是

(3) TCP_wrappers 使用_____文件完成对系统的安全控制。

    A. hosts.allow　　　　　　　　B. hosts.deny
    C. hosts.allow 及 hosts.deny　　D. hosts

(4) hosts.allow 文件位于_____文件夹下。

    A. /etc　　　　　B. /mnt　　　　　C. /var　　　　　D. /opt

(5) TCP_wrappers 实现安全控制时先检查_____文件。

    A. hosts.allow　　　　　　　　B. hosts.deny
    C. 两个文件都不检查　　　　　D. 两个文件同时检查

(6) hosts.allow 中的 ALL 代表_____。

    A. 所有用户　　　B. 所有组　　　　C. 所有地址　　　D. 所有文件

(7) SELinux 中的 DAC 含义是_____。

    A. 自主访问控制　　　　　　　B. 被动访问控制
    C. 受限访问控制　　　　　　　D. 制止访问控制

(8) SELinux 中的 MAC 含义是_____。

    A. 强制存取控制　　　　　　　B. 主动存取控制
    C. 被动存取控制　　　　　　　D. 实时存取控制

(9) SELinux 中的主体是指_____。

A. 进程　　　　　　B. 用户　　　　　　C. 组　　　　　　D. 文件

(10) SELinux 中的安全上下文由_____部分组成。

A. 用户、角色、类型标识符　　　　　　B. 用户

C. 角色　　　　　　　　　　　　　　　D. 类型标识符

(11) 查看文件的安全上下文可以使用的参数是_____。

A. -Z　　　　　B. -z　　　　　C. -a　　　　　D. -A

(12) SELinux 有 3 个安全策略,分别为_____。

A. targeted、mls、strict　　　　　　B. INPUT、OUTPUT、FORWARD

C. 用户、权限、功能　　　　　　　　　D. GUN、SNC、SYN

(13) SELinux 的主配置文件名为_____。

A. conf　　　　　B. selinux.conf　　　　　C. selinux　　　　　D. selinux_conf

(14) SELinux 有 3 种工作模式,分别为_____。

A. enforcing、permissive、disabled　　　　B. read、write、excute

C. enforcing、write、read　　　　　　　　D. suid、guid、permissive

(15) 查看 SELinux 的工作模式的命令是_____。

A. getenforce　　　　B. setenforce　　　　C. setsebool　　　　D. getsebool

(16) 修改 SELinux 中安全上下文的使用是_____。

A. chcon　　　　B. setenforce　　　　C. setsebool　　　　D. chown

(17) 在 SELinux 中修改安全上下文类型使用的参数是_____。

A. -R　　　　　B. -M　　　　　C. -t　　　　　D. -r

(18) 查看系统中布尔值的命令是_____。

A. getsebool -f　　　　　　　　　B. getsebool -a

C. getsebool -m　　　　　　　　　D. getsebool -d

(19) 在 SELinux 中_____参数的作用是将布尔值写入磁盘。

A. -P　　　　　B. -p　　　　　C. -m　　　　　D. -L

(20) 当 SELinux 的工作模式处理 disable 时,安全上下文设置是否有效?_____。

A. 无效　　　　　　　　　　　　　B. 有效

C. 不确定　　　　　　　　　　　　D. 有的设置有效有的设置无效

2. 简答题

(1) 什么是 DAC?

(2) 什么是 MAC?

(3) 简述 TCP_wrappers 的工作原理。

(4) SELinux 中的安全策略有哪些? 分别是什么含义?

附录 A 习题参考答案与提示

第 1 章

1. 选择题

(1) C　(2) C　(3) C　(4) C　(5) A　(6) A　(7) D　(8) B　(9) C

2. 简答题

(1) Windows 的优点是图形界面美观、方便、实用,操作简便,更适合个人家庭操作系统;但是 Windows 是付费软件,且进行了命令的封装,容易被病毒侵袭,作为服务器容易被攻击。

Linux 操作系统的优点是开源软件,它的功能强大,支持各种服务器的设置,具有更强的安全性;其缺点是命令的复杂性,图形界面的功能较 Windows 有欠缺,更适合作为服务器来使用。

(2) 运行级别就是操作系统当前正在运行的功能级别。在 Linux 系统中,运行级别从 0 到 6,共 7 个级别,这些级别在/etc/inittab 文件里指定。各运行级别的含义如下。

0:停机。不要把系统的默认运行级别设置为 0,否则系统不能启动。

1:单用户模式,用于 root 用户对系统进行维护,不允许其他用户使用此模式。

2:字符界面的多用户模式,在此模式下不能使用 NFS。

3:字符界面的多用户模式,在此模式下所有网络功能均可使用。

4:未分配。

5:图形界面的多用户模式,用户在此模式下可以进入图形登录界面。

6:重新启动。不要把系统的默认运行级别设置为 6,否则系统不能正常启动。

3. 操作题

操作提示:若没有真实设备,可以在虚拟机中完成系统的安装操作。配置方法如下:

1) 安装 Linux 系统

将光盘放入光驱,引导系统,根据向导进行系统的安装。在安装过程中注意分区的设置,类型为 ext4,根分区为 20GB,交换分区为 8GB,home 分区为 10GB,var 分区为 10GB;其他可以选取默认值;管理员密码长度要大于等于 6 位。

安装步骤:

(1) 将光盘放入光驱或加载镜像文件,启动机器。

(2) 检测光盘。

(3) 选择安装过程中的语言。

(4) 选择键盘。

(5) 设置分区。此步也可以不做,系统会自动进行设置。

(6) 配置网络参数。此步也可以在安装完成后再配置。

（7）选择系统使用的语言环境。

（8）选择时区。

（9）设置根密码。

（10）安装完成，重启系统。

（11）选择许可协议。

（12）设置系统时间、日期。

（13）设置分辨率。

至此，安装完成。

2）系统的首次登录

根据向导选择默认值即可，"系统注册"部分选择"暂不注册"选项。

3）设置网络参数

配置 IP 地址，可以使用命令 ifconfig，或通过图形工具进行配置，调用图形工具的命令为 system-config-network，IP 地址设置完成后一定要激活。

4）测试连通性

使用 ping 命令，测试的顺序为首先 ping 127.0.0.1；再 ping 自己的 IP；再 ping 同网段的其他主机地址。若需要访问外网，请配置网关及 DNS。

在测试过程中，若 ping 127.0.0.1 不通，说明本地网卡工作不正常；若 ping 自己 IP 不通，说明本地参数设置错误；若 ping 同网段主机不通，说明网线出现故障或有防火墙。

第 2 章

1. 选择题

（1）C　　　（2）D　　　（3）C　　　（4）B　　　（5）A　　　（6）B　　　（7）A　　　（8）A

（9）A 或 D　（10）B　　（11）A　　（12）C　　（13）C　　（14）A　　（15）A　　（16）B

（17）C　　　（18）D

2. 简答题

（1）请参阅 2.1.1 节目录结构中的相关内容。

（2）请参阅 2.1.2 节文件系统中的相关内容。

3. 操作题

操作步骤：

（1）用 vi 创建一个名为 prgx 的 crontab 文件。

（2）prgx 文件的内容如下：

```
30 16  *   *  * rm - rf /message/ *
0  10 - 16/1 * * * cut - fl /message/id >> /back/back.txt
0  16   *  * 5 tar zcvf back.tar.gz  /back
```

第 3 章

1. 选择题

（1）A　　（2）A　　（3）B　　（4）A　　（5）C　　（6）A　　（7）A　　（8）B

（9）C　　（10）A　　（11）C　　（12）A　　（13）B　　（14）C　　（15）A

2. 简答题

(1) Linux 中与用户有关的文件有/etc/passwd 文件和/etc/shadow 文件,文件中各列的含义请参阅 3.1.1 节中的相关内容。

(2) Linux 中的特殊权限有 suid、guid、stickey。

suid：含义为 set user id,作用是让普通用户拥有可以执行"只有 root 权限才能执行"的特殊权限,只对可执行文件生效。

guid：含义为 set group id,作用是让普通用户组成员可以执行"只有 root 组成员才能执行"的特殊权限,不对已有文件做继承,只对新建文件有效。

stickey bit：粘贴位,用于限制用户对共享资源的修改、删除权限。带有 stickey 属性的文件或文件夹只能被其所有者或 root 用户修改和删除,其他用户不能删除或修改。

第 4 章

1. 选择题

(1) C　　(2) A　　(3) A　　(4) B　　(5) C　　(6) A　　(7) B　　(8) A

(9) C　　(10) C　　(11) B　　(12) A　　(13) A　　(14) A　　(15) D

2. 简答题

(1) 请参阅 4.2.1 节中介绍 RAID 的相关内容。

(2) 在 Linux 中制作 ISO 镜像文件的方法有以下两种：

① 从光盘制作镜像文件。光盘的文件系统为 ISO 9660,光盘镜像文件的扩展名通常命名为.iso,其制作方法与软盘相同,使用 cp 命令来完成,其命令用法为：

```
cp /dev/cdrom 镜像文件名
```

② 使用目录文件制作镜像文件。Linux 支持将指定的目录及目录下的文件和子目录制作生成一个 ISO 镜像文件。对目录制作镜像文件,使用 mkisofs 命令来实现,其用法为：

```
mkisofs - r - o 镜像文件名　目录路径
```

3. 操作题(此题在虚拟机中完成)

操作步骤：

(1) 在虚拟机中添加指定数量的磁盘。

(2) 使用 fdisk 命令将这些磁盘分区,注意分区的类型为 fd。

(3) 将 5 块磁盘合成为 RAID5。

① 生成磁盘阵列,使用 mdadm 命令。

② 格式化磁盘阵列,使用命令：

```
mkfs - t ext4 阵列设备名称
```

③ 建立挂载点,使用命令：

```
mkdir　挂载点(如/raid5)
```

④ 挂载设备,使用 mount 命令将 raid5 设备挂载到挂载点上。

(4) 编辑名为 back 的 crontab 文件,文件内容如下:

```
0  16  *  *  5  tar  zcvf  back.tar.gz  /raid5
```

第 5 章

1. 选择题

(1) A   (2) C   (3) B   (4) A   (5) A   (6) A   (7) C   (8) A

(9) A   (10) A   (11) A   (12) B   (13) A   (14) A   (15) A

2. 简答题

(1) Telnet 远程登录服务分为 4 个过程,具体内容请参阅 5.3.1 节中的相关部分。

(2) SSH 协议主要由 3 部分组成,具体内容请参阅 5.3.2 节中的 SSH 协议的组成。

(3) FTP 服务中虚拟账户的创建方法请参阅 5.4.4 节中的内容,这里只列出简要操作提示。

① 建立虚拟用户密码库文件:

```
[root@localhost 桌面]# vim  /etc/vsftpd/vftpuser.txt
```

② 创建的密码库文件生成 vsftpd 认证文件(需要使用 db4-utils 工具,此包在 RHEL 6.1 中默认已经安装好)。

③ 创建 PAM 配置文件,使用命令:

```
db_load -T -t hash - f +密码文件+认证数据库文件
```

④ 修改认证模块文件(注释掉原有内容,在文件的最后面加上两行,模块文件为/etc/pam.d/vsftpd)。

⑤ 建立一个本地用户供虚拟用户使用并设置权限,使用 useradd 命令。

⑥ 设置虚拟用户主目录的访问权限,使用 chmod 命令。

⑦ 为虚拟用户创建主目录,使用 mkdir 命令。

⑧ 修改虚拟用户主目录权限,使用 chmod 和 chown 命令。

第 6 章

1. 选择题

(1) C   (2) C   (3) B   (4) B   (5) A   (6) A   (7) A   (8) A

(9) B   (10) C   (11) D   (12) B   (13) C   (14) C   (15) A

2. 简答题

(1) NFS 系统由服务器和客户端两部分组成,客户端 PC 可以挂载 NFS 服务器所提供的目录,并且在挂载之后这个目录看起来如同本地的磁盘分区一样,可以使用 cp、cd、mv、rm 及 df 等与磁盘相关的命令。NFS 有属于自己的协议与端口号,但是在传输资料或者其他相关信息时,NFS 服务器使用远程过程调用(Remote Procedure Call,RPC)协议来协助 NFS 服务器本身的运行。

(2) 在客户端上使用命令:

```
showmount  - e  服务器 IP
```

此命令可以显示服务器 IP 中的共享资源列表。

(3) 修改配置文件/etc/samba/smb.conf,将 security 值改为 user,并再细化用户对共享资源的访问权限以及本地的访问权限。

第 7 章

1. 选择题

(1) A　　 (2) A　　 (3) A　　 (4) A　　 (5) A　　 (6) B　　 (7) D　　 (8) A

(9) B　　 (10) A　　 (11) B　　 (12) B　　 (13) B　　 (14) A　　 (15) B　　 (16) A

(17) C　　 (18) B　　 (19) D　　 (20) B

2. 简答题

(1) DNS 的工作原理请参阅 7.1.5 节中的相关内容。

(2) 配置主 DNS 服务器的过程如下:

① 修改/etc/named.conf 文件,即在 named.conf 文件中包含入自定义的区域文件。

② 创建并修改区域文件。

③ 创建并修改正向及反向配置文件。

④ 修改/etc/resolve.conf 文件。

⑤ 启动 DNS 服务,使用 service named start 命令。

注意:区域文件及正/反向文件均可以参照系统中默认的文件进行修改;DNS 服务配置完成后应该进行正确性的测试。

第 8 章

1. 选择题

(1) A　　 (2) A　　 (3) A　　 (4) A　　 (5) B　　 (6) B　　 (7) B　　 (8) A

(9) C　　 (10) A　　 (11) A　　 (12) B　　 (13) B　　 (14) A　　 (15) A　　 (16) A

(17) A　　 (18) A　　 (19) A　　 (20) A

2. 简答题

(1) Apache 本身是一个很复杂的五层结构,具体内容请参阅 8.2.2 节 Apache 的功能模块。

(2) 修改 Apache 的配置文件/etc/httpd/conf/httpd.conf,找到虚拟主机部分。

① 声明使用基于域名的虚拟主机,方法为:

```
NameVirtualHost  * :80
```

② 定义虚拟主机：

```
< VirtualHost  *  :80 >
ServerName  www. dky. bjedu. cn
DocumentRoot  /www
</VirtualHost >
```

③ 启动服务。

注意：配置文件中的 www. dky. bjedu. cn 为域名，是在 DNS 服务器中定义好的；/www 用于存放 www. dky. bjedu. cn 域名对应的主页。

第 9 章

1. 选择题

(1) C   (2) B   (3) B   (4) A   (5) D   (6) A   (7) B   (8) A
(9) A   (10) B   (11) D   (12) A   (13) C   (14) A   (15) D   (16) A
(17) D   (18) D   (19) A   (20) C

2. 简答题

(1) 邮件系统由 MUA、MTA、MDA 和 MRA 4 个模块组成。关于这 4 个模块的具体介绍请参阅 9.1.1 节中的相关内容。

(2) 一封邮件的传输过程请参阅 9.1.1 节中的相关内容。

(3) 邮件系统与 DNS 的关系请参阅 9.1.4 节中第 1、2 自然段中的内容。

(4) Postfix 系统 mail. cf 文件中关键参数的含义请参阅 9.2.4 节 main. cf 文件介绍中的内容，共包括 19 个方面。

第 10 章

1. 选择题

(1) C   (2) D   (3) C   (4) A   (5) A   (6) C   (7) A   (8) A
(9) A   (10) A   (11) A   (12) A   (13) A   (14) A   (15) A   (16) A
(17) C   (18) B   (19) A   (20) A

2. 简答题

(1) DAC 指的是自主访问控制，具体解释请参阅 10.3.2 节中的相关内容。

(2) MAC 指的是强制存取控制，具体解释请参阅 10.3.2 节中的相关内容。

(3) TCP_wrappers 的工作原理：当有请求从远程到达本机时首先检查/etc/hosts. allow 文件。

① 如果有匹配记录，跳过 /etc/hosts. deny 文件，此时默认的访问规则以/etc/hosts. allow 文件中设置的为准。

② 如果没有匹配的记录，就去匹配/etc/hosts. deny 文件，此时默认的访问规则以/etc/hosts. deny 文件中设置的为准。

③ 如果在这两个文件中都没有匹配到，默认是允许访问的。

(4) SELinux 目前有 3 个安全策略：targeted、strict 和 MLS。每个安全策略的功能、用途和定位均不同。

targeted：用来保护常见的网络服务，此策略在默认情况下 RedHat Enterprise Linux 会自动安装。

strict：用来提供符合 RBAC 机制的安全性能。

MLS：用来提供符合 MLS 机制的安全性。MLS 全名是 Mulit-Level Security（多层次安全），在此结构下是以对象的机密等级来决定进程对该目标的读取权限的。

参 考 文 献

［1］　http://linux.chinaunix.net/techdoc/net/［EB/OL］.

［2］　http://www.linuxdiyf.com/articlelist.php? id＝48［EB/OL］.

图 书 资 源 支 持

感谢您一直以来对清华版图书的支持和爱护。为了配合本书的使用,本书提供配套的资源,有需求的读者请扫描下方的"书圈"微信公众号二维码,在图书专区下载,也可以拨打电话或发送电子邮件咨询。

如果您在使用本书的过程中遇到了什么问题,或者有相关图书出版计划,也请您发邮件告诉我们,以便我们更好地为您服务。

我们的联系方式:

地　　址:北京海淀区双清路学研大厦 A 座 707

邮　　编:100084

电　　话:010－62770175－4604

资源下载:http://www.tup.com.cn

电子邮件:weijj@tup.tsinghua.edu.cn

QQ:883604(请写明您的单位和姓名)

用微信扫一扫右边的二维码,即可关注清华大学出版社公众号"书圈"。

资源下载、样书申请

书圈